Swift开发实战权威指南

◎ 北京千锋互联科技有限公司
欧阳坚 张奋进 黄驿 编著

清华大学出版社
北京

内 容 简 介

Swift 开发语言是苹果公司于 2014 年最新发布的一种全新的开发语言，它完全兼容 Objective-C，可以使用 Cocoa Touch 类库和大量的第三方库。本书深入浅出、系统全面地介绍了 Swift 开发技术。内容包括 Swift 语言基础篇和 SwiftUI 设计篇，从 Swift 编程语言入门开始，逐渐深入讲解 Swift 的面向对象技术，各种 Swift 语言的高级特性，如 subscript、操作符重载、泛型，以及 Objective-C 相互调用等，最后介绍了如何进行 Swift 的 iOS App 开发。本书面向希望为 iPhone/iPad 以及 OSX 开发应用程序的开发人员，是一本从入门到精通的开发手册。书中通过大量清晰、完善的实例，可以迅速引导读者进行 iOS 开发。

本书封面贴有清华大学出版社防伪标签，无标签者不得销售。
版权所有，侵权必究。侵权举报电话：010-62782989　13701121933

图书在版编目（CIP）数据

Swift 开发实战权威指南 / 北京千锋互联科技有限公司等编著. —北京：清华大学出版社，2015
ISBN 978-7-302-39127-2

Ⅰ. ①S… Ⅱ. ①北… Ⅲ. ①程序语言-程序设计-指南 Ⅳ. ①TP312-62

中国版本图书馆 CIP 数据核字（2015）第 017714 号

责任编辑：冯志强
封面设计：铁海音
责任校对：胡伟民
责任印制：宋 林

出版发行：清华大学出版社
　　　　　网　　址：http://www.tup.com.cn, http://www.wqbook.com
　　　　　地　　址：北京清华大学学研大厦 A 座　　　邮　编：100084
　　　　　社 总 机：010-62770175　　　　　　　　　邮　购：010-62786544
　　　　　投稿与读者服务：010-62776969, c-service@tup.tsinghua.edu.cn
　　　　　质 量 反 馈：010-62772015, zhiliang@tup.tsinghua.edu.cn
印 装 者：北京密云胶印厂
经　　销：全国新华书店
开　　本：185mm×260mm　　　印　张：27　　　字　数：677 千字
版　　次：2015 年 3 月第 1 版　　　　　　　　　印　次：2015 年 3 月第 1 次印刷
印　　数：1～3500
定　　价：59.80 元

产品编号：062081-01

前　言

2014年互联网和移动互联网创造了一个又一个伟大传奇，苹果市值暴增了53%，一年的时间光是股票的增幅就相当于IBM公司的市值。然后是中国的京东、阿里巴巴上市创造了中国互联网世界的神话，阿里巴巴2014年"双11"一天的营业额就达到了571亿元，其中移动互联网手机端的成交额占到了47%。这些数字显示了移动互联网时代已经来临，一个全新时代已经开启。有人预言，移动互联网会反超互联网。大大小小的IT公司，以及从事传统事业的商家纷纷开始布局移动互联网。互联网时代创造了一个个经济神话，也造就了很多时代英雄。苹果公司显然早已掌握并且预测了移动互联网的蓬勃发展，所以苹果公司也顺势推出了下一代移动开发编程语言Swift，目的是吸引越来越多的开发者进入移动互联网行业。本书的目的也是通过详细例子的讲解，让更多的开发者掌握这一全新的开发语言。

Swift编程开发语言是苹果公司2014年在美国旧金山召开的WWDC 2014（Apple Worldwide Developers Conference，苹果全球开发者大会）上发布的一种新的开发语言。Swift语言专门用来开发苹果桌面OSX应用程序和iOS应用程序。

作为现代高级编程语言，Swift借鉴了很多其他优秀高级语言的特性，比如闭包Closure、操作符重载、泛型、ARC等特性。此外，Swift语言还拥有很多新的特性，比如Playground使得编程更加有趣，更加实时地知道代码的运行效果。对于开发者来说，Swift入门者的学习难度降低了很多，代码产出率也很高；当然它最大的优点是完全兼容Objective-C，可以无缝地使用iOS开发中的Cocoa Touch类库和大量的第三方库，在项目开发中可以毫无障碍地使用Swift开发iOS或者OSX应用程序。

在苹果公司发布了iOS8和OS X 10.10 Yosemite操作系统后。苹果官方正式欢迎开发者提交使用Swift开发的程序。目前，App Store，github已经有大量的App、开源库的提交，相信随着Swift用户群的不断壮大，会有越来越多的开发者加入到Swift开发社区中来。

本书的目标读者

本书面向希望为iPhone/iPad以及OSX开发应用程序的开发人员，是一本从入门到精通的开发手册。本书通过大量清晰、完善的实例，迅速引导读者进行iOS开发。

对于Objective-C开发者来说，学习本书的内容可以快速上手开发Swift应用程序。Swift是对Objective-C的一个优雅包装，本书也在很多代码实例中做出了Swift和Objective-C的对比，方便Objective-C开发者迅速上手开发Swift程序。

对于使用C/C++、Java、PHP、C#等其他开发语言的开发者，本书也能帮助其快速地转到Swift开发中来。

本书的组织结构

本书从 Swift 入门开始，由浅入深地介绍 iOS App 开发的步骤和流程。从基本的语法开始，然后是面向对象、高级语法和 Objective-C 之间相互调用，最后介绍 UI App 开发整个流程。

下面概述了本书各章的内容。

第 1 章：Swift 语言介绍

介绍学习 Swift 语言的目的和要领，从总体上介绍语言的特点和与其他语言的比较，以便从其他语言转至 Swift，并对 Swift 有一个整体的感性认识。

第 2 章：基础知识

介绍 Swift 的基本常量、变量的定义声明，及定义数据类型，比如整数、浮点类型、类型的转化、元组类型以及初步的可选类型等。同时介绍基本的运算操作。

第 3 章：字符串、数组、字典

介绍 Swift 语言中常用的数据结构——字符串、数组和字典，使用大量实例讲解三者常用的 API 函数和使用方法以及注意事项。

第 4 章：控制语句和函数

介绍编程中常见的分支、循环以及函数的定义，包括 if、switch、for、while、break、continue 以及 fallthrough 等语句的使用。同时介绍函数的使用方法和 Swift 特有的函数标签的使用方法。

第 5 章：枚举和结构体

结构体和枚举和 C 语言类似，都是面向对象使用的前奏，这里介绍结构体的声明、构造和使用，同时也强调了结构体值拷贝的特性。枚举的声明、使用和 C 语言结构体的异同。

第 6 章：类

本章是 Swift 面向对象初步，介绍类的概念和定义。这里阐明了面向对象概念、类的属性和方法，以及 mutating 关键字，subscript 下标等。本章使用大量例子和概念来讲解类的各种情况，同时对于不同于其他语言的类的特点也做了详细的分析。

第 7 章：继承

继承是任何面向对象中的一个重要特性，本章内容较多，分析了构造函数、析构函数、方便构造函数、子类、父类构造函数的调用顺序等。还介绍了析构函数调用的方法，对于类中方法的扩展等也都做了详细的讲解。

第 8 章：自动引用计数

讲解 Swift 需要注意的内存管理问题。阐述了自动引用计数的工作原理，介绍了弱引用、强引用，在什么情况下会出现循环引用等情况，然后也给出了例子来解决循环引用。

第 9 章：可选链和类型转换

可选链是 Swift 特有的语法，本章详细介绍可选链的模型定义，为什么需要可选链、可选链调用属性和方法，可选链调用 subscript 下标、可选链多层链接、返回值等。同时介绍了各种类型之间的相互转换，Any 和 AnyObject 类型的转换等。

第 10 章：协议

介绍面向对象中一个重要的知识点——协议，协议是面向对象中重要数据传输的规范,也是作为代理的重要语法基础。本章介绍了协议的定义、规范和使用,以及协议的集成、协议和扩展增加方法、协议的合成、可选协议等。

第 11 章:闭包和操作符重载

介绍了闭包 Closer 的语法特性和闭包作为回调函数、反向传值的使用场景。介绍了 Swift 中的泛型定义和使用,以及高级操作符重载等高级语法特性。还介绍了 Swift 和 Objective-C 之间的语法交互和相互调用等特性。

第 12 章:第一个 UI 项目

介绍了在 Mac 下开发 iOS 程序的步骤,开发环境 Xcode 的界面布局和使用方法,从 UI 工程的创建、代码的编写到项目的运行,一步步详细介绍了 iOS 程序的创建。通过讲解,使 Swift 开发者有能力开始 iOS 开发。

第 13 章:UIView 视图

主要介绍在 iOS 开发中最重要也是最基本的 UIView,它是所有 iOS 控件的父类,也是学习其他控件的基础。本章涉及的内容包括 UIView 的创建及显示风格、视图的父子关系、动画效果的使用、iOS 界面的坐标系统以及颜色的创建方式等。

第 14 章:iOS 中的各种控件

本章介绍了在 iOS 开发中常用的控件:标签 UILabel、按钮 UIButton、UIImageView、UITextField 等。通过本章的学习,开发者能够掌握基本的界面布局和各种控件的使用方法,为以后的开发做好准备。

第 15 章:UIViewControler 视图控制器

本章讲解的视图控制器是继 UIView 之后又一项必须掌握的基本知识,它是 iOS 开发中最常用的界面管理控制器,可以说在 iOS 程序中所有的界面都是一个视图控制器,可见它的重要性。只有掌握视图控制器的使用,才能做好中大型 iOS 的 APP。

第 16 章:UINavigationController 导航栏控制器

本章讲解的导航栏控制器 UINavigationController 是 iOS 中的架构级的控件,是用来管理视图控制器的控件。通过导航栏控制器可以完整实现一个 APP,所以导航栏控制器在整个 iOS 中是非常重要的内容。本章也详细介绍了导航栏 NavigationBar、工具栏 ToolBar 以及导航项 NavigationItem 的各种使用方法,还讲解了页面之间的关系及各种切换方式。

第 17 章:界面之间的传值

本章介绍了页面之间的正向传值及反向传值的方法,这两种传值是在项目开发中很常用且不易掌握的知识点。在反向传值中使用了 Swift 基本语法中提到的协议、代理以及闭包。这两个知识点在将来的项目中会大量使用,所以也是必须掌握的知识点。

第 18 章:UITabBarController 标签栏控制器

标签栏控制器 UITabBarController 是继导航栏控制器之后的又一个架构级控件,也是目前市场上的 APP 的一种主流架构方式。本章介绍了标签栏控制器的创建和各种形式的标签的创建,在项目开发中所遇到的各种情况在本章都有提及。除了标签栏控制器,本章还介绍了本地存储 NSUserDefaults 的使用,它是数据本地化存储中最简单的一种方式。

第 19 章:UIScrollView 滚动视图

本章所介绍的滚动视图也是一个很重要的控件,可以使用它来实现如引导页这样的图片浏览,也可以用它来实现如网页一样的滚动效果。它还是表视图以及网格视图等其他视图的父类。本章详细讲解了滚动视图的相关知识,以及使用它来实现引导页的案例。

第 20 章：UITableView 表视图

介绍了在 iOS 开发中最常用的控件——表视图(UITableView)。无论是购物类的应用、资讯类应用还是聊天类的应用，表视图都是页面架构的首选控件。还介绍了表视图的创建及数据的显示，表视图的各种代理方法的作用及使用方法。介绍了表视图的编辑模式及索引和搜索的使用方法，表视图的 cell 自定义以及使用 xib 进行 cell 定制的方法。

编者

目 录

上篇　Swift 语言基础篇

第 1 章　**Swift 语言介绍** ··· 2
  1.1　Swift 语言介绍 ·· 2
  1.2　Swift 和 Objective-C 语言对比 ·· 3
  1.3　Swift 优秀的特性 ·· 5
  1.4　使用 Xcode 建立 Swift 项目 ·· 9
  1.5　Swift 使用 Playground ··· 13

第 2 章　**基础知识** ··· 16
  2.1　常量与变量 ·· 16
    2.1.1　常量和变量的声明 ··· 16
    2.1.2　常量或变量的类型 ··· 17
    2.1.3　常量和变量的命名 ··· 17
    2.1.4　常量和变量的输出 ··· 18
    2.1.5　字符串的连接输出 ··· 19
    2.1.6　注释 ·· 19
    2.1.7　分号 ·· 20
    2.1.8　汉字命名方式 ··· 20
  2.2　类型定义 ·· 20
    2.2.1　整型 ·· 20
    2.2.2　浮点型 ··· 21
    2.2.3　自定义类型 typealias ·· 22
    2.2.4　类型安全及类型推导 ·· 22
    2.2.5　常数和数值进制的表示方法 ··· 22
    2.2.6　类型转换 ·· 23
    2.2.7　类型别名 ·· 24
    2.2.8　布尔类型 ·· 25
    2.2.9　元组 Tube ··· 25
  2.3　可选类型 Optional ··· 26
    2.3.1　可选类型的声明 ··· 27
    2.3.2　可选类型的赋值 ··· 27
    2.3.3　可选类型的使用 ··· 27

2.3.4　可选类型 nil 的使用 28
2.4　基本运算符 28
2.4.1　赋值运算符 28
2.4.2　算术运算符 28
2.4.3　复合运算符 31
2.4.4　比较运算符 31
2.4.5　三目运算符 32
2.4.6　区间运算符 32
2.4.7　逻辑运算符 33
2.4.8　断言 Assert 操作 34

第 3 章　字符串、数组、字典 35
3.1　字符串 35
3.1.1　字符串字面量 35
3.1.2　字符串的连接 36
3.1.3　字符串与其他数据类型的拼接 36
3.1.4　字符串相关操作方法 37
3.1.5　与其他类型的转换 38
3.2　数组 39
3.2.1　数组的声明及初始化 39
3.2.2　数组元素的访问与修改 41
3.2.3　数组的遍历 42
3.2.4　数组元素的插入与删除 42
3.3　字典 43
3.3.1　字典的声明及初始化 44
3.3.2　字典元素的访问与修改 44
3.3.3　字典的遍历 45

第 4 章　控制语句和函数 47
4.1　分支结构 47
4.1.1　if 条件语句 47
4.1.2　switch 语句 48
4.2　语句的作用域 50
4.3　循环结构 51
4.3.1　for 循环 51
4.3.2　forin 循环 51
4.3.3　while 循环 52
4.3.4　do-while 循环 52
4.4　跳转语句及块标签 53
4.4.1　continue 语句 53
4.4.2　break 语句 53

	4.4.3 fallthrough 语句	54
4.5	函数	54
	4.5.1 函数的定义及调用方法	55
	4.5.2 函数的参数	55
	4.5.3 函数的返回值	57
	4.5.4 函数的变量参数	58
	4.5.5 函数的类型	58
	4.5.6 函数的嵌套	59

第 5 章 枚举和结构体 60

5.1	枚举	60
	5.1.1 枚举的声明	60
	5.1.2 枚举的值	60
	5.1.3 枚举的使用方法	62
5.2	结构体	63
	5.2.1 结构体的声明和定义	63
	5.2.2 结构体的构造方法	63
	5.2.3 结构体的赋值和取值	64
	5.2.4 结构体的嵌套	64
	5.2.5 结构体是值拷贝类型	65

第 6 章 类 66

6.1	类的声明与定义	66
	6.1.1 类对象的创建	66
	6.1.2 类的属性的访问	67
	6.1.3 类的相互引用	67
	6.1.4 类的嵌套	67
	6.1.5 类是引用类型	68
	6.1.6 恒等操作符(===/!===)	68
	6.1.7 类的哈希	69
	6.1.8 集合类型对象之间的赋值和拷贝	69
6.2	属性	71
	6.2.1 对象属性	71
	6.2.2 运算属性	76
	6.2.3 类属性	77
6.3	方法	77
	6.3.1 对象方法	77
	6.3.2 类方法	80
6.4	subscript 下标	81
	6.4.1 subscript 的作用	81
	6.4.2 subscript 的声明	82

      6.4.3 subscript 的使用方法 ································ 82
      6.4.4 subscript 使用方法的例子 ·························· 82
第 7 章 继承 ··· 85
  7.1 继承实例分析 ·· 85
  7.2 重写 ·· 88
      7.2.1 重写方法 ·· 89
      7.2.2 重写属性 ·· 89
      7.2.3 重写属性观察器 ····································· 91
      7.2.4 super 关键字 ·· 93
      7.2.5 final 关键字 ··· 95
  7.3 构造方法 ·· 97
      7.3.1 构造方法的基本语法 ································ 97
      7.3.2 构造方法的参数名称 ································ 98
      7.3.3 属性的缺省值 ·· 99
      7.3.4 结构体的构造方法 ··································· 100
      7.3.5 枚举类型的构造方法 ································ 101
      7.3.6 值类型的构造方法代理 ······························ 102
      7.3.7 可选类型属性与构造方法 ··························· 103
      7.3.8 常量属性与构造方法 ································ 104
      7.3.9 通过闭包或者函数设置属性的缺省值 ·············· 105
      7.3.10 派生类的构造方法 ·································· 107
      7.3.11 构造方法的重写 ···································· 113
      7.3.12 构造方法的自动继承 ······························· 115
      7.3.13 必须构造方法 ······································· 118
  7.4 析构方法 ·· 119
      7.4.1 析构方法语法 ·· 119
      7.4.2 析构方法的自动继承 ································ 120
  7.5 类扩展 ·· 121
      7.5.1 类扩展的语法 ·· 121
      7.5.2 扩展运算属性 ·· 121
      7.5.3 扩展构造方法 ·· 122
      7.5.4 扩展普通方法 ·· 122
      7.5.5 扩展下标 ··· 123
第 8 章 自动引用计数 ·· 125
  8.1 自动引用计数的工作机制 ································ 125
  8.2 自动引用计数实战 ······································· 126
  8.3 对象之间的循环强引用 ·································· 129
  8.4 解决对象之间的循环强引用 ···························· 131
      8.4.1 弱引用 weak ·· 131

	8.4.2	无主引用 unowner	134
	8.4.3	无主引用以及显式展开的可选属性	136
8.5	闭包引起的循环强引用		137
8.6	解决闭包引起的循环强引用		140
	8.6.1	定义占有列表	140
	8.6.2	弱引用和无主引用	141

第 9 章 可选链和类型转换 143

- 9.1 可选链 143
  - 9.1.1 可选链可替代强制解析 143
  - 9.1.2 为可选链定义模型类 145
  - 9.1.3 通过可选链调用属性 146
  - 9.1.4 通过可选链调用方法 147
  - 9.1.5 使用可选链调用下标 147
  - 9.1.6 可选链多层链接 148
  - 9.1.7 链接自判断返回值的方法 149
- 9.2 类型转换 150
  - 9.2.1 子类的对象赋值为基类 150
  - 9.2.2 类型检查 151
  - 9.2.3 类型转换 151
  - 9.2.4 Any 和 AnyObject 类型转换 152

第 10 章 协议 155

- 10.1 协议的语法 155
  - 10.1.1 属性要求 155
  - 10.1.2 方法要求 157
  - 10.1.3 Mutating 方法要求 157
  - 10.1.4 使用协议规范构造函数 158
  - 10.1.5 实现构造协议的类 158
  - 10.1.6 协议类型 159
- 10.2 委托/代理设计模式 160
- 10.3 协议的各种使用 163
  - 10.3.1 在扩展中添加协议成员 163
  - 10.3.2 通过扩展补充协议声明 164
  - 10.3.3 集合中的协议类型 164
  - 10.3.4 仅在类中使用协议 165
- 10.4 协议的继承 165
  - 10.4.1 协议合成 166
  - 10.4.2 检验协议的一致性 167
  - 10.4.3 可选协议要求 168

第 11 章 闭包和操作符重载 171

11.1 闭包表达式 171
  11.1.1 sorted 函数 171
  11.1.2 闭包表达式语法 172
  11.1.3 根据上下文推断参数类型 173
  11.1.4 单表达式闭包隐式返回 173
  11.1.5 参数名称缩写 173
  11.1.6 运算符函数 174
11.2 尾部闭包 174
  11.2.1 访问上下文值 176
  11.2.2 闭包是引用类型 177
11.3 运算符重载 178
  11.3.1 中置运算符函数 178
  11.3.2 前置和后置运算符 179
  11.3.3 组合赋值运算符 179
  11.3.4 比较运算符 180
  11.3.5 自定义运算符 180
  11.3.6 自定义中置运算符的优先级和结合性 181
11.4 泛型 182
  11.4.1 泛型解决的问题 182
  11.4.2 泛型类型 184
  11.4.3 关联类型 190
11.5 Swift 和 Objective-C 交互 194
  11.5.1 Swift 调用 Objective-C 函数 194
  11.5.2 Objective-C 调用 Swift 程序 197

下篇　Swift UI 设计篇

第 12 章　第一个 UI 项目 202
12.1 创建工程 202
12.2 Xcode 工程界面 204
12.3 代码及运行 205
12.4 运行 207

第 13 章　UIView 视图 208
13.1 UIView 的创建 208
13.2 CGRect 详解 209
13.3 UIColor 的使用 211
13.4 UIView 的显示 214
13.5 父视图与子视图 214
  13.5.1 概念 214

		13.5.2	多视图	215
		13.5.3	UIView 的透明度属性	216
	13.6	UIView 其他操作		216
		13.6.1	子视图数组	216
		13.6.2	添加子视图的其他方法	217
		13.6.3	子视图的层次的改变方法	219
		13.6.4	UIView 的简单动画	220
	13.7	UIView 的 tag 属性		223
	13.8	UIView 的移除		224
第 14 章	iOS 中的各种控件			226
	14.1	UILabel 标签		226
		14.1.1	UILabel 的创建	226
		14.1.2	UILabel 的背景颜色和文字颜色	226
		14.1.3	设置文本对齐方式	227
		14.1.4	文字大小与标签宽度的自适应	228
		14.1.5	行数与换行设置	230
		14.1.6	UIFont 字体的使用	232
		14.1.7	文字阴影的设置	237
	14.2	UIButton 按钮控件		237
		14.2.1	按钮的创建	237
		14.2.2	UIButton 的文字及颜色设置	238
		14.2.3	State 按钮的状态	240
		14.2.4	Type 按钮的类型	242
		14.2.5	UIImage 类的使用及给按钮添加图片	243
		14.2.6	给按钮添加事件响应	252
	14.3	UIImageView 图片视图		258
		14.3.1	UIImageView 的创建并显示图片	258
		14.3.2	UIImageView 显示图片的拉伸设置	261
		14.3.3	使用 UIImageView 实现动画	262
		14.3.4	UIImageView 的用户响应	265
	14.4	UITextField 单行文本框		267
		14.4.1	UITextField 创建	267
		14.4.2	UITextField 属性设置	268
		14.4.3	键盘	275
		14.4.4	UITextField 响应用户事件	278
		14.4.5	UITextField 监控输入内容	280
第 15 章	UIViewControler 视图控制器			285
	15.1	创建视图控制器		285
	15.2	视图控制器的产生过程		288

15.3	视图控制器的切换	290
	15.3.1 弹出界面	290
	15.3.2 回收界面	292
15.4	视图控制器的生命周期	293
15.5	视图控制器的切换动画	294

第16章 UINavigationController 导航栏控制器 297

16.1	导航栏控制器概述	297
16.2	导航栏控制器的创建	298
16.3	导航栏	299
	16.3.1 导航栏的标题	299
	16.3.2 导航栏的背景颜色	300
	16.3.3 导航栏的背景图片	300
	16.3.4 导航栏的透明	302
	16.3.5 导航栏的隐藏	303
16.4	视图控制器之间的切换	304
	16.4.1 push	304
	16.4.2 pop	306
16.5	navigationItem 属性详解	312
	16.5.1 提示区域	312
	16.5.2 标题区域	312
	16.5.3 设置右侧按钮	315
	16.5.4 设置左侧按钮	319
	16.5.5 设置一组按钮	321
	16.5.6 设置返回按钮	322
16.6	UIToolBar 的使用详解	325
	16.6.1 系统自带的工具栏	325
	16.6.2 使用工具栏	326
	16.6.3 自定义工具栏	328

第17章 界面之间的传值 330

17.1	正向传值	330
17.2	反向传值	331
	17.2.1 协议代理	332
	17.2.2 闭包	334

第18章 UITabBarController 标签栏控制器 337

18.1	标签栏控制器概述	337
18.2	标签栏控制器的创建	337
18.3	标签的创建	340
	18.3.1 通过 tabBarItem 属性设置	340
	18.3.2 自定义 UITabBarItem	342

18.4	当创建的标签超过 5 个时的状态	344
18.5	标签栏控制器代理	346
	18.5.1　捕捉编辑完成状态	346
	18.5.2　捕捉标签选择的动作	348
18.6	标签栏控制器的其他属性设置	349
	18.6.1　标签的徽标	349
	18.6.2　手动选择标签	349
18.7	NSUserDefault 本地化存储	350

第 19 章　UIScrollView 滚动视图　352

19.1	UIScrollView 的创建	352
19.2	滚动条的设置	353
	19.2.1　滚动条的样式	354
	19.2.2　滚动条的隐藏	354
19.3	滚动边界反弹效果	355
19.4	偏移量	356
19.5	滚动视图的代理方法	356
	19.5.1　缩放	357
	19.5.2　监控滚动视图的滚动	358
19.6	分屏滚动	359
19.7	引导页的实现	360
19.8	UIPageControl 控件	363
	19.8.1　创建方式	363
	19.8.2　随着滚动视图的滚动改变当前页	363
	19.8.3　设置显示效果	364

第 20 章　UITableView 表视图　367

20.1	UITableView 概述	367
	20.1.1　UITableView 的创建及显示	367
	20.1.2　UITableView 的头视图	368
	20.1.3　UITableView 的脚视图	369
	20.1.4　UITableView 的数据源	370
	20.1.5　UITableView 的分隔线	371
	20.1.6　UITableViewCell 单元格	373
	20.1.7　UITableView 的代理	377
	20.1.8　UITableView 的复用机制	379
20.2	NSIndexPath	380
20.3	多分区 tableView	380
	20.3.1　多分区 tableView 的创建	380
	20.3.2　分区头标题	382
	20.3.3　分区脚标题	383

20.3.4　分区头视图及头视图的高度 ……………………………… 384
　　20.3.5　分区脚视图及脚视图的高度 ……………………………… 385
20.4　UITableView 行编辑 …………………………………………………… 386
　　20.4.1　设置 cell 为编辑状态 ……………………………………… 386
　　20.4.2　修改 cell 的编辑状态 ……………………………………… 388
　　20.4.3　cell 的响应编辑及左滑编辑功能 …………………………… 389
　　20.4.4　cell 的删除 ………………………………………………… 391
　　20.4.5　cell 的增加 ………………………………………………… 391
20.5　UITableView 索引 ……………………………………………………… 392
20.6　UITableView 搜索 ……………………………………………………… 395
　　20.6.1　搜索框 ……………………………………………………… 395
　　20.6.2　搜索显示控制器 …………………………………………… 395
20.7　UITableViewCell 的定制 ……………………………………………… 402
　　20.7.1　纯代码实现 ………………………………………………… 404
　　20.7.2　xib 实现定制 ………………………………………………… 407

上篇　Swift 语言基础篇

第 1 章　Swift 语言介绍

Swift 编程开发语言是苹果公司 2014 年在美国旧金山召开的 WWDC 2014（Apple Worldwide Developers Conference，苹果全球开发者大会）大会上发布的一门新的开发语言。Swift 语言可以用来开发苹果桌面 OSX 应用程序和 iOS 应用程序。

在这之前，苹果操作系统上一直使用 Objective-C 作为主流开发语言。不可避免，无论是苹果官方还是众多开发者都要对 Objective-C 和 Swift 语言进行对比。苹果公司声称新的 Swift 语言拥有快速、现代、安全、互动等特性，并且性能全部优于 Objective-C 语言。

从开发者的角度来说，Swift 的学习难度和从其他语言转行的难度较小，代码产出率也很高。Swift 语言还拥有很多新的特性，比如 Playground 使得编程更加有趣。它融合了很多现代高级语言的特性，比如闭包 Closure、操作符重载、泛型、ARC 等特性。当然它最大的优点是完全兼容 Objective-C，可以无缝地使用 iOS 开发中的 Cocoa Touch 类库和大量的第三方库。使开发者可以毫无障碍地使用 Swift 开发 iOS 或者 OSX 应用程序。

Swift 是一门完全面向对象的语言，它抛弃了和 C/C++兼容的历史包袱。哪怕是最基本的 Char，Int，Long，Float，Double 类型都是一个结构体对象。引入了在 Java，C++，Python 中大行其道的操作符重载、泛型、名字空间、闭包等特性。它采用了安全编程模式，同时也添加了现代的功能，使得编程更加简单、灵活和有趣。当然它底层是基于苹果之前的 Cocoa Touch 框架，这也使得它拥有大量的基础库和优秀稳定的代码资源。

在苹果公司发布了 iOS8 和 OS X 10.10 Yosemite 操作系统后，苹果官方欢迎开发者提交使用 Swift 开发的程序。

1.1　Swift 语言介绍

Swift 语言从 2010 年开始研发到最终发布仅用了不足 4 年时间。该语言的创造者为苹果开发者工具部门总监克里斯·拉特纳（Chris Lattner）（图 1.1），由于该语言在苹果内部是一个研究项目，所以 Swift 的底层架构起初由克里斯·拉特纳一个人开发完成。

Swift 语言的开发工作从 2010 年 7 月开始，直到 2013 年才获得了苹果开发者工具部门的重视。Swift 早期的大多数架构开发是由克里斯·拉特纳独自完成的，但到了 2011 年末，苹果一些非常优秀的工程师开始为该项目提供帮助，开始把大量的 Objective-C 库使用 Swift 进行改写。这才使得 Swift 获得了部门的重视。

图 1.1　克里斯·拉特纳（Chris Lattner）

与其他编程语言一样，Swift 吸收了其他编程语言的开发经验，摒除了开发中的不便和缺点。Xcode Playgrounds 功能是拉特纳最喜欢的特点，也是 Swift 为苹果开发工具带来的最大创新。该功能提供了非常优秀的互动效果，能让 Swift 代码在编写过程中实时地编译和显示。拉特纳强调，Playgrounds 的功能很大程度是受到了布雷特·维克多（Bret Victor）的理念、透写光台以及其他一些互动系统的启发。而将编程变得更加平民化和有趣，有助于苹果吸引到下一代的程序员们，甚至让大学重新制定计算机科学专业的课程内容。

拉特纳的宏大目标在苹果全球开发者大会（WWDC）上获得了公司软件工程副总裁克雷格·费德里吉（Craig Federighi）的认可。后者在主旨演讲中向全体开发者传达了苹果的伟大雄心——将公司最为擅长的实用性特点带入到旗下软件开发工具中。

当 Swift 首度亮相时，全场惊呼，并为之震惊。开发者们立刻对 Swift 展现出了浓厚兴趣。仅发布后一天，有关该语言的电子书就被下载了 37 万次以上。

1.2　Swift 和 Objective-C 语言对比

在 Swift 之前，Objective-C 一直是苹果系统的主流开发语言，从 2007 年苹果发布 iOS 操作系统和 iPhone 第一代手机以来，Objective-C 开发语言市场占有率节节攀升，目前已经排到前四。

但即使是如此好的市场前景，苹果公司依然推出了新的 Swift 语言。如果细致地使用 Swift 进行开发就会发现，Swift 语言是对 Objective-C 语言的一个优雅的包装。它底层还是使用 Cocoa Touch，Foundation 框架。只是语言层面上让开发变得容易。

严格来说，Objective-C 并不是一个独立的面向对象语言。它只是在 C 语言上层加上了一个轻度面向对象的外壳。比如，Objective-C 并没有严格意义上的构造函数，所以开发者必须使用 init 开头的系列函数来模拟构造函数；对类型检查不严格；对 nil 消息的调用调试难以追踪；中括号难以入门和理解。如下面的代码所示。

```
- (void) callFunc:(id)p withParam:(id)p2 withParam:(id)p3 {
// 代码
}

[obj callFunc:p1 withParam:p2 withParam:p3];
```

当然，在引入 ARC 后和 C/C++ 混合编程变得相对麻烦。同时，在函数、枚举、变量等命名上由于没有名字空间，所以代码都相对较长。比如：

```
typedef NS_ENUM(NSInteger, UIControlContentHorizontalAlignment) {
    UIControlContentHorizontalAlignmentCenter = 0,
    UIControlContentHorizontalAlignmentLeft   = 1,
    UIControlContentHorizontalAlignmentRight  = 2,
    UIControlContentHorizontalAlignmentFill   = 3,
};
```

诸如 Objective-C 的这些问题。苹果公司提出了新的开发语言 Swift，从最新 Xcode6 上可以看出，无论是苹果本地的命令行开发，还是苹果的 Cocoa App 开发，以及 iOS 上的开发，都把 Swift 语言作为首选的语言。从这一点可以依稀看出，苹果公司对于 Swift 的高度期望和重视，如图 1.2、图 1.3、图 1.4 所示。

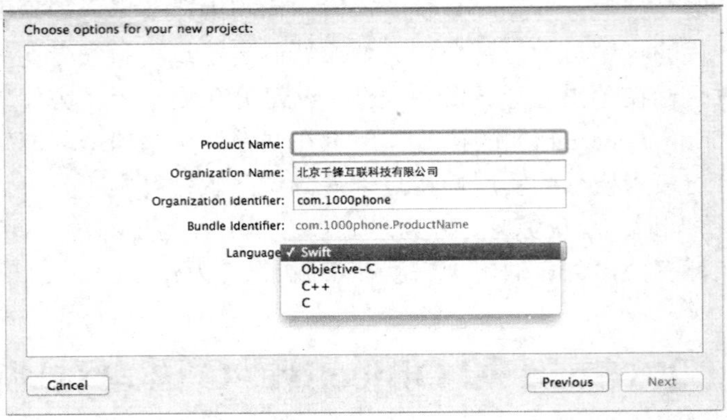

图 1.2　Xcode 本地命令行中的语言选择

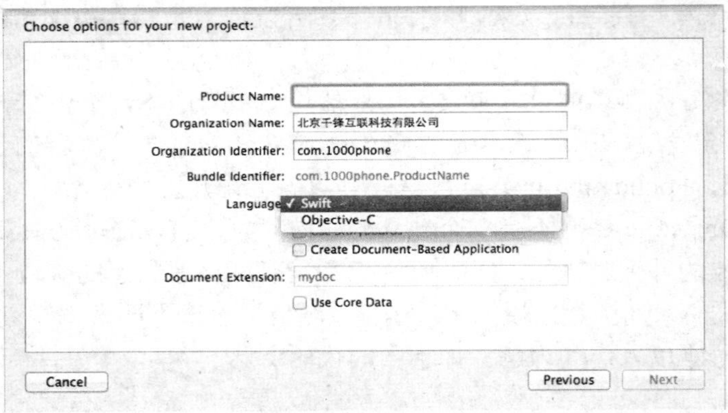

图 1.3　Xcode 本地 Cocoa App 中的语言选择

图 1.4　Xcode iOS App 中的语言选择

1.3　Swift 优秀的特性

Swift 语言在吸收诸多优秀语言如 Java，C++，Python 之后，提供给开发者大量优秀的特性，并把 Objective-C 语言的优秀特性全部吸收。

下面列出一些优秀特性及其代码，供有基础的读者快速了解 Swift。对于初学者可以在读完后续的章节后反过来对比这些优点。

1. 函数使用经典圆括号和点调用语法

有 Objective-C 开发经验的开发者大多第一次都会觉得 Objective-C 的方法调用有别于其他主流的 Java，C++，C#等语言，Objective-C 称之为消息调用。这也让很多开发者第一次学习 Objective-C 的时候难度上升。Swift 回归于经典的圆括号和点号调用方式。

Objective-C 函数声明如下：

```
- (void) callFunc:(id)p withParam:(id)p2 withParam2:(id)p3
{
    // 代码
}
```

Objective-C 函数调用如下：

```
NSString *p1 = @"abc";
NSString *p2 = @"efg";
NSString *p3 = @"hij";

[obj callFunc:p1 withParam:p2 withParam2:p3];
```

Swift 函数声明如下：

```
func callFunc(p1 : String, withParam : String, withParam2 : String) {
    // 代码
}
```

Swift 函数调用如下：

```
var p1 = "abc"
var p2 = "efg"
var p3 = "hij"

callFunc(p1, p2, p3)
```

2. 函数标签特性

Objective-C 中的函数标签也是函数参数的一部分，它避免了参数过多的情况下分不清每个参数的含义。Objective-C 的优秀特性被 Swift 继承下来了。Swift 也支持标签。如下面代码所示,可以给参数 2、参数 3 加上标签。

```
func callFunc(p1 : String, withParam p1 : String,
        withParam2 p2: String)
{
    // 代码
}

var p1 = "abc"
var p2 = "efg"
var p3 = "hij"

callFunc(p1, withParam: p2, withParam2: p3)
```

3. 严格的类型检查

Swift 抛弃了 Objective-C 中松散的类型检查方式,进而使用严格的类型检查和转换操作。因为 Swift 所有的类型都是结构体或者类,没有了基本类型,所以基于值拷贝的转化都是拷贝操作。基于引用的方式是使用 as, as?操作来进行的。比如进行值拷贝类型转换的构造函数如下。

```
extension Double {
    init(_ v: UInt8)
    init(_ v: Int8)
    init(_ v: UInt16)
    init(_ v: Int16)
    init(_ v: UInt32)
    init(_ v: Int32)
    init(_ v: UInt64)
    init(_ v: Int64)
    init(_ v: UInt)
    init(_ v: Int)
}
```

基于引用转换的构造函数如下。

```
// 转换操作
var value : Int = 100
var valueFloat : Float = 3.14
var valurDouble : Double = Double(value)
var valurDouble2 : Double = Double(valueFloat)

// 类型转化
class Movie {
    // 父类声明
```

```
}
class HotMovie : Movie {
    // 子类声明
}

var item = HotMovie();
let movie = item as? Movie
```

4. 真正的面向对象语言

Swift 是完全面向对象的语言。自身具有构造函数和析构函数，构造函数是以 init 开头的函数，而析构函数是以 deinit 开头的函数。注意，构造函数在创建对象的时候自动调用，不需要程序员额外主动地调用 init 函数；析构函数是对象声明周期结束的时候自动调用的。

```
class QFPoint {
    var x : Float = 10.0;
    var y : Float = 20.0;

    init() {
    }
    init(x:Float, y:Float) {
        self.x = x;
        self.y = y;
    }
    init(x:Float) {
        self.x = x;
        self.y = 0;
    }
    convenience init(y: Float) {
        self.x = 0;
        self.y = y;
    }
    deinit {
        println("deinit func");
    }
}
```

5. 命名空间

对于 Swift 来说，命名空间也是其中的一个大特性。在后续的 iOS 开发中，特别是对于一些枚举类型，完全可以只是访问里面不同的部分，前缀相同的内容可以省略。比如下面的代码访问。

```
enum UIControlContentVerticalAlignment : Int {
    case Center
    case Top
```

```
    case Bottom
    case Fill
}
```

对于上述的声明，定义如下：

```
var value : UIControlContentVerticalAlignment
```

可以按照下列方式进行赋值：
这是使用"."表示自动推导出 value 的类型：

```
value = .Center
```

当然，如果要使用全称，也可以使用如下方式进行访问和赋值：

```
value = UIControlContentVerticalAlignment.Center
```

如下代码访问也类似：

```
enum UIControlContentHorizontalAlignment : Int {
    case Center
    case Left
    case Right
    case Fill
}
```

访问方式如下：

```
var value2 : UIControlContentHorizontalAlignment = .Center
value2 = .Left
value2 = UIControlContentHorizontalAlignment.Right
```

注意，尽管这里和上述都有一个.Center，但是因为 Xcode 编译器能自动推导出 value 和 value2 的具体类型。所以这里不会出现歧义。

对于类的命名空间也类似。

```
class IOS {
    class student {

    }
}
class Android {
    class student {

    }
}

var s = IOS.student()
var s2 = Android.student()
```

虽然 student 对象都一样，但因为是属于两个类中的。在外部看来就是两个不同的类的使用，这样也避免了名字冲突等问题。

6. 泛型处理

泛型是 Swift 的重要特性，也是 Swift 号称安全、类型严格的体现之一。对于 Objective-C 中的对象可以存放任何对象，但是对于 Swift 只能存放指定对象或者指定协议的对象。这样从编译代码的层次就限制了类型不匹配的特性。无论是系统自带的数组，还是字典或自定义的对象，都可以使用泛型来处理。当然泛型还有很多方面，在后续章节还会详细阐述。

```
let arr = Array<Person>()
let dictionary = Dictionary<String, Person>()
```

7. 闭包 Closure

闭包是现代语言的特性，简单地说就是子函数可以访问父函数里面的对象。Swift 的闭包和 Objective-C 的 Blocks 有相似之处。Swift 闭包也遵守 ARC 内存管理。对于对象之间通信、回调函数、反向传值等，闭包都发挥了极大的作用。

```
let manager = AFHTTPRequestOperationManager(baseURL: nil);
manager.responseSerializer = AFHTTPResponseSerializer();
manager.GET(urlpath,
    parameters: nil,
    success: {
        (request: AFHTTPRequestOperation!, obj: AnyObject!)
            -> Void in
        println("下载成功");
    })
{
        (request: AFHTTPRequestOperation!, error: NSError!)
            -> Void in
        println("下载错误\(error) ");
}
```

上述例子是后续网络下载常见的一个闭包处理函数。既有普通的闭包，也有尾部闭包函数，主要用来做回调 Callback 使用。

1.4 使用 Xcode 建立 Swift 项目

下面是从头开始下载建立一个 Swift 项目。注意从 Xcode 6 开始才支持 Swift 编程语言。这里建议下载最新稳定的 Xcode 6.x 版本进行开发。Beta 版本很多语法并没有完善。所以代码可能会有出错的可能。

1. 下载 Xcode 最新的安装包

要开发 Swift 程序，需要把 Xcode 升级到 6.x 以后的版本。在 https://developer.apple.com 中下载最新的 Xcode dmg 压缩包，如图 1.5 所示。

图 1.5　下载 Xcode 网址

2. 安装 Xcode 压缩包

双击 xcode_6.dmg 文件并安装，如图 1.6 所示。

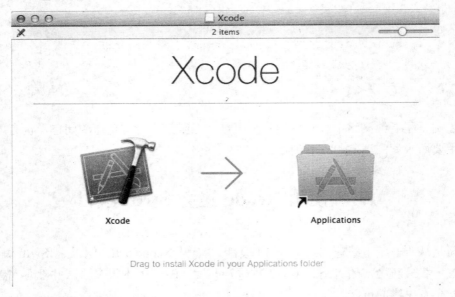

图 1.6　双击 xcode_6.dmg 文件，拖曳 Xcode 到 Applications 文件夹中

3. 启动 Xcode 项目

双击 Xcode 程序，然后单击创建 Xcode 项目，就会弹出如图 1.7 所示的对话框。

图 1.7　创建项目

在图中单击 Create a new Xcode project，进入如图 1.8 所示的对话框。

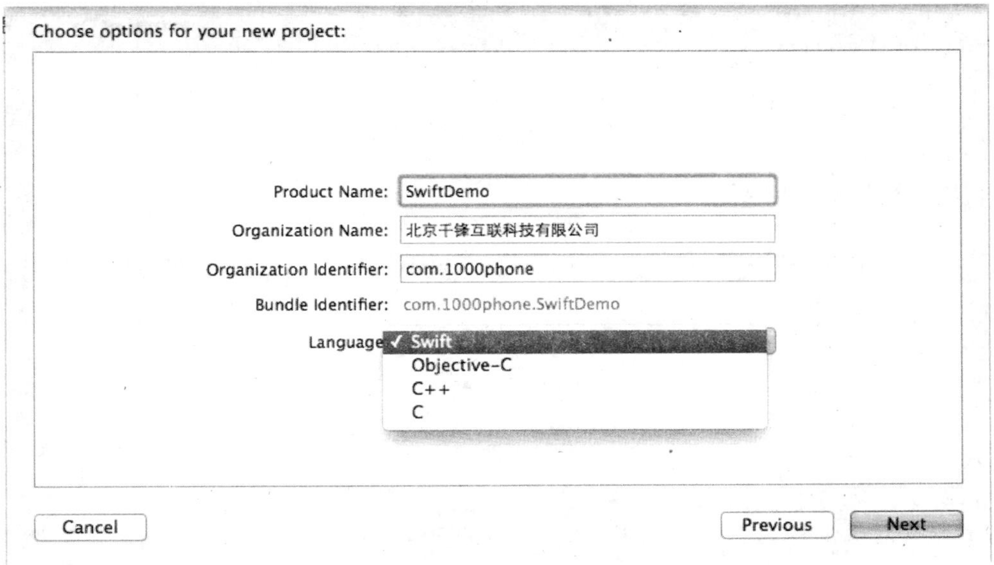

图 1.8　创建第一个 Swift 项目

上面创建项目使用了命令行模式。这是为了减少一些不必要的代码干扰。在对话框里需要填写如下信息。

Product Name：产品名字，可以用汉字名称。

Organization Name：公司组织名字。一般是公司的全称。
Orgnization Identifier：公司 Apple ID 的前缀。一般是公司域名的倒写。
Bundle Identifier：公司 Orgnization Identifier 和 Product Name 的组合体。
Language：选用的语言。这里选择最新的 Swift 语言。
然后单击下一步"Next"按钮。

4．选择存放项目的路径

在如图 1.9 所示的对话框中选择存放项目的路径。

图 1.9　选择项目的存放路径

代码模板如图 1.10 所示。

图 1.10　Swift 代码模板

1.5　Swift 使用 Playground

Playground 是随着 Swift 推出的"所见即所写"的编程模式。Playground 字面意思是操场、游乐场。也就是在 Swift 中可以一边写代码一边预览编程效果。这给编程开发者或者入门开发者带来前所未有的编程乐趣和体验。下面就来一步一步地学习如何使用 Playground。Playground 界面如图 1.11 所示。

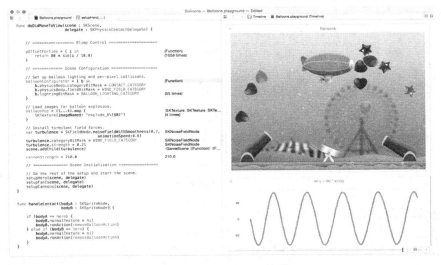

图 1.11　Playground 界面

打开 Xcode 项目，单击 Get started with a playground，创建一个 Playground 项目，如图 1.12 所示。

图 1.12　创建 Playground 界面

然后输入 Playground 项目的名称，如图 1.13 所示。

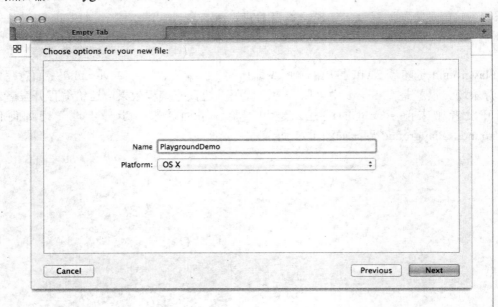

图 1.13　输入 Playground 项目名称

单击存放项目的路径，如图 1.14 所示。

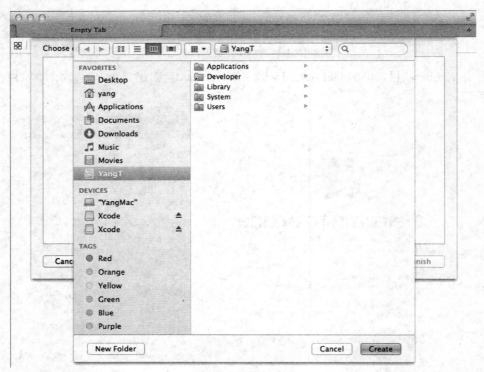

图 1.14　项目路径

下面是输入 OSX 代码的例子。如图 1.15 所示，右边是代码的实时显示结果，左边是代码输入内容。

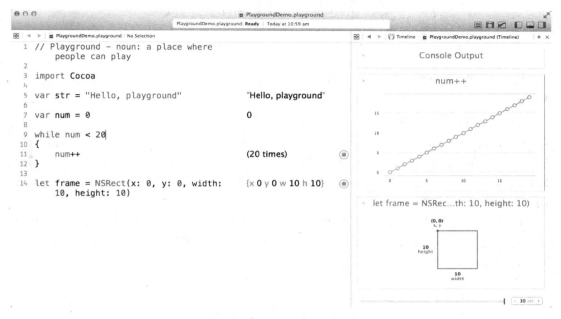

图 1.15　OSX 代码实例

在 iOS 中使用 Playground，这里输入了 UILabel 标签控件的实时显示结果，如图 1.16 所示。

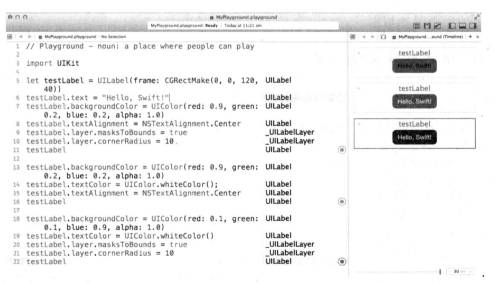

图 1.16　UILabel 标签控件的实时显示结果

可以看出，Xcode 的 Playground 可以实时地显示项目的界面结果。这样可以增加编程的趣味性和交互性。也便于调试和实时地找出错误所在。

第 2 章 基础知识

类型是所有程序的基础。类型告诉我们数据代表的是什么意思，以及可以对数据进行哪些操作。

Swift 语言作为一门用于开发 iOS 和 OSX 应用程序的新语言，提供了几种基本数据类型：比如 Int、Long、Float、Double 等类型。当然，Swift 类型不是传统程序语言的类型，在 Swift 中，它是一个结构体。Int 表示整型，Long 表示长整形，Double 和 Float 是浮点型，Bool 表示布尔型、String 表示字符串类型。此外，Swift 还有两个有用的集合类型，Array 数组和 Dictionary 字典。

除了基本类型外，Swift 还增加了大多数其他程序语言中没有的类型，比如元组（Tuple）。元组可以创建或者传递一组数据，比如作为函数的返回值时，可以用一个元组返回多个值。这对于程序设计尤其有用。

2.1 常量与变量

常量和变量都是把一个名字和某一个指定类型的值关联起来。其中常量的值一旦确定，就不能修改；而变量的值可以在程序中随意更改。

常量在 Swift 中使用 let 表示，变量使用 var 进行声明。

2.1.1 常量和变量的声明

要定义一个常量，必须使用 let 来声明，而定义一个变量，必须使用 var 来声明。

```
// 声明一个常量,用来存储班级可以容纳的最大人数
let maxNumberOfStudents = 50
// 声明一个变量,用来保存当前班级的现有人数
var numberOfStudents = 32
// 声明一个浮点变量,用来保存 pi 的值
let pi = 3.14
// 声明一个不可变的常量
let key = "姓名"
```

这里的 maxNumberOfStudents 是一个常量，在程序中不能被修改。而 numberOfStudents 是一个变量，在程序的其他位置，可以修改它的值。

在同一行中可以声明多个常量或者变量，并且常量和变量之间用逗号（,）隔开，如下所示：

```
var girlsNumber = 12 , boysNumber = 20
```

2.1.2　常量或变量的类型

在声明一个常量或者变量的时候，可以给常量或者变量指定它的类型，表示它用来存储什么类型的值。格式如下：

```
var name : String
```

表示定义了一个字符串 String 类型的变量，它的变量名是 name，用来存储 String 类型的值。在变量或者常量名与类型之间需要以（:）分隔。

如果在声明常量或者变量的时候，没有指定它的类型，而是直接赋值，则编译器会根据赋的值进行推断，得到该常量或者变量的类型。如下代码：

```
var name = "千锋"
```

在这一行代码中，没有指定 name 的类型，但是编译器会根据给它赋的值进行判断，得出 name 变量的类型是 String。

但是下列代码是有问题的。

```
var value = 200
// 如下代码赋值会出错
value = "this is swift demo"
```

```
25  var value = 200
26  // 如下代码赋值会出错
27  value = "this is swift demo"    ⊘ Type 'Int' does not conform to protocol 'StringLiteralConvertible'
28
29
```

上述代码错误的原因是在 var value = 200 这里，编译器已经把 value 定义为 Int 整型类型，整型是没法直接转化成 String 类型的。所以上述错误的意思是不能进行类型转换。

这里和弱类型语言不同。在很多弱类型语言中，没有严格的类型概念，赋值会在动态运行时进行类型判断。从这里可以看出 Swift 是一种强类型语言，只不过外表上看起来像弱类型语言。它是借助于 Xcode 进行自动推导语言类型。这点和弱类型脚本语言有本质区别。

2.1.3　常量和变量的命名

在 Swift 中可以用任何字符作为常量和变量名，包括 Unicode 字符：

```
let π = 3.14159
let 你好 = "你好 Swift"
let 🐶 = "dog"
```

常量与变量名不能包含数学符号（＋－＊／等）、箭头、保留的（或者非法的）Unicode

码位、连线与制表符。

不能以数字开头，但是可以在常量与变量名的其他地方包含数字。

一旦将常量或者变量声明为确定的类型，就不能使用相同的名字再次进行声明，或者改变其存储的值的类型。同时，也不能将常量与变量进行互转。

注意：在 Swift 中，尽量不要用关键字作为常量或者变量名，如果一定要用，也是可以的，不过需要用反引号（`）来包含:。

```
let `let` = "hello"
```

2.1.4 常量和变量的输出

也可以用 println 或者 print 函数来输出当前常量或变量的值：

```
let `let` = "hello"
println(`let`)
```

使用 println 输出的内容会在输出字符串的最后加上一个换行符，println 或者 print，将输出内容到命令行面板上。

```
print("hello world")
println("hello ")
println("world")
```

```
hello worldhello
world
Program ended with exit code: 0
```

NSLog 进行字符串输出。

```
var name = "this is swift demo"
NSLog("name is %@", name)
let pi = 3.14
NSLog("pi is %f", pi)
```

输出如下所示：

```
2014-10-08 19:44:01.056 SwiftDemo[41974:303] name is this is swift demo
2014-10-08 19:44:01.058 SwiftDemo[41974:303] pi is 3.140000
Program ended with exit code: 0
```

从上面可以看到，NSLog 是带有时间戳的显示。这样便于调试。同时 NSLog 有可变参数和传统的 C 语言类型处理，比如%d, %f 等。

2.1.5 字符串的连接输出

print 函数中的参数是一个字符串，这个字符串可以是拼接成的，这种方式叫做字符串的格式化操作。

在 Swift 中，字符串的插值的语法是：在字符串内部加 " \(变量名) " 。示例如下：

```
var b = true
let studentName = "张三丰"
var studentAge = 23
print("name is:\(studentName),age is:\(studentAge) ,b :\(b)")
```

在格式化操作中，可以将其他类型的变量直接插入字符串中，Swift 会自动将这些变量的值取出，拼接成字符串，而不需要指定类型或者做类型转换。

2.1.6 注释

注释是为了给程序增加可读性的提示，尤其是复杂的程序，如果没有注释，大型的程序会变得非常难以理解。

注释不会增加程序的大小，因为在程序编译时，所有的注释都会被忽略。

在 Swift 中添加注释的方式有两种：单行注释和多行注释。

单行注释：以两个正斜杠开始的一整行，如下：

```
var age : Int //年龄
var name : String? //姓名
//这一行是注释
```

多行注释：其起始标记为单个正斜杠后跟随一个星号（/*），终止标记为一个星号后跟随单个正斜杠（*/），同时，多行注释也可以嵌套出现，如下：

```
/*
这是注释第一行
/*
这是注释
*/
这是注释第二行
这是注释第三行
*/
```

需要注意的是，在程序中书写多行注释时，为了让程序更加易读，尽量在第一行注释的前面都加上注释的标识：

```
/*
 * 这是注释第一行
 * 这是注释第二行
 * 这是注释第三行
 */
```

2.1.7 分号

与其他大部分编程语言不同，Swift 并不强制要求在每条语句的结尾处使用分号（;），当然，也可以沿用之前的习惯。但是，有一种情况下必须要用分号，即当在同一行内写多条独立的语句时，不加分号和 iOS/Cocos2D 中的 lua 开发语言类似。

```
var age : Int
var name : String?
age = 21 ; name = "千锋"
```

2.1.8 汉字命名方式

Swift 自身就支持 Unicode 编码的任何变量命名方式。也就是它支持中文、韩文、日本、法语等所有国际语言。当然由于编程语言的原因，使用英文命名方式是主流，但是对于一些专业软件，比如公司 OA、财务软件、App、这些汉字命名对于 Swift 来说就方便一些。比如：

```
let 国家 = "中国"
var 姓名 = "千锋"
姓名 = "千锋Swift"
```

2.2 类 型 定 义

和其他编程语言一样，Swift 既有基础类型，比如 Int，Long，Float，Double 等，也有元组 Tube，Struct，Enum 类型。Swift 还加入了特有的可选类型。对于可选类型，可能用起来不如之前的类型方便，但是对于安全编程是尤为重要的。

2.2.1 整型

整型类型是指没有小数部分的数字，整型类型从是否有符号的角度可分为：有符号整型和无符号整型。

整型类型从其长度可以分为：8 位、16 位、32 位和 64 位。

所有的整型数值的值范围如下：

```
let maxValueOfInt8 = Int8.max
let maxValueOfInt16 = Int16.max
let maxValueOfInt32 = Int32.max
let maxValueOfInt64 = Int64.max

println("int8:\(maxValueOfInt8)\n" +
    "int16:\(maxValueOfInt16)\n" +
    "int32:\(maxValueOfInt32)\n " +
    "int64:\(maxValueOfInt64)")
```

```
int8:127
int16:32767
int32:2147483647
 int64:9223372036854775807
Program ended with exit code: 0
```

各种长度的整型的最大值：

```
let maxValueOfUInt8 = UInt8.max
let maxValueOfUInt16 = UInt16.max
let maxValueOfUInt32 = UInt32.max
let maxValueOfUInt64 = UInt64.max

println("uint8:\(maxValueOfUInt8)\n" +
    "uint16:\(maxValueOfUInt16)\n" +
    "uint32:\(maxValueOfUInt32)\n " +
    "uint64:\(maxValueOfUInt64)")
```

输出如下所示：

```
uint8:255
uint16:65535
uint32:4294967295
 uint64:18446744073709551615
Program ended with exit code: 0
```

2.2.2 浮点型

浮点数是有小数部分的数字，比如 3.14159，0.1 和 –273.15。

浮点类型比整数类型表示的范围更大，可以存储比 Int 类型更大或者更小的数字。Swift 提供了两种有符号浮点数类型。

- Double 表示 64 位浮点数。当需要存储很大或者很高精度的浮点数时请使用此类型。

- Float 表示 32 位浮点数。精度要求不高的话可以使用此类型。

2.2.3 自定义类型 typealias

Swift 可以更加方便地定义各种类型，这里使用 typealias 进行别名处理。在现实开发程序的过程中，使用类型定义非常有必要。下面是各种类型定义的例子。

```
typealias QFSize = UInt
typealias 整数 = Int
typealias 字符串 = String

var value : 整数 = 100
var name : 字符串 = "千锋"
var size : QFSize = 200
```

上述可以看出，通过 typealias 定义了"整数"类型，也定义了 QFSize 作为无符号的整型。在变量声明时就可以使用新的类型。

2.2.4 类型安全及类型推导

Swift 语言是类型安全的，如果编译器确定一个变量是某一个类型的，就不能再给该变量赋值为其他类型的值。

要让 Swift 确定一个变量的类型有两个途径：显式声明和类型识别。
显式声明：

```
var str: String
str = "hello "
str = 123
//Cannot convert the expression's type '()' to type 'String'
```

上述类型转化会出错。不能从字符串类型 String 转化成整数类型。
类型识别：根据赋值的类型进行类型的识别。

```
var num = 12
num = 12.3
```

```
var num = 12 + 3.2
num = 12.3
```

上面虽然类型不同，但是类型之间是可以相互转化的，因为 Swift 支持 Float 和 Int，Double 和 Float 之间可以相互转化。

2.2.5 常数和数值进制的表示方法

常量
常数是指数字或者字符串等，表示的就是其值本身。

例如，数字 3，指的就是整型数值 3 本身的意义。

"hello" 指的就是内容为 hello 的字符串。

数值进制

在自然语言中，数字都是按照十进制的方式进行表达的，即逢十进一，而在计算机中，数值类型都是以二进制的方式表现的。

为了方便使用及表达，又分为八进制和十六进制。示例如下：

```
let decimalInteger = 17              // 17 称为 decimalInteger 的字面量
let binaryInteger = 0b10001          // 二进制的 17 以 0b 作为前缀
let octalInteger = 0o21              // 八进制的 17 以 0o 作为前缀
let hexadecimalInteger = 0x11        // 十六进制的 17 以 0x 作为前缀
```

有时候，可以在字面量中添加额外的"_"和"0"来使得字面量更易读：

```
let num = 000_100_000_114
println(num)
//输出:100000114


let fnum = 12.123_330_000
println(fnum)
//输出:12.12333
```

2.2.6 类型转换

类型转化在 Swift 中是比较严格的，不同类型之间可以认为是不能相互转化的，只能重新产生一个对象和值，并拷贝一份。

整型数值之间的转换

不同类型的常量或者变量存储的数值是不同的，在进行数学运算的时候，不同长度的数值类型是无法进行运算的，如 Int8 类型和 Int16 类型。

这个时候需要对变量或者常量进行类型转换：

```
let int8: Int8 = 12
let int16: Int16 = 14 + Int16(int8)
//int8 是 Int8 类型的常量,在进行运算时,需要进行类型转换

println(int16)
//输出:26
```

在整型数值之间进行类型转换时，由短整型向长整型转换都可以成功。但是，如果是长整型向短整型转换则不一定能成功：

```
let int32: Int32 = 1234
let int8t:Int8 = Int8(int32)
//无法转换,因为 1234 这个字面已经超出了 Int8 类型所能表示的最大值(127)
println(int8t)
```

整型数值和浮点型数值之间的转换

在程序开发中,整型数值与浮点型数值之间的转换是很频繁的。

整型转换成浮点型:

```
let intValue = 1234
let floatValue = 1.3 + intValue
//此时intValue被自动识别为整型数值,故不能与1.3相加
```

需要的转换如下:

```
let intValue = 1234
let floatValue = 1.3 + Double(intValue)
println(floatValue)
//输出:1235.3
```

浮点型转换成整型:

```
let floatValue = -1.3
let intValue = 1234 + Int(floatValue)
//浮点型被转换成整型后,会被截断,即:小数点后的部分会被去掉
println(intValue)
//输出:1235
```

注意:在表达式中出现常量或者变量,不同于字面量之间的运算,如果是字面量之间的运算,编译器会在编译过程对字面量进行类型识别。

即如下的代码能被正确编译并执行:

```
let floatValue = -1.3
let intValue = 1234 - 1.3
```

2.2.7 类型别名

类型别名就是给一个类型取一个别名。

类型别名在程序开发中较为常用,比如要封装一套自己的类库,在自己的类库中定义类库所用到的类型,就可以用类型别名:

```
typealias MyInt = Int16
println("MyInt 类型的最小值是:\(MyInt.min)")
//MyInt 类型的最小值是:-32768
```

类型别名创建完成后,其使用方法和普通类型的使用方法一致。

```
let numOfCourse:MyInt = 200 //此时这里的MyInt就是Int16
println("课程数量:\(numOfCourse)")
//课程数量:200
```

2.2.8 布尔类型

布尔类型的类型名称是 Bool,它只可能有两个情况:true 或者 false。

```
let b: Bool = false
let b2: Bool = true
println("b is: \(b) b2 is: \(b2)")
//输出:b is: false b2 is: true
```

Bool 类型的变量多用在条件判断语句中:

```
if (b){
    println("b 表示真")
}
else{
    println("b 表示假")
}
//输出:b 表示真
```

2.2.9 元组 Tube

元组语法允许将多个不同类型的值组合成一个复合值并且赋值给一个变量或者常量。元组语法在函数中作为返回值使用是很好的,可以返回多个类型的值。

元组的定义语法如下:

```
var classInfo = ("iOS1404" , 50)
```

使用这种方式定义一个元组时,读取其中的元素,可以通过元素在元组中的位置进行读取。位置从 0 下标开始,如下代码中的 0 和 1 表示元组中的第 0 个和第 1 个元素,以此类推。

```
var classInfo = ("iOS1404" , 50)
println("班级名称:\(classInfo.0) 班级人数:\(classInfo.1)")
//输出:班级名称:iOS1404 班级人数:50
```

定义两个元素的元组时,使用以上方法比较简便,但在定义包含多个元素的元组时,这种方法不能明确分辨每个元素所代表的意义。

为了解决这个问题,可以给每个元素进行命名:

```
var classInfo = (className:"iOS1404",
        classId:"201405",
        numberOfStudent:50)
```

对使用命名进行定义的元组,取值时可以同时使用下标和元素名称:

```
println("班级名称:\(classInfo.className) 班级编号:\(classInfo.classId) 班级
```

```
人数:\(classInfo.2)")
//输出:班级名称:iOS1404 班级编号:201405 班级人数:50
```

获取元组中的元素还有一种较为方便的方法,即通过对元组的分解,进行元素的匹配获取:

```
var classInfo = (className:"iOS1404",
                 classId:"201405",
                 numberOfStudent:50)
var (name, id, number) = classInfo;
//相当于同时声明了三个变量:name、id 和 number
//这行代码会将字符串"iOS1404"匹配给 name 变量
//将字符串"201405"匹配给 id
//将数字 50 分配给 number
println("班级名称:\(name) 班级编号:\(id) 班级人数:\(number)")
//输出:班级名称:iOS1404 班级编号:201405 班级人数:50
```

注意:用这种方式定义元组的元素时,实际上是定义了三个变量,如果写成:

```
let  (name,id,number)
```

则表示声明了三个常量,同时 name 和 id 是 String 类型的,而 number 是整型的。在后面再声明变量或者常量的时候,需要注意不要和这里面的名称发生冲突。也要注意这里面定义的是常量还是变量。

在进行元组的元素分解的时候,如果只需要其中的某些值,可以在不需要值的地方使用 "_" 来代替。如下代码所示:

```
var classInfo = (className:"iOS1404",
                 classId:"201405",
                 numberOfStudent:50)
let (name, _, _) = classInfo
println(name)
//输出:iOS1404
```

2.3 可选类型 Optional

可选类型是 Swift 特有的数据格式,在现实编程中,经常使用 nil 或者 0 来表示没有对象,但是有时候我们需要表示有和没有数据两种情况,数据 0 也是有数据的一种,这种情况就需要在 Swift 中使用可选类型来表示。

可选类型的意思为是否这个对象可以有数据,也可以没有数据。

可选类型是 Swift 语法的特色之处,而对于编程人员来说,这是一个限制,或者不太方便的地方。从安全编程的角度来看,在所有的 Swift 语言设计中的任何变量、对象都必须具有初始值(在其他语言中并没有这样的要求,也这是最容易编程犯错的地方)。如果没有初始值,程序员必须有清楚而明确的代码意识来表明一个可选类型。这样可减少调试、运行时的错误。

2.3.1 可选类型的声明

可选数据类型是在现有的类型后面加上一个问号"?",表示不确定有没有对该变量进行赋值。格式如下:注意不能在数据类型和?之间加空格。

```
var str: String?
```

要验证声明为可选类型的变量是否有值可以直接用 if 语句进行判断:

```
var str: String?
if str != nil {
    println(str)
} else{
    println(str)
}
//输出:nil
```

此时在 if 语句中的 str 等同于一个 Bool 值。

注意:这里的 str 可以理解为 String?类型的,而不是 String 类型的。

2.3.2 可选类型的赋值

对可选类型变量的赋值可以直接使用其变量名进行赋值,也可以直接赋值为 nil。

```
str = "123"
```

2.3.3 可选类型的使用

在使用可选变量时,需要在变量名的后面加上感叹号"!"。

```
println(str!.toInt())
```

因为 str 是被声明为 String?类型的,而 toInt()方法是 String 类型的方法,所以不能使用该方法。

对于可能不被赋值的变量,应该声明为可选类型,而在正式使用该变量的时候,需要确定其已经被赋值。"!"的意思就是确定已经被赋值或者确定已经有值。

如果一个可选类型的变量没有被赋值而被使用,结果会报 fatal error: Can't unwrap Optional.None 错误,也就是程序会崩溃。当然这也方便 iOS 程序调试。

2.3.4 可选类型 nil 的使用

在 Swift 语言中，如果一个可选变量没有对应的值，或者之前的值已经失效，可以将其赋值成 nil。

注意：这里面是可选变量，不是变量，也不是常量，也就是说，对于一个普通变量或者常量来说，不能被赋值成 nil。

另外，如果一个变量被声明为可选变量，同时没有被赋值时，则它默认被赋值成了 nil。

```
var n:Int?
println(n)
//输出:nil
```

2.4 基本运算符

在任何一门编程语言中，运算符都是最基本并且至关重要的，是必须要掌握好的知识。

和其他语言一样，Swift 语言也提供了赋值、算术、比较、逻辑等运算符。不同的是在 Swift 语言中还提供了区间运算符，用来表示两个临界值之间的区域。

2.4.1 赋值运算符

赋值运算符即"="号：如 a = b，表示将 b 的值赋值给 a。
赋值运算符的使用场景一般分为下面三种情况。
1. 使用字面量对一个常量或者变量进行初始化。
2. 将一个常量或者变量的值赋值给另外一个常量或者变量。
3. 对元组进行赋值。

```
//使用字面量进行初始化
let a = 12
var b = 13
//常量或变量之间进行赋值
let c = b
var d = a
//对元组进行赋值
let (e,f) = (14,15)
println("a=\(a),b=\(b),c=\(c),d=\(d),e=\(e),f=\(f)")
//输出:a=12,b=13,c=13,d=12,e=14,f=15
```

2.4.2 算术运算符

算术运算符可以分为一元运算符和二元运算符。

1. (+/-)一元运算符

+/-作为一元运算符出现有下面两种情况。
1. 直接用于数值的前置，表示正数或者负数。
2. 前置于变量或者常量，表示对该变量或者常量取正或负。

```
let g = -1
let h = -g
var i = +h
println("g=\(g),h=\(h),i=\(i)")
//输出:g=-1,h=1,i=1
```

2. (++)自增和(--)自减运算符

自增和自减运算符是比较特殊的运算符，它们都有下面两种用法。
1. 前置，表示变量先进行自增或者自减，然后参与运算。
2. 后置，表示变量先参与运算，然后进行自增或者自减。

前置

```
var j = 1
var k = ++j + 1
//j 先进行自增,其值变成2,然后+1,所以 k 的值是3
println("j=\(j),k=\(k)")
//输出:j=2,k=3
```

后置

```
var l = 1
var m = l++ + 1
//l 先进行运算,其值是1,进行+1 运算的值是2,并赋值给m
//所以 m 的值是2,而 l 进行运算完成后,进行自增运算结果是2
println("l=\(l),m=\(m)")
//输出:l=2,m=2
```

相对应的，自减运算和自增运算一致。

```
var n = 2
var p = --n - 1
println("n=\(n),p=\(p)")
//输出:n=1,p=0
var q = 2
var s = q-- + 1
println("q=\(q),s=\(s)")
//输出:q=1,s=3
```

注意：自增或者自减运算都是对变量本身进行的+或者-运算，所以只能用于变量：

```
let aa = 2
aa--
//出错:不能对常量进行自增或者自减运算
```

3. 二元算术运算符

Swift 语言提供的二元算术运算符有 5 种。

1. 加+
2. 减-
3. 乘*
4. 除/
5. 取余%

```
var a = 6
var b = 3
var c = a + b
var d = a - b
var e = a * b
var f = a / b
println("c=\(c),d=\(d),e=\(e),f=\(f)")
//输出:c=9,d=3,e=18,f=2
```

也可以使用算术运算符进行四则运算:

```
var g = a + b * c - e / f
println(g)
//输出:24
```

同时,+运算符还可以进行字符串的拼接:

```
let str1 = "hello"
let str2 = " world"
let str3 = str1 + str2
println(str3)
//输出:hello world
```

另外,/运算符在进行数值相除时,如果两个数都是 Int 类型,相除后的结果也是 Int 类型:

```
var a = 6
var b = 4
var c = a / b
println(c)//输出:1
```

虽然从数学的角度看,正确的结果是 1.5,但是因为 a 和 b 都是整数,所以 c 也会被取整。如果要得到正确的结果,需要使用浮点数进行运算:

```
var a = 6.0
var b = 4.0
var c = a / b
println(c)//输出:1.5
```

4.(%)取余运算符

和其他的编程语言一样，Swift 也提供了取余运算符：

```
var a = 11
var b = 4
var c = a % b //表示a/b的余数:11 / 4 = 2 余 3,即 2*4+3=11
println(c)
//输出:3
```

除此之外，Swift 还提供了浮点数的取余：

```
var a = 11.5
var b = 4.2
var c = a % b
println(c)
//输出:3.1
```

2.4.3 复合运算符

为了使书写的代码更加简洁，可以使用复合运算符，用于对变量本身的运算，比如当遇到如下情况：

```
var a = 3
a = a + 2
println(a)//输出:5
```

在此代码中，变量 a 本身的值发生了变化，这个时候，可以使用如下方式进行运算：

这里面的"+="就是复合运算符的一种，常用的复合运算符有："+="，"-="，"*="，"/="，"%="。

```
var a = 3
a += 2
println(a)//输出:5
```

2.4.4 比较运算符

当需要判断某个变量的值是否满足一定的条件时，需要使用比较运算符（比如年龄 age 的值不能小于 0），比较运算符可以用在 if 的条件判断中。

```
var age = -10
```

```
if age < 0{
    println("年龄的值不合法!")
}
//输出:年龄的值不合法!
```

常用的比较运算有以下几种。
1. 等于（a == b）
2. 不等于（a != b）
3. 大于（a > b）
4. 小于（a < b）
5. 大于等于（a >= b）
6. 小于等于（a <= b）

2.4.5 三目运算符

在程序中经常会出现如下代码块的情况：

```
var age = 10
if age < 0{
    println("年龄的值不合法!")
} else{
    println("年龄值合法:\(age)")
}
```

这段代码是对一个条件的判断，条件成立和不成立时执行一行相似的代码，这时，可以使用三目运算符来代替，使得代码更加简洁。

```
println(age < 0 ? "年龄的值不合法!" : "年龄值合法:\(age)")
```

三目运算符的语法是："条件"？"成立时的代码"："不成立时的代码"。
三目运算符多用于不同情况下对变量的赋值。

2.4.6 区间运算符

区间运算符表示的是一个范围，常用于循环语句中。区间运算符有两种：
1. 闭区间："..."包含最后一个值。

```
for a in 0...5{
    print("\(a) ")
}
//输出:0 1 2 3 4 5
```

2. 半闭区间："..<"不包含最后一个值。

```
for a in 0..<5{
```

```
    print("\(a) ")
}
//输出:0 1 2 3 4
```

2.4.7 逻辑运算符

在 if 语句的条件中,如果需要多个条件进行组合判断,需要使用逻辑运算符,逻辑运算符有以下三种。

1. ! 逻辑非,表示对当前条件取反。

```
let allowedEntry : Bool = false
if !allowedEntry {
    println("ACCESS DENIED")
}
```

上面的!就是取反的操作。注意只能对于 Bool 类型的变量进行取反。不能对于可选类型进行取反。所以下面的代码是错误的。

```
var str: String?
if !str {
    println(str)
}
```

2. && 表示逻辑与,只有两个条件均为 true 时,结果才为 true。

```
var sex = "male"
if age < 18 && sex == "male"{
    println("男孩")
}
```

3. ||:表示逻辑或,只要有一个条件为 true,结果就为 true。

```
var name = "张三"
if name == "张三" || name == "李四"{
    println("我的好友")
}
//输出:我的好友
```

逻辑运算符的中止属性:

1. 在逻辑与&&中,如果前一个条件为 false,程序不会去判断后一个条件,因为已经能确定结果一定为 false。

2. 同样,在逻辑或||中,如果前一个条件为 true,则程序也不会去判断后一个条件,因为已经能确定结果一定为 true。

这个性质在程序中是需要注意的一点,尤其是如果后一个条件语句中包含有对变量值的操作：

```
var i = 10
if i < 20 && i++ < 20 {
    println(i)
}
//输出:11
```

如果逻辑与改成逻辑或：

```
var i = 10
if i < 20 || i++ < 20 {
    println(i)
}
//输出:10
```

2.4.8 断言 Assert 操作

在程序设计中，很多变量的值都是有一定限制的，应符合实际情况，比如人的身高、体重不可能小于 0，年龄不可小于 0 也不可能大于 200，两点之间的距离不可能小于 0 等。

如果在使用这些变量的时候，这些变量是由前面的程序运算得到的结果，当不能保证这些变量的值是否合法的时候，可以使用断言方法来判断这些变量，如果不合法，则中断程序的执行，并且输出相应的错误信息。这样做有利于在编写程序的过程中及时地发现并解决问题。

```
let distance = -1
assert(distance >= 0 ,"两点的距离不能小于0")
//输出:assertion failed: 两点的距离不能小于0
```

assert()方法有两个参数：

第一个参数是正确(合理的)条件，返回一个 Bool 值，当这个返回值为 false 的时候(即该条件不成立)，程序中断。

第二个参数是如果第一个参数返回的 Bool 值是 false 时，输出结果，此参数可省略。

第 3 章 字符串、数组、字典

字符串 String、数组 Array 和字典 Dictionary 这是任何高级编程语言都具有的基础数据结构，也是程序设计的复合型数据类型。Swift 的三大数据结构提供了大量丰富的操作函数和扩展方法。

在 Swift 基本类型中，包括数组 Array 和字典 Dictionary。要存储批量数据可以使用数组和字典两种集合类型。

3.1 字 符 串

字符串 String 在任何一门编程语言中都占有重要的地位，因为程序本质上是用来处理数据，而数据的组成中字符串占有重要的地位，比如表示人的姓名、书的名字、文章的标题等内容。

Swift 为字符串提供了很多方便的处理方法，使得使用字符串更加便捷。

3.1.1 字符串字面量

先看一个字符串的例子：

```
var str = "hello world"
```

这行代码的意思是将 hello world 这个字符串字的面量赋值给 str 变量。

在 Swift 语言中，字符串中可以加入任何语言文字的字符：

```
var str = "Swift,你好😄"
```

字符串是字符的集合，所以也可以对字符串进行遍历，取出其中所有的单个字符：

```
var str = "iOS,áÛÉ ÇáÚÑèíÉ 你好にほんご"
for ch in str{
    print(" \(ch)")
}
/*
输出：
 i O S , á Û É   Ç á Ú Ñ è í É 你 好 に ほ ん ご
*/
```

转义字符

在字符串中，不仅可以使用字符，还可以加入转义字符，常用的转义字符有以下几种。

- \0(空字符)、\\(反斜线)、\t(水平制表符)、\n(换行符)、\r(回车符)、\"(双引号)、\'(单引号)。
- 单字节 Unicode 标量，写成\xnn，其中 nn 为两位十六进制数。
- 双字节 Unicode 标量，写成\unnnn，其中 nnnn 为四位十六进制数。
- 四字节 Unicode 标量，写成\Unnnnnnnn，其中 nnnnnnnn 为八位十六进制数。

```
var ch = "\x56 \u5343\t\u950b \nhello"
println(ch)
/*输出
V 千锋
hello
*/
```

3.1.2 字符串的连接

两个字符串连接成一个新的字符串的方法如下:

```
var str1 = "hello "
var str2 = "world"
var str3 = str1 + str2
println(str3)
//输出:hello world
```

注意，如果字符串常量不能被修改:

```
var str1 = "hello "
let str2 = "world"
str2 += str1
println(str2)
//错误,因为str2 被声明为常量
```

3.1.3 字符串与其他数据类型的拼接

字符串与其他数据类型的拼接，又叫字符串的插值操作。

```
var str1 = "hello "
var str2 = "\(str1),我的iOS 编程之路"
println(str2)
//输出:hello ,我的iOS 编程之路
```

在 Swift 中，字符串的插值操作可以将各种类型的值插入到字符串中。

```
var str1 = "PI"
var n: Int = 20
var b:Bool = false
```

```
var f:Double = 3.14
var str2 = "\(str1),\(f),\(n),\(b)"
println(str2)
//输出:PI,3.14,20,false
```

3.1.4 字符串相关操作方法

任何编程语言都有一大堆基础库,比如 C++的 STL,Objective-C 的 Foundation,或者 Java 的 jar 库,都含有大量的各种数据类型和结构的操作。其中字符串占有很重要的角色。

1. 判断字符串是否为空

在对字符串进行声明时,可以为字符串指定一个初始值,以下两种指定方式效果一样,都是给变量指定一个空字符串:

```
var str = ""
var str2: String = String()
println("str" + (str.isEmpty ? "没有值" : "有值"))
println("str2" + (str.isEmpty ? "没有值" : "有值"))
/*
str 没有值
str2 没有值
*/
```

要判断一个字符串是否为空,可以使用 str.isEmpty 来判断。

2. 计算字符串的字符数量

要计算出字符串的字符个数,可以使用 countElements 方法来计算。

```
var str = "Swift/iOS 开发语言"
println("字符串的长度:\(countElements(str))")
// 字符串的长度:13
```

3. 比较字符串是否相等

两个字符串相等是指两个字符的长度相等,并且每一位的字符也相同。
判断字符串相等的方法是:==。

```
var str1 = "hello world"
var str2 = "hello world"
if str1 == str2 {
    println("str1 和 str2 相等")
}
//输出:str1 和 str2 相等
```

字符串比较大小是逐位进行比较的。也就是说，分别取出两个字符串的第一位，比较大小，如果相同则再取出第二位进行比较，依此类推，直到两个字符不相同为止。
最后返回其 Unicode 编码值的比较结果：

```
var s = "hello"
var s2 = "world"
println(s > s2)
//输出:false
```

4. 判断字符串的前缀和后缀

在项目开发中，字符串的前缀和后缀使用的频率较高，比如，要判断一个字符串是不是一个合法的 URL 地址，或者判断一个字符串是不是一张图片。

判断字符串是否包含某个字符串前缀（hasPrefix）或者后缀（hasSuffix）的方法如下：

```
var str = "http://www.1000phone.com/123.png"
if str.hasPrefix("http://"){
    println("是一个网址")
}
if str.hasSuffix(".png") || str.hasSuffix(".jpg"){
    println("是一张图片文件")
}
/*输出
是一个网址
是一张图片文件
*/
```

5. 将字符串转换成大写或者小写

Swift 提供了将字符串全部转换成对应小写(lowercaseString)或者大写(uppercaseString)的方法：

```
let normal = "HELLO Swift"
let shouty = normal.uppercaseString
println(shouty)
println(normal.lowercaseString)
/*
HELLO SWIFT
hello swift
*/
```

3.1.5 与其他类型的转换

将其他的数据类型转换成字符串，只需要使用插值操作就可以。

```
var n:Double = 3.14159
var str:String = ("\(n)")
```

将字符串转换成 Int 类型的值。

```
var str:String = "12"
let n:Int? = str.toInt()
println(n)//输出:12
```

要将字符串转换成其他类型,需要借助其他方法,例如:

```
var str:String = "12.1"
let ns:NSString = str;//NSString 是 OC 中的类型
let d = ns.doubleValue
println(d)  //输出:12.1
```

3.2 数　　组

Swift 语言中提供的数组要求所保存的数据类型一致,它们是类型安全的,在使用的时候,能够明确其中保存的数据类型,数组用来存储有序的数据。

3.2.1 数组的声明及初始化

数组用来保存同一类型的一组数据元素。在 Swift 中,数组中所存放的元素的数据类型必须是一样的,而且可以存放基本数据类型,也可以存放类的对象。

数组的元素类型可以在声明中指定,也可以由后面的赋值进行识别。

声明及初始化

声明一个数组的方式有如下几种:

```
var intList = [12,13,54]
```

该方法声明了一个数组,并且给数组赋初始值,同时,也可以识别出 intList 中存放的元素都是 Int 类型的。

```
var intList2: [Int]
intList2 = []
```

该方法声明了一个数组 intList2,并且显式指定了数组中存放元素的类型,但是这个数组没有被初始化,所以不能使用,在使用之前需要对数组进行初始化。

初始化时可以没有元素,表示空数组,此时数组初始化完成,并且也指定了数组的类型,就可以使用该数组了。

```
var intList3 = [Int]()
```

上面声明一个空存放 Int 的数组,注意这是一种简便的语法方式。下列代码才是标准正规的写法。

```
var intList4 = Array<Int>()
```

上面声明一个空存放 Int 的数组。这是最标准正规的写法，但是不如上述写法简洁。

从上可见，要使用一个数组，有两个前提：

1. 需要对数组进行初始化，在初始化时可以赋值元素，也可以直接使用 [ ] 表示一个空数组。
2. 必须指定元素类型，可以显式地指定，也可以通过初始化，让编译器识别出类型。

如下方式声明数组是错误的：

```
var doubleList = []
//在这个数组的声明中,编译器无法得知该数组元素的类型,所以数组无法使用
doubleList.append(12)//错误

var strList: [String]
//在这个数组的声明中,虽然指定了数组元素的类型,但是没有对数组进行初始化,所以数组无法使用
strList.append("hello")//错误
```

要正确使用数组，可进行如下修改：

```
var doubleList: [Double] = []
doubleList.append(12)

var strList: [String]
strList = []
strList.append("hello")
```

构造方法

除了以上定义数组的方法，还可以使用构造方法进行构造并使用：

```
var list = [Int]()//声明并初始化一个空数组,元素的数据类型为 Int
list.append(3)
//数组为:[3]
```

除此之外，还可以在数组的构造方法中指定数组的信息，生成一个带有初始值的数组：

```
var list = [Int](count:5, repeatedValue:4)
//参数 count:指定初始状态下,该数组元素的个数
//参数:repeatedValue:指定初始状态下,每个元素的值
for n in list{
    print(" \(n)")
}
//输出: 4 4 4 4 4
```

当然，用这种方法生成一个数组，也可以利用类型识别，使用 **Array** 方法：

```
var list = Array(count:3, repeatedValue:"swift")
for str in list{
    print("\(str) ")
```

```
}
//输出:swift swift swift
```

3.2.2 数组元素的访问与修改

1. 数组元素的访问

要访问数组的元素，可以通过下标来访问，数组中的元素下标是从 0 开始编号的：

```
var list = ["hello", "Swift"]
println("第一个元素:\(list[0])")
println("第二个元素:\(list[1])")
/*输出:
第一个元素:hello
第二个元素:Swift
*/
```

2. 获取数组属性

要想得到数组的元素个数，可以通过数组的只读属性 count 来获取：

```
var list = ["hello", "Swift"]
println("数组共有\(list.count)个元素")
//输出:数组共有两个元素
```

判断数组是否为空，有两种方式：

```
//一.通过判断数组的元素个数是否为 0 来判断
var list: [String] = []
if list.count == 0{
    println("数组是空的")
}
//输出:数组是空的

//二.通过数组的 isEmpty 属性来判断
var list: [String] = []
if list.isEmpty{
    println("数组是空的")
}
//输出:数组是空的
```

3. 修改数组的元素

（1）修改数组中的单个元素

```
var list = ["欢迎", "学习", "Swift"]
list[2] = "iOS 开发"
```

```
println(list)
//输出:[欢迎, 学习, iOS 开发]
```

(2) 批量修改数组元素

```
var list = ["刘备","关羽","张飞","赵子龙"]
list[0...2] = ["曹操","孙权"]//表示数组的第 0 个元素到第 2 个元素变成新的数组中的元素
println(list)
//输出:[曹操, 孙权, 赵子龙]
```

3.2.3 数组的遍历

对数组的遍历,一般可以采取如下 3 种方式:

1. for 循环

```
var list = ["欢迎", "学习", "Swift"]
for(var i = 0 ; i<list.count ; i++){
    print("\(list[i]) ")
}
//输出:欢迎 学习 Swift
```

2. for-in 循环

```
var list = ["欢迎", "学习", "Swift"]
for str in list{
    print("\(str) ")
}
//输出:欢迎 学习 Swift
```

3. for 循环+元组方式

```
var list = ["欢迎", "学习", "Swift"]
for (index, str) in enumerate(list){
    println("\(index): \(str)")
}
/*
0: 欢迎
1: 学习
2: Swift
*/
```

3.2.4 数组元素的插入与删除

1. 向数组中插入元素

(1) 直接插入到数组的末尾,有两种方法:append 或者+=。

```
var list = ["hello", "Swift"]
list.append("你好")    //在末尾添加了一个元素
```

```
list += "iOS 编程"      //在新数组的末尾又添加了一个元素
println(list)
//输出:[hello, Swift, 你好, iOS 编程]
```

(2) 插入到数组的指定位置

```
var list = ["hello", "Swift"]
list.insert("你好", atIndex:1)
println(list)
//输出:[hello, 你好, Swift]
```

(3) 在数组的末尾添加另外一个数组

```
var list = ["hello", "Swift"]
list += (["你好","iOS"])
println(list)
//输出:[hello, Swift, 你好, iOS]
```

2. 删除数组中的元素

(1) 删除指定位置的元素

```
var list = ["欢迎", "学习", "Swift"]
list.removeAtIndex(1)
println(list)
//输出:[欢迎, Swift]
```

(2) 删除数组中末尾的元素

```
var list = ["欢迎", "学习", "Swift"]
list.removeLast()
println(list)
//输出:[欢迎, 学习]
```

3.3 字　　典

Swift 语言中的字典和数组一样，都要求所保存的数据类型一致，它们是类型安全的，在使用的时候，能够明确其中保存的数据类型。数组用来存储有序的数据，而字典是用来存储无序数据的，但是需要给每一个数据都指定对应的 key 值，也就是说字典中的数据是以键值对的形式存在的。

这里的数组和字典比 Objective-C 更加安全和严格。这点上和 Java 里面的语义类似。

字典是用来存放多组键(key)值(value)对的集合类型。在 Swift 中要求键和值的类型保持一致。

在 Swift 中，字典的键和值可以是任何类型。但是键必须实现哈希协议 Hashable。

3.3.1 字典的声明及初始化

在 Swift 中，可以使用以下几种语法格式进行声明。

```
var dic1 = [1:1, 2:2, 3:3]
var dic2:Dictionary<String , String> = [:]
var dic3 = Dictionary<String, String>()
var dic4 = [String:String]()
```

从以上三种方法中可以看出，要正确使用字典，需要下面的前提条件。
1. 键值对的键和值的类型需要明确，可以显式声明，也可以通过类型识别进行确定。
2. 声明完字典后，需要初始化。
3. 字典的 key 值的类型必须是可被哈希 Hashable 的（基本数据类型和可被哈希的类）。

3.3.2 字典元素的访问与修改

1. 字典的元素数量

可通过 count 属性来获取字典的元素数量。

```
var dic = [1:1,2:2,3:3]
println(dic.count)
//输出:3
```

2. 字典元素的访问

可通过 key 值进行字典元素的取值。

```
var dic = ["key1":"iOS" ,"key2":"Swift" ,"key3":"Android"]
var str = dic["key2"]
println(str)
var strNotExists = dic["key"]
println(strNotExists)
//输出:
//Swift
//nil
```

如果取值时，所使用的 key 值不存在，返回的值为 nil。

3. 增加字典元素

可以通过直接赋值的方式给字典增加元素。

```
var dic = ["key1":"iOS" ,"key2":"Swift" ,"key3":"Android"]
dic["key"] = "Objective-C"
```

```
println(dic)
//输出:[key2: Swift, key3: Android, key: Objective-C, key1: iOS]
```

4. 字典元素的修改

修改字典元素有下面两种方式。
（1）直接修改

```
var dic = ["key1":"iOS" ,"key2":"Swift" ,"key3":"Android"]
dic["key1"] = "oc"
println(dic)
//输出:[key2: Swift, key3: Android, key1: oc]
```

（2）通过 updateValue(forKey:)方法修改

```
var dic = ["key1":"iOS" ,"key2":"Swift" ,"key3":"Android"]
let str = dic.updateValue("Objective-C",forKey:"key2")
println(str)
println(dic)
//输出:
//Swift
//[key2: Objective-C, key3: Android, key1: iOS]
```

使用这个方法修改元素，返回值是该 key 值对应的 value 被修改之前的值。

5. 字典元素的删除

可以通过 removeValueForKey 方法删除字典的元素。

```
var dic = ["key1":"iOS" ,"key2":"Swift" ,"key3":"Android"]
let str = dic.removeValueForKey("key3")
println(str)
println(dic)
//输出:
//Android
//[key2: Swift, key1: iOS]
```

用该方法删除字典的元素，返回值是被删除的元素的 value 值。

3.3.3 字典的遍历

字典的遍历有三种情况：

1. 遍历字典的键值对

```
var dic = ["key1":"iOS" ,"key2":"Swift" ,"key3":"Android"]
for (key,value) in dic{
    println("key:\(key), value:\(value)")
```

```
}
//输出:
//key:key2, value:Swift
//key:key3, value:Android
//key:key1, value:iOS
```

2. 遍历字典的所有键

```
var dic = ["key1":"iOS" ,"key2":"Swift" ,"key3":"Android"]
for str in dic.keys{
    print(str + " ")
}
//输出:key2 key3 key1
```

也可以先取出字典的 value 的数组：

```
var dic = ["key1":"iOS" ,"key2":"Swift" ,"key3":"Android"]
var keys = Array(dic.keys)
println(keys)
//输出:[key2, key3, key1]
```

3. 遍历字典的所有值

```
var dic = ["key1":"iOS" ,"key2":"Swift" ,"key3":"Android"]
for str in dic.values{
    print(str + " ")
}
//输出:Swift Android iOS
```

同样，也可以先取出字典所有 value 值的数组：

```
var dic = ["key1":"iOS" ,"key2":"Swift" ,"key3":"Android"]
var values = Array(dic.values)
println(values)
//输出:[Swift, Android, iOS]
```

第 4 章　控制语句和函数

控制语句是实现程序结构和逻辑的重要语法。使用控制语句可以实现复杂的逻辑代码。

和大多数语言一样，Swfit 语言也提供了两种重要的控制语句。
1. 分支语句：根据不同的条件执行不同的代码。
2. 循环语句：根据需要重复执行一部分代码。

4.1　分支结构

分支结构主要用来处理在不同的条件下产生不同行为的情形。分支语句包括 if 和 switch 两种语句。在程序开发中扮演了很重要的角色。对于条件判断较少的情况下 if 有比较强的优势，但是在条件判断很多，判断依据又很相似的情况下，用 switch 更加合适。

4.1.1　if 条件语句

简单的 if 语句的语法如下：

```
var age = 20;
if(age > 18){
    println("成年人")
}
//输出:成年人
```

在 if 语句中，if 后面的(age > 18)是条件，当满足该条件后，会执行后面的代码块{ }中的代码。

在 Swift 中，也可以将条件外面的小括号()去掉：

```
if age > 18 {
    println("成年人")
}
//输出:成年人
```

这几行代码可以翻译为：如果年龄大于 18，则打印出"成年人"三个字。

在 if 语句的后面，也可以加上 else 语句。

```
var age = 10;
if age > 18 {
```

```
    println("成年人")
} else {
    println("未成年")
}
//输出:未成年
```

这几行代码可以翻译为:如果年龄大于18,则输出"成年人"三个字,否则输出"未成年"三个字。

根据需要,也可以选择更为复杂的结构:

```
var age = 10;
if age > 18 {
    println("成年")
} else if age > 12{
    println("少年")
} else if age > 3{
    println("童年")
} else {
    println("幼年")
}
//输出:童年
```

4.1.2 switch 语句

switch 语句处理的是某个值不同情况下触发的解决方法。比如手机有不同的模式:静音模式、飞行模式、户外模式、会议模式等。在不同的模式下处理来电是不一样的。这时可以选择用 switch 语句来处理:

```
var mode = "飞行"
switch mode{
case "户外":
    println("现在为户外模式,音量最大")
case "飞行":
    println("现在为飞行模式,电话无法接通")
case "静音":
    println("现在为静音模式,没有声音")
default:
    println("其他")
}
//输出:现在为飞行模式,电话无法接通
```

1. 区间匹配

另外 Swift 语言中的 switch 比传统开发语言中的更加强大。它可以表示某个范围和条件。case 语句中可以使用区间匹配,if-else 中的例子也可以改写成以下形式:

```
var age = 1000
switch age{
case 0...3:
    println("幼年")
case 3...12:
    println("童年")
case 2...17:
    println("少年")
case 18...200:
    println("成年")
default:
    println("该年龄值不合理")
}
//输出:该年龄值不合理
```

在 switch-case 语句中，需要在所有的 case 表达式的最后加上一个 default：语句，用来处理其他情况。

2．元组

在 switch-case 语句中，还可以使用元组来匹配多个值。

```
let boy = (10, "boy")
switch boy{
case (0...20, "boy"):
    println("男孩")
case (21...100, "man"):
    println("男人")
default:
    println("其他")
}
//输出:男孩
```

3．值绑定

可以在 case 语句中用变量来接收满足其他条件的元组值，在下面这个例子中，只要 boy 的第二个参数满足条件，就会被 case 中的条件接收并将第一个参数赋值给 age。

如果前面的条件都不满足，则会进入最后一个 case，同时接收两个值，同时，因为有了最后一个 case，所以不需要使用 default:语句。

```
let boy = (10, "girl")
switch boy{
case (let age, "boy"):
    println("男孩:\(age)")
case (let age, "man"):
    println("男人:\(age)")
case (let age, let sex):
    println("\(sex):\(age)")
```

```
}
//输出:girl:10
```

4．Where 语句

在 case 语句中，除了以上几种方式外，Swift 还提供了更加灵活的条件判断方式：即配合元组和 where 语句实现复杂的条件：

```
let boy = (50, "man")
switch boy{
case let (age,sex) where age < 12 && sex != "boy" && sex != "man":
    println("女孩:\(age)岁")
case let (age,sex) where age > 12 && sex == "man":
    println("男人:\(age)")
case let (age,sex):
    println("\(sex):\(age)")
}
//输出:男人:50
```

4.2　语句的作用域

作用域是指独立的代码块，即一段用{}包含起来的代码片段，在代码块中可以使用在这个代码块之前的外部定义的变量：

```
var str = "swift"
if true {
    println(str)//输出:swift
}
```

相反，在代码块中定义的变量，在代码之外是无法使用的：

```
if true {
    var str = "iOS"
}
println(str)//错误:str 没有定义
```

另外，在代码块中可以定义与外部变量名相同的变量：

```
var str = "swift"
if true{
    var str = "iOS"
    println(str)//输出:iOS
}
```

如果是相同的变量名字，那么根据就近原则，将使用本作用域代码块中的变量，而不会使用上一个作用域里面的变量。

4.3 循环结构

很多时候,一个代码块需要重复地运行,比如数的累加:1+2+3+4+... +99+100。依靠循环可以解决计算机程序处理中很多重要的问题。这个时候,就需要借助于循环来解决。

在 Swift 语言,有两个循环结构:

1. for 循环(细分为 for 循环和 forin 循环)
2. while 循环(细分为 while 循环和 do-while 循环)

4.3.1 for 循环

for 循环的结构如下:

```
var sum = 0
for var i = 1 ; i <= 100 ; i++ {
    sum += i
}
println(sum)
//输出:5050
```

for 循环的结构为: for 语句1;语句2;语句3{代码块1}

执行顺序如下。

1. 语句1:进入循环后执行的第一条语句,同时也只执行一次。
2. 语句2:这是一条条件判断语句,如果此条件为 true,则继续往下执行。
3. 代码块1:语句2判断为 true 后,执行代码块的内容。
4. 语句3:代码块执行完成后,执行语句3的内容。
5. 语句2:语句3执行完后,再次进行条件的判断。

......(重复2~4的过程)

循环结构的退出方式有两种:

1. 语句2的条件结果为 false。
2. 在代码中有 break 语句(具体参考下一节中的 break 语句)。

4.3.2 forin 循环

forin 循环主要用于遍历一个区间、一个数组或者一个字符串中的字符。

1. 区间

```
var sum = 0
for i in 1...100 {
    sum += i
```

```
}
println(sum)
//输出:5050
```

2. 数组

```
var strArray = ["Swift","Objective-C","Java"]
for str in strArray {
    print(str + " ")
}
//输出:Swift Objective-C Java
```

3. 字符串

```
var str = "Swift"
for ch in str {
    print(ch + " ")
}
//输出:S w i f t
```

4.3.3 while 循环

while 循环,会一直循环执行循环体{}内的代码,直到 while 后面的条件返回 false。

```
var sum = 0
var i = 0
while i <= 100{
    sum += i
    i++
}
println(sum)//输出:5050
```

4.3.4 do-while 循环

do-while 循环是 while 循环的另外一种形式。

```
var sum = 0
var i = 0
do{
    sum += i
    i++
} while i <= 100
println(sum)//输出:5050
```

do-while 循环和 while 循环的区别是:

在 while 循环中,首先判断条件是否满足,如果满足则进入第一次循环,如果不满足,则跳过循环体。

在 do-while 循环中，不管条件是否满足，都会进入循环体执行第一次循环，然后再进行条件判断。

也就是说，do-while 循环无论如果都至少会执行一次循环体。

4.4 跳转语句及块标签

在程序的执行过程中，有时候需要改变代码的执行顺序。比如在循环过程中，遇到了某些特定的情况，需要跳出循环。这时候，需要采用程序跳转语句对程序的结构进行更多的控制。

4.4.1 continue 语句

continue 语句用在循环结构中，作用是结束本次循环，并开始下一次循环。也就是说会忽略掉 continue 语句之后的代码。

```
var strArray = ["Hello", "Swift", "iOS", "Java"]
for str in strArray{
    if str.hasPrefix("S"){
        continue
    }
    print(str + " ")
}
//输出:Hello iOS Java
```

这段代码是遍历数组中所有的字符串，并且过滤掉以"H"开头的字符串。

4.4.2 break 语句

break 语句主要用在循环语句中，作用是中止循环并跳出循环。

```
var strArray = ["Hello", "Swift", "iOS", "Java"]
for str in strArray{
    if str.hasPrefix("S"){
        break
    }
    print(str + " ")
}
//输出:Hello
```

这段代码在遍历数组元素的过程中，当遇到以"H"开头的元素后，中止循环，程序会跳转到 for 循环体以外，继续执行下面的代码。

4.4.3 fallthrough 语句

Swift 语言中的 switch-case 语句与 C 语言中的不一样。C 语言的 case 语句具有跟随效应，如果没有 break 语句，一个 case 执行完成后会继续执行下一个 case。

在 C 语言中，当某一个 case 条件为 true 后，执行相应的代码块，并且会继续向下执行下面的 case 语句中的代码。如果要中止向下执行，需要手动加入 break 语句。

在 Swift 语言中，默认情况下是在每一个 case 语句的末尾存在一个 break 语句的。

如果要实现与 C 语言一样的功能，可以在 case 的代码块中加入 fallthrough 语句：

```
var age = 1
switch age{
case 0...3:
    println("幼年")
fallthrough
//case 的条件成立,同时,这里有 fallthrough 语句,所以会继续执行下一个 case 的代码块
case 3...12:      //虽然这里的 case 条件不满足,但是依然会执行其代码块
fallthrough
//此处有 fallthrough 语句,所以程序还会继续跳转到下一个 case 语句的代码块
println("童年")
//这行代码在 fallthrough 语句后面,所以不会执行到
case 2...17:
println("少年")
//这个 case 语句中没有 fallthrough 语句,所以不会继续往下执行
case 18...200:
    println("成年")
    fallthrough
default:
    println("该年龄值不合理")
}
//输出:
//幼年
//少年
```

从这段代码的输出结果可以看出：

1. 如果某一个 case 条件成立，并且在对应的代码块中有 fallthrough 语句，则无论下一条 case 语句的条件是否满足，都会向下执行下一个 case 语句的代码块。

2. 同一个 case 代码块中的 fallthrough 语句后面的内容将无法执行。

3. 所有的 case 分支中默认存在一个 break 语句，如果没有 fallthrough 语句，将退出 switch-case 语句。

4.5 函　　数

在程序开发的过程中，某些逻辑处理会被经常使用，或者在处理复杂问题时，需要将

独立的功能模块提取出来，供其他地方使用，这种方法就是函数的思想。

4.5.1 函数的定义及调用方法

在 Swift 语言中，函数的定义非常灵活，无论是参数还是返回值都有多种形式。
函数的定义方式如下：

```
//定义一个函数,返回值是 Int 类型
func add(a:Int, b:Int) -> Int
{
    return a+b
}
//调用函数
println(add(12,34))
//输出:46
```

定义一个函数需要用"func"关键字修饰。add 是函数名，括号"()"内是参数列表，"->"后面是返回值类型。

如果定义的一个函数带有返回值，在函数实现中需要返回值，返回值使用"return"关键字。

当定义好一个函数后，可以在程序的任意位置使用该函数，并且可以嵌套使用函数：

```
var sum = add(34,40)
println(sum)
//输出:74
var num1 = 12
var num2 = 34
var num3 = 40
var sum2 = add(num1,add(num2, num3))
println(sum2)
//输出 86
```

函数是能够实现特定功能的独立的代码块，参数是这个代码块要处理的数据，而返回值则是这些数据经过代码块处理后的结果。

4.5.2 函数的参数

函数的参数是外部向函数体传递的数据。也是函数要处理的数据对象。参数的类型可以是任意类型。

1. 无参函数

顾名思义，无参函数就是没有参数的函数，比如要显示给用户的警告信息，可以实现一个无参函数。

```
func showWarning()
{
    println("警告")
}
showWarning()
//输出:警告
```

2. 带参数函数

当然,显示的警告信息也可以带有一个参数,表示具体要警告的内容:

```
func showWarning(str:String)
{
    println("警告:" + str)
}
showWarning("内存不足")
//输出:警告:内存不足
```

3. 参数标签

在上面的例子中,定义完一个函数后,在使用时,所有的参数都会以字面量或者实参的方式传递到函数体内,当函数的参数数量过多时,每一个参数的意义将不能明确。比如,需要定义一个函数来输出学生的信息:

```
func showStudentInfo(name:String, age:Int,
        height:Int, phoneNumber:String)
{
    println("学生:\(name) 年龄:\(age) 身高:\(height) 电话号码:\(phoneNumber)")
}
showStudentInfo("张三",21,75,"13000000000")
//输出:学生:张三 年龄:21 身高:75 电话号码:13000000000
```

在这个例子中,函数调用时,参数 21 和 75 并不能明确它的具体意义。虽然在函数的声明中 age 和 height 能表明这两个参数表示年龄和身高,但是在大量使用这个函数后,要想知道这两个参数所指的意义,都需要回到函数定义处进行查看,这对于程序开发将是很不方便的。

为了解决这个问题,Swift 语言引入了参数标签,即:可以给每一个参数指定一个名字,在函数被调用时,可以通过该标签来获知对应参数的具体含义。

```
func showStudentInfo(sName name:String, sAge age:Int,
      sHeight height:Int, sPhone phoneNumber:String)
{
    println("学生:\(name) 年龄:\(age) 身高:\(height) 电话号码:\(phoneNumber)")
}
showStudentInfo(sName:"张三", sAge:21,
```

```
        sHeight:75, sPhone:"13000000000")
//输出:学生:张三 年龄:21 身高:75 电话号码:13000000000
```

在以上定义的函数的参数列表中,给每一个参数指定了一个名称:

```
func showStudentInfo(sName name:String, sAge age:Int,
        sHeight height:Int, sPhone phoneNumber:String)
```

如第一个参数为 sName name:String。

sName 表示在外部调用该函数时,需要显式地写出该参数的名称:sName:"张三",name 是在函数体内部使用的常量。

另外,如果在外部使用的参数标签与函数体内部使用的常量名称一致时,可以使用 " # " 号来表示:

```
func showStudentInfo(#name:String, #age:Int,
    #height:Int, #phoneNumber:String)
{
    println("学生:\(name) 年龄:\(age) 身高:\(height) 电话号码:\(phoneNumber)")
}
showStudentInfo(name:"张三", age:21,
        height:75, phoneNumber:"13000000000")
//输出:学生:张三 年龄:21 身高:75 电话号码:13000000000
```

4.5.3 函数的返回值

函数的返回值即函数的参数经过函数体的处理后得到的处理结果。例如,定义一个求两个整数的最大公约数的函数:

```
func greatestCommonDivisor(a:Int, b:Int) -> Int
{
    var localA = a
    var localB = b
    var localC = localA % localB
    while localC != 0 {
        localA = localB
        localB = localC
        localC = localA % localB
    }
    return localB;
}
println(greatestCommonDivisor(72,68))
//输出:4
```

在这个函数中,a 和 b 是两个待求解的整数(即参数),经过函数的运算后得到这两个数的最大公约数并返回。

4.5.4 函数的变量参数

所有以上定义的函数的参数都是常量,即在函数体中不能修改其值。

```
func function(a:Int){
    a = 12  //错误,a是常量,不能修改
}
```

在函数的运算过程中,经常需要对传递进来的参数进行修改,比如以上的求两个数的最大公约数的函数,因为无法修改参数的值,所以只能在函数的内部定义局部变量来接收参数,这样使得函数体的实现不够灵活。为了解决这个问题,可以在函数的参数前面使用 var 关键字来修饰,表示该参数是以变量的形式存在于函数体内:

```
func greatestCommonDivisor(var a:Int, var b:Int) -> Int
{
    var c = a % b
    while c != 0 {
        a = b
        b = c
        c = a % b
    }
    return b;
}
println(greatestCommonDivisor(54,68))
//输出:2
```

4.5.5 函数的类型

函数和变量或者常量一样,也有类型,也可以当作其他函数的参数。当需要往函数中传递一个函数时,在函数的参数列表中,需要声明一个函数变量,而这个变量的类型必须是函数类型,比如对于两个数的操作有多种,求最大公约数、最小公倍数、约分和基本运算等。而这些操作都有相同的函数结构。

```
func sumFuncName(var a:Int, var b:Int) -> Int
```

这个方法的声明中,参数列表和返回值构成了这个函数的类型:

```
(Int, Int)->Int
```

这个类型就是函数的参数类型:

```
//求两个数的最小公倍数
func leaseCmmonMultiple(a:Int, b:Int) -> Int{
    return a * b / greatestCommonDivisor(a , b)
}
```

```
/**
*定义一个函数,并向函数中传入另外一个用于实际运算的函数
*funcAction 是一个函数,函数类型是:(Int, Int)->Int)
**/
func getResOf(#a:Int, #b:Int,
    funcAction:(Int, Int)->Int) -> Int
{
    return funcAction(a, b)
}
//在调用时,直接传入已经定义的函数名称
println(getResOf(a:12,b:16,leaseCmmonMultiple))
//输出:48
```

4.5.6 函数的嵌套

函数可以嵌套定义,当一个函数内部需要再细分功能模块时,可以使用嵌套的函数进行处理:

```
func someCalcAction(#a:Int, #b:Int, #type:Int) -> Int{
    func greatestCommonDivisor(var a:Int, var b:Int) -> Int{
        var c = a % b
        while c != 0 {
            a = b
            b = c
            c = a % b
        }
        return b;
    }
    func leaseCmmonMultiple(a:Int, b:Int) -> Int{
        return a * b / greatestCommonDivisor(a , b)
    }
    //根据type的值返回相应的结果,0表示最大公约数,1表示最小公倍数
    switch type{
    case 0:
        return greatestCommonDivisor(a, b)
    case 1:
        return leaseCmmonMultiple(a, b)
    default:
        return -1;
    }
}
println(someCalcAction(a:12,b:16,type:0))//最大公约数:4
println(someCalcAction(a:12,b:16,type:1))//最小公倍数:48
println(someCalcAction(a:12,b:16,type:2))//不存在,所以返回-1
```

第 5 章　枚举和结构体

枚举 enum/Enumeration 和结构体与 C/C++中的类似，用于别名定义一些有限的类型以及一些复杂的数据结构。但是 Swift 中的枚举除了具有基本的类型限制和别名使用外，还可以进行继承以及遵守协议。

结构体 struct/Structure 和后续的类在很大程度上是相似的。但是结构体是一个值拷贝的数据类型。主要用来定义数据模型。它具有面向对象的特点，可以进行继承、遵守协议、有构造函数等特点。

5.1　枚　　举

枚举是一种基本数据类型。它用于声明一组命名的常数，设置变量有几种可能的取值。它用来创建一种新型变量。这种变量能设置为已经定义的一组之中的一个，有效地防止用户提供无效值。该变量可使代码更加清晰。枚举可以描述特定的值。

5.1.1　枚举的声明

枚举 Enumeration 用来定义一组相关信息，比如，说到行进方向可以联想到前、后、左、右 4 个方向，那么这里可以定义一个方向的枚举，其中保存 4 个值：前、后、左、右。这时，不管是哪个方向都可以赋值给某一个方向的变量。

声明一个枚举需要使用 enum 关键字：

```
enum Toward{
    case Forward
    case Back
    case Left
    case Right
}
```

case 关键字表示增加一个枚举定义值。另外，所有的枚举值可以被写在一行中：

```
enum Toward{
    case Forward, Back, Left, Right
}
```

5.1.2　枚举的值

枚举元素的值，也要枚举的原始值。枚举只有在指定了类型之后才可能有原始值。

要得到枚举的原始值，可以用 toRaw() 方法获取：

```
let goTo = Toward.Back   //取得枚举中的某个定义的值
println(goTo.toRaw())    //错误,因为枚举并没有对每个元素赋相应的值
```

在以上的定义中，Forward 等四个枚举值并没有被赋值具体的值（这与 C 语言不同）。如果要给枚举中定义的所有枚举值赋值，需要指定枚举的类型：

```
enum Toward: Int {
    case Forward, Back, Left, Right
}
```

这时，枚举中的四个元素被默认赋值成从 0 开始的整数。

```
enum Toward: Int {
    case Forward, Back, Left, Right
}
let goTo = Toward.Back
println(goTo.toRaw())
//输出:1
```

也可以手动给枚举的每一个元素赋值：

```
enum Toward: Int {
    case Forward = 2, Back, Left = 10, Right
}
//当给某一个元素赋值后,后面的元素会根据该元素的值依次赋值
let goTo = Toward.Back
println(goTo.toRaw())//输出:3
println(Toward.Right.toRaw())//输出:11
```

在 Swift 中，枚举可以被指定为其他类型，比如 String：

```
enum Toward: String{
    case Forward = "f", Back = "b", Left = "l", Right = "r"
}
println(Toward.Back.toRaw())
//输出:b
```

注意：如果指定枚举的类型为非 Int 类型，需要给每一个元素指定值，并且每一个值都必须是唯一的。以下情况是错误的：

```
enum Toward: Double{
    case Forward = 1.2
    case Back = 1.2  //错误,因为 1.2 这个值已经存在
    case Left = 3.4
    case Right
//错误,因为这个枚举被指定为 Double 类型,必须给每个元素指定值
}
```

可以通过原始值得到枚举中对应的定义元素，方法是：fromRaw()。

```
enum Toward: Int{
    case Forward = 2, Back, Left = 10, Right
}
let toDirect = Toward.fromRaw(11)
//这里 toDirect 的类型是可选的 Toward,因为在枚举定义中不一定存在原始值为 11 的成员
//此时 toDirect 的值为 Toward.Right
```

5.1.3 枚举的使用方法

枚举使用的场景较多，但是用法相对单一，一般都是用来表示一组相互关联的情况，或者数值。

在各种软件或者网页中，都存在按钮，按钮的点击事件可以分为很多种：
1. 单击（在按钮的范围内按下并弹起）
2. 双击
3. 按下
......

可以模拟按钮的响应事件，如下：

```
//定义一个枚举,每一个元素表示一种事件
enum TouchEvent{
    case TouchUpInSide
    case TouchDown
    case DoubleClick
}
//定义一个事件,并指定其类型为 TouchEvent
var event:TouchEvent
//定义 event 的事件类型为单击
event = TouchEvent.TouchUpInSide
//处理事件
switch event {
case .TouchUpInSide:
    println("按钮被单击")
case .TouchDown:
    println("按钮被按下")
case .DoubleClick:
    println("按钮被双击")
}
//输出:按钮被单击
```

在 switch-case 中必须覆盖所有枚举的成员情况。如果某些情况不需要单独处理，则必须使用 default 进行处理。

```
switch event {
case .TouchUpInSide:
    println("按钮被单击")
case .DoubleClick:
    println("按钮被双击")
default:
    println("其他情况")
}
```

5.2 结构体

结构体可以用来保存某一事物的一组信息，比如，学生的属性：学号、姓名、性别、联系方式、家庭住址等。这些属性都是学生所拥有的。

与枚举不同，一个变量被声明为某个枚举类型后，它的值仅仅是枚举类型所定义的一组值中的一个。而一个变量被声明为结构体类型后，它包含了结构体中定义的所有值。

5.2.1 结构体的声明和定义

可以用 struct 关键字声明一个结构体：

```
struct Student{
    var stuId: Int;//学号
    var stuName: String;//姓名
    var stuSex: Bool;//性别
    var stuPhone: String;//联系方式
}
```

在进行结构体声明的时候，也可以不指定属性的类型，而是给每个属性赋予一个默认值，并通过类型识别获取所有属性的类型：

```
struct Student{
    var stuId = 0
    var stuName = ""
    var stuSex = true
    var stuPhone = ""
}
```

5.2.2 结构体的构造方法

有两种方法可以构造一个结构体实例，这两种构造方法分别如下。

1. 空参构造方法

```
var zhang = Student();
```

结构体成员变量必须有初始值，所以若使用以上第一种方法定义一个结构体，则不能使用空参构造方法。因为结构体里面没有初始值，所以编译器会报错。

2. 全参构造方法

```
var xiaoLi = Student(stuId:12, stuName:"李雷",
            stuSex:true, stuPhone:"13800000000");
```

全参构造方法中必须对结构体中的每一个属性进行赋值。注意这里的字段必须按照顺序进行。而且构造函数里面的参数名字和字段名字要完全相同。

不管使用哪一种构造方法，都可以使用全参构造方法，使用全参构造方法会将结构体默认的属性值覆盖。

5.2.3 结构体的赋值和取值

可以通过结构体的属性名称对结构体实例的属性进行访问。这里结构和字段之间通过点"."语法进行访问。

```
println(xiaoLi.stuName)
//输出:李雷
```

在结构体实例生成后，可以对其属性进行赋值和修改：

```
var zhang = Student();
zhang.stuName = "张无忌"
println(zhang.stuName);
//输出:张无忌
```

对结构体实例的属性进行赋值后，该属性的值会被覆盖成新的值：

```
var zhang = Student();
zhang.stuName = "张无忌"
zhang.stuName = "张三丰"
println(zhang.stuName);
//输出:张三丰
```

5.2.4 结构体的嵌套

结构体的定义可以嵌套，比如，学生有一个属性是他所在的班级，而班级是另外一个结构体，每个班级都有一个对应的班主任：

定义一个老师结构体：

```
struct Teacher{
    var tId = 0
    var tName = ""
}
```

定义一个班级结构体：

```
struct ClassRoom {
    var classId = 0
    var className = ""
    var classCharge = Teacher()  //班主任
}
```

定义学生结构体：

```
struct Student{
    var classInfo = ClassRoom()
    var stuId = 0
    var stuName = ""
    var stuSex = true
    var stuPhone = ""
}
```

此时定义一个学生，并对学生的信息进行赋值：

```
var zhao = Student()
zhao.stuName = "赵敏"
zhao.classInfo.className = "iOS 开发"
zhao.classInfo.classCharge.tName = "张三丰"

println("学生:" + zhao.stuName + " 所在班级:" + zhao.classInfo.className + " 班主任是:" + zhao.classInfo.classCharge.tName)
//输出:学生:赵敏 所在班级:iOS 开发 班主任是:张三丰
```

在结构体的嵌套中，对实例属性的访问使用链式方式进行访问。也就是结构体可以一层一层地进行嵌套读写操作。

5.2.5 结构体是值拷贝类型

值类型是相对于引用类型（在后续类中会详细解释）说的，是指两个结构体实例变量之间进行赋值时，是对结构体所有内容的拷贝，也就是说，对其中一个实例的属性进行修改后，不会影响另外一个实例的内容。

例如：

```
var zhu = zhao
zhu.stuName = "朱元璋"
println(zhu.stuName)
println(zhao.stuName)
//输出:
//朱元璋
//赵敏
```

第 6 章　类

类是面向对象编程的基础，类是对一些具有相同的属性和方法的具体事物的抽象。比如人类、文具类、饮料类、家具类、电脑类……

对象是类的具体实现，比如电脑类的一个具体对象：我的这台电脑。

6.1　类的声明与定义

类的定义与结构的定义方式类似，同样有两种方式，不同的是声明一个类使用 class 关键字。而结构体使用 struct 关键字来表示。

不带有默认值

下面类定义了一个学生 Student 类，里面存放了学生的 stuId、stuName 和 stuAge，分别表示学号、名字和年龄。这里全部使用可选类型。

```
class Student {
    var stuId: String?
    var stuName: String?
    var stuAge: Int?
}
```

带有默认值

```
class Student {
    var stuId = ""
    var stuName = ""
    var stuAge = 0
}
```

与结构体不同的是，无论是哪种定义方法，都可以使用直接生成对象：

```
var xiaoMing = Student()
```

结构体如果使用不带有默认值的方式声明，在创建对象时，必须使用默认的全值构造方法。当然和结构体一样，字段必须有初始值才可以。

6.1.1　类对象的创建

类对象的创建方法如下：

```
var xiaoMing = Student()
```

第6章 类

这里创建类对象的方法是使用类的无参构造方法,当然这里只是简单地创建对象,关于详细的创建对象的方法和使用会在构造方法中介绍。

6.1.2 类的属性的访问

与结构体一样,在类对象创建完成后,可以使用点语法对类对象的属性进行访问,包含访问与赋值:

```
var li = Student()
li.stuId = "1234"
li.stuName = "李明"
li.stuAge = 21
println("学生:\(li.stuName) 学号:\(li.stuId) 年龄:\(li.stuAge)")
//输出:学生:李明 学号:1234 年龄:21
```

6.1.3 类的相互引用

在类中也可以相互引用,如学生类中有一个属性是学生所有的班级属性,而班级属性是班级类的实例:

```
class ClassRoom{
    var className:String?
    var classRoomId:Int?
}
class Student{
    var stuId = ""
    var stuName = ""
    var stuAge = 0
    var classInfo:ClassRoom?
}
```

在访问嵌套类的属性时,可以使用链式访问方式:

```
var li = Student()
li.stuName = "李明"
li.classInfo = ClassRoom()
li.classInfo!.className = "iOS"
li.classInfo!.classRoomId = 1404
println("学生:\(li.stuName) 班级名:\(li.classInfo!.className) 班级号:\(li.classInfo!.classRoomId)")
//输出:学生:李明 班级名:iOS 班级号:1404
```

6.1.4 类的嵌套

和函数一样 Swift 支持嵌套类定义。也就是在类中定义一个类。这点类似于 C++的名字空间或者 Java 的包的概念。也就是类名只要不在一个类中，是可以重复的，这种就是类的嵌套。当然使用嵌套类和使用基本类没有任何区别。

代码如下所示：

```
class IOS {
    class Student {
        var stuId : String?
        var stuName : String?
        var stuAge : Int = 0
    }
}
class Android {
    class Student {
        var stuId : String?
        var stuName : String?
        var stuAge : Int = 0
    }
}

let stu = IOS.Student()
let stu2 = Android.Student()
```

从上面可以看出，可以通过 IOS.Student() 来创建 Student 对象，也可以通过 Android.Student() 来创建 Student 对象，两者是截然不同的两个对象。

6.1.5 类是引用类型

相对于结构体来说，类是引用类型。结构体是值拷贝类型。类的对象是指针的引用，赋值也只是创建一个指针对象，指向同样的内存区域。而值拷贝是完全不同地拷贝一份对象，和源对象截然不同。

在进行类的对象之间的赋值时，并不是将源对象的属性全部拷贝一份，而是目标对象指向原有的对象空间，即对新对象的属性值进行修改时，会影响源对象的属性。

```
var zhang = li
zhang.stuName = "张江"
println(li.stuName)
//输出:张江
```

6.1.6 恒等操作符(===/!===)

Swift 提供了一种新的操作(===/!===)，用来判断两个对象是否指向同一个对象：

```
println(li === zhang)
//输出:true
```

```
var zhao = Student()
println(zhao !== li)
//输出:true
```

6.1.7 类的哈希

在字典的章节中提到,字典的 key 值的类型必须是可被哈希的:一般情况下,字典中的 key 值都是基本数据类型,但是如果要使用类的对象作为 key 值,则类必须实现 hash 方法:

```
class SomeObj: NSObject{
    var name = ""
    override class func hash() -> Int{
        return "hello".hash
    }
}
var someObj = SomeObj()
var some = SomeObj()
var dic:Dictionary<SomeObj,String> = [someObj:"hello", some:"hi"]
```

6.1.8 集合类型对象之间的赋值和拷贝

在 Swift 语言中,字典和数组都是用结构体来实现的,按照结构体的使用规则,结构体在进行赋值操作时,会拷贝出一个全新的结构体。而实际上,字典和数组在进行赋值操作时,比单纯的结构赋值要复杂一些。

1. 字典的赋值和拷贝

字典对象在进行赋值时,两个字典之间 key 或者 value 是否是对同一个对象的引用取决于 key 或者 value 本身的值的类型是否是引用类型,存在两种情况:

(1) 字典中的 key 值是引用类型,在进行字典之间的赋值操作时,key 值指向了同一个对象;在进行赋值后,改变 key 值的属性会影响另外一个字典中的 key 值:

```
var someObj = SomeObj()
someObj.name = "hello"
var dic:Dictionary = [someObj:"hello"]
var dic2 = dic
for key in dic.keys{
    key.name = "newHello"
    println("\(key):\(key.name)")
}
for key in dic2.keys{
    println("\(key):\(key.name)")
}
```

```
//输出：
//<_TtC5_10__7SomeObj: 0x100504400>:newHello
//<_TtC5_10__7SomeObj: 0x100504400>:newHello
```

可以看到，两个字典中的 key 是指向同一个内存地址，同时，在修改 dic2 中的 key 值的属性后，dic 中的 key 的属性值也发生了相应的变化。

（2）字典中的 value 值是引用类型，key 的规则类似：

```
var dic5 = ["key4":someObj]
var dic6 = dic5
for key in dic5.keys{
    println("\(key):\(dic5[key])")
}
for key in dic6.keys{
    println("\(key):\(dic6[key])")
}
//输出:key4:<_TtC5_10__7SomeObj: 0x100504400>
//key4:<_TtC5_10__7SomeObj: 0x100504400>
```

另外，如果字典中的 key 和 value 都不是引用类型，则都是进行拷贝。

2．数组的赋值和拷贝

数组是基于结构体实现的，但是数组在进行赋值时，只有在三种情况下，会发生拷贝行为。

1. 数组的长度发生变化。
2. 使用数组的 unshare() 方法。
3. 强制进行拷贝，调用数组的 copy() 方法。

在一般情况下，进行数组的赋值时，不会发生拷贝行为：

```
var a = [2,3,4]
var b = a
var c = b
c[1] = 23
println(a)
println(c)
//输出:[2, 23, 4]
//[2, 23, 4]
```

数组的长度发生变化的例子：

```
a.append(5)
c[1] = 12
println(a)
println(c)
//输出:[2, 23, 4, 5]
//[2, 12, 4]
```

使用 unshare()方法使数组独立出来：

```
var e = [1,2,3]
var f = e
e.unshare()
f[1] = 12
println(e)
println(f)
//输出:[1, 2, 3]
//[1, 12, 3]
```

使用 copy()方法，强制拷贝出一个新的数组：

```
var g = [1,2,3]
var h = g.copy()
g[1] = 12
println(g)
println(h)
//输出:[1, 12, 3]
//[1, 2, 3]
```

6.2 属　　性

在面向对象的概念中，最重要的一个就是类，在类中有两个主要内容：属性和方法。所谓属性，就是所有类的对象所具有的共同特性或者类本身的属性，而方法，则是类的对象所能做出的动作。

在 Swift 中，在进行类的定义时，可以定义三种属性：对象属性、计算属性和类属性。

6.2.1 对象属性

对象属性就是所有的类的对象都拥有的属性，它具有具体的值，比如在学生类中有两个属性：

```
class Student{
    var stuId = 0
    var stuName = ""
}
```

对于这个类的理解：这是一个对所有学生的属性的抽象，所有的学生都有两个属性：学号和姓名（当然不只有两个属性，对于属性的抽象具体需要参考在程序的设计中哪些属性是需要使用到的），所以可以在类中抽象出这两个属性。

对于属性的定义，存在以下两种情况。

1．常量属性

常量属性在对象被创建出来以后就不能再被修改，比如，在定义班级类的时候，定义班级最大能容纳的学生数为常量，即在生成一个具体班级的实例以后，它能容纳的最大学生数是不能被随意修改的。

```
class Class{
    var classId = 0
    let maxOfStudents = 100
}
var iOS1404 = Class()
iOS1404.maxOfStudents = 50
//编译错误：不能给maxOfStudents这个属性赋值
```

常量属性有三种情况：
（1）基本数据类型，如以上的例子。
（2）结构体或者枚举等值类型实例。

```
struct Class{
    var classId = 0
    var className = ""
    var maxStudent = 100
}
class Student{
    var stuName = ""
    let classInfo = Class()
}
var lili = Student()
lili.classInfo = Class(classId:10,
        className:"",maxStudent:200)
//错误，无法对classInfo进行修改赋值
lili.classInfo.classId = 123
//错误，无法对常量的结构体对象的属性进行修改赋值
```

通过这个例子可以看出，结构体或者枚举是值类型的，所以如果将类的属性设置成常量，并且赋值成值类型的对象时，无法修改相应的属性。
（3）引用类型实例，如类对象。

```
class Class{
    var classId = 0
    var className = ""
    var maxStudent = 100
}
class Student{
    var stuName = ""
    let classInfo = Class()
}
var lili = Student()
//lili.classInfo = Class(classId:10,className:"",maxStudent:200)
```

```
//错误,无法对classInfo进行修改赋值
lili.classInfo.classId = 123
//错误,无法对常量的结构体对象的属性进行修改赋值
println(lili.classInfo.classId)   //输出:123
```

如上例所示,如果类的属性被定义为常量,并且设置成一个类的对象,那么这个属性本身无法修改赋值,即无法更改为新的对象,但是它所指向的对象内部的属性是可以修改的。

2. 常量属性的赋值方法

通过上一节的内容可以看出,常量属性的值在初始化后,是无法修改的,要想设置其值,需要在初始化的时候进行。

(1) 结构体的常量属性

```
struct Student{
    let stuId = 0
    let stuName = ""
}
var lili = Student(stuId:12, stuName:"李丽")
println("学号:\(lili.stuId) 姓名:\(lili.stuName)")
//输出:学号:12 姓名:李丽
```

(2) 类的常量属性

类没有全局构造方法,要想对常量进行初始化,需要自己实现其构造方法:

```
class Class{
    let classId = 0
    let className = "iOS"
    init(classId:Int, className:String)
    {
        self.classId = classId
        self.className = className
    }
}
var iOS2014 = Class(classId:1404, className:"iOS高级班")
println("班号:\(iOS2014.classId) 班级名称:\(iOS2014.className)")
//输出:班号:1404 班级名称:iOS高级班
```

常量属性只能赋值一次,以后就不能再次被修改。一般在初始化的时候修改,其他时候访问。

3. 变量属性

相对于常量属性来说,变量属性的使用要简单得多,变量属性就是用来存储对象的属性值的,可以在任何时候对对象的属性进行修改:

```
class Student{
    var stuName = ""
    var stuId = 0
}
var lili = Student()
lili.stuName = "李丽"
lili.stuId = 120
println("姓名:\(lili.stuName) 学号:\(lili.stuId)")
//输出:姓名:李丽 学号:120
```

4. 懒加载

懒加载也叫延迟加载,很多时候,类对象的属性不一定是必要的,或者在刚创建的时候,不确定它是否将会被使用。如果在创建对象的时候,就对该对象进行了初始化或者加载,则是对资源的浪费:

```
class CityInfo{
    //初始化所有城市的信息
    init()
    {
        sleep(10)
    }
}
class Metro{
    var mName = ""
    var city = CityInfo()
}
var line1 = Metro()
line1.mName = "地铁一号线"
println(line1.mName)
```

以上程序模拟了加载文件的过程,在程序中模拟加载文件需要使用 10 秒的时间。运行以上程序,在 10 秒后,才会打印出结果。

为了解决这个问题,Swift 提供了懒加载的机制,即只有在正式使用到某个属性的时候,才会加载该属性。懒加载使用关键字:lazy。

```
class CityInfo{
    //初始化所有城市的信息
    init() {
        sleep(10)
    }
}
class Metro{
    var mName = ""
    lazy var city = CityInfo()
```

```
}
var line1 = Metro()
line1.mName = "地铁一号线"
println(line1.mName)
```

运行以上程序,立刻会打印出结果。因为使用了懒加载技术,所以只有使用了 city 属性,程序才会真正进行 CityInfo()的操作。

```
var city = line1.city
println("加载城市信息")
```

在调用了上述的 city 属性后,将过 10 秒才会继续执行程序。

5. 监测属性值的变化

属性监听也成为观察者模式。观察者模式作为设计模式的一种,在程序设计的过程中是很有用的。比如,在当前登录用户的信息发生变化时,可以实时观察到这种变化。

Swift 提供了一种很方便的观察者模式的实现方式。当对对象的属性值进行赋值的时候,可以使用 willSet 和 didSet 进行对象属性值变化的观察。

willSet 和 didSet 表示变量的即将改变和已经改变通知回调方法。

```
class LoginUser{
    init(name:String){
        userName = name
    }
    var userName:String = ""{
    willSet{
        println("登录用户即将改变,新值:\(newValue)")
    }
    didSet{
        println("登录用户已经改变,旧值:\(oldValue)")
    }
    }
}
```

在对属性值添加观察的时候,可以使用默认参数名 newValue 和 oldValue。
在对属性进行修改的时候,会触发相应的观察方法:

```
var user = LoginUser(name:"yang")
//使用初始化方法时,不会调用属性值观察
user.userName = "huangdl"
//在初始化后,对属性值进行修改时,会触发属性值观察
//输出:
//登录用户即将改变,新值:huangdl
//登录用户已经改变,旧值:yang
```

在定义属性值观察的方法中,也可以使用自定义的参数名:

```
class LoginUser{
    init(name:String){
        userName = name
    }
    var userName:String = ""{
    willSet(newName){
        println("登录用户即将改变,新值:\(newName)")
    }
    didSet(oldName){
        println("登录用户已经改变,旧值:\(oldName)")
    }
    }
}
```

对类对象属性的观察不能用于已经设置为懒加载的属性。

6.2.2 运算属性

Swift 提供的运算属性并不是用来存储值的属性，也就是说它不能用来存储实际的数值。而是相当于是函数，只是这个函数被封装成了属性的形式，而且包含有 getter 和 setter 两个方法。

运算属性不能用来存储数值，它更多的是用来进行逻辑处理，并且对其他的存储属性进行修改。

```
class Square{
    var width = 0
    var round:Int{
        get{
            return width * 4
        }
        set{
            width = newValue/4
        }
    }
}
```

以上代码定义的是一个正方形的类，它有一个属性是边长，而周长属性是一个计算属性，它只依赖于边长就可以计算出结果，而对周长进行赋值的时候，也是通过计算去修改边长的值。

在使用的时候，用法和普通的属性使用方法一致。

```
var s = Square()
s.width = 12
println(s.round)//输出:48
s.round = 24
println(s.width)//输出:6
```

6.2.3 类属性

类属性不依赖于具体的实例,它是属性类的共有属性,比如定义一个班级类,班级能容纳的最大学生人数有限制。这里的类属性指的是结构体的静态变量和方法以及类的类方法。

```
struct ClassRoom {
    static var maxNumberOfStudents = 0
}
```

在使用类属性时,使用类名进行访问:

```
ClassRoom.maxNumberOfStudents = 120
println(ClassRoom.maxNumberOfStudents)
//输出:120
```

6.3 方 法

类主要由两部分内容组成,即属性和方法。属性是用来描述类的对象所具有的特性,是用来存储与类的对象相关的数组的;而方法用来描述对象所具有的动作的能力。

比如,在游戏开发中,定义一个人物类,这些人物被具体创建出来以后,有相关的属性,如:姓名、身高、体重、攻击力、防御力等,而这些对象还具备一些动作的能力,如:攻击他人或者被他人攻击等,这些动作就是在类中定义的方法。

游戏人物类如下:

```
class Person{
    var name = ""
    var power = 0
    var life = 0
    var defense = 0
}
```

6.3.1 对象方法

对象方法和对象属性相似,它依赖于具体的对象,比如当一个游戏人物在进行攻击时,需要根据它自身的属性攻击力,及攻击目标对象的属性防御力才能计算出具体的攻击后的结果,即攻击目标对象所损失的生命值。

1. 方法定义和调用方式

对象方法的定义方式与函数的定义方式相同,比如定义一个攻击的方法:

```
class Person{
    var name = ""
    var power:Double = 0.0
    var life:Double = 0.0
    var defense:Double = 0.0
    func attack(target:Person){
        target.life -= self.power / target.defense * 10
        var intLife = Int(target.life)
        target.life = Double(intLife)
    }
}
```

在该定义的攻击方法中,每次攻击都会让攻击目标的生命值减少,减少的依据是自己本身的攻击力和攻击目标的防御力。

在定义好这个类的属性及方法之后,可以使用该类进行对象的创建。

```
var cao = Person()
cao.name = "曹操"
cao.power = 100
cao.life = 1000
cao.defense = 30
var liu = Person()
liu.name = "刘备"
liu.power = 80
liu.life = 80
liu.defense = 60
```

当创建出两个对象后,让其中一个对象对另一个对象进行攻击。

```
cao.attack(liu)
println(liu.life)
//输出:63.0
cao.attack(liu)
println(liu.life)
//输出:46.0
cao.attack(liu)
println(liu.life)
//输出:29.0
```

从结果中可以看出,实际上在使用该方法的时候,方法的执行是依赖于两个对象本身的具体属性值的。

2. 方法的参数命名规则

虽然在类的内部定义方法的方式和定义函数的方式相同,但是使用参数名称的规则却有所区别。

再定义一个类，用来表示在人物攻击时所使用的技能：

```
class AttackMethod{
    var power:Double = 0.0
}
```

如果在攻击的方法中再添加一个参数，用来表示攻击时所使用的技能，如下：

```
func attack(target:Person, withAttack:AttackMethod){
    target.life -= (self.power + withAttack.power)
                / target.defense * 10
    var intLife = Int(target.life)
    target.life = Double(intLife)
}
```

再调用这个方法时，有如下的规则：
（1）第一个参数的参数名缺省不需要写出来。
（2）从第二个参数开始，所有的参数名称，需要在进行方法调用时写出来。

```
cao.attack(liu, withAttack: am)
println(liu.life)
//输出:60.0
```

可以理解为，从第二个参数开始，所有的参数名称的前面有一个"#"号。"#"用来表示局部参数名和外部参数为同一个名称。

当然，在进行方法定义的时候，也可以指定参数的外部参数名：

```
func attack(attckTo target:Person,
    attack withAttack:AttackMethod){
        target.life -= (self.power + withAttack.power)
                    / target.defense * 10
        var intLife = Int(target.life)
        target.life = Double(intLife)
}
```

如果在定义中已经指定了外部参数名，则在调用时，必须使用指定的外部参数名：

```
cao.attack(attckTo:liu, attack: am)
println(liu.life)
```

3. self 属性

self 属性在类的方法定义中用来表示当前的类对象，在上面的代码中，攻击方法中就使用了 self 属性。

在执行 cao.attack(attckTo:liu, attack: am) 时，该方法中的 self 属性所指代的就是这个方法的所有者，也就是调用者 cao。

所以这里面的 self.power 实际就是指曹操的攻击力:100。

4. mutating 关键字

对于值拷贝类型的复合类型，这里主要是结构体和枚举两种，在其对象方法中是无法对对象属性进行修改的，如以下代码：

```
struct Student{
    var stuName = ""
    var stuAge = 0
    func resetInfo(name:String,age:Int)
    {
        stuName = name//错误:Cannot assign to 'stuName' in 'self'
        stuAge = age//错误:Cannot assign to 'stuAge' in 'self'
    }
}
```

为了能够进行修改操作，Swift 提供了 mutating 关键字，在上述代码中的方法定义前面添加该关键字，就可以进行对象属性的修改了：

```
struct Student{
    var stuName = ""
    var stuAge = 0
    mutating func resetInfo(name:String,age:Int)
    {
        stuName = name
        stuAge = age
    }
}
```

6.3.2 类方法

与类属性相似，类方法是属性类的方法，并不依赖于具体的对象的属性。如在软件开发过程中，会需要各种各样的工具类，而这些工具类只需要一个实例，这也是设计模式中的单例模式。

单例模式的使用是利用类方法的一个典型案例。

1. 类方法的定义和调用方式

要定义一个类方法，需要在普通的方法定义前面加上关键字 class。

```
class School{
    class func schoolName() -> String
    {
        return "千锋教育";
    }
}
```

调用类方法不需要创建类的对象，只需要使用类名+点语法操作符就可以。

```
println(School.schoolName())
//输出:千锋教育
```

2. 类方法实现单例设计模式

单例是 iOS 开发中经常用到的一种设计模式，它可以用来共享数据，在整个程序运行过程中只会创建一个对象，可以有效地节约资源。创建一个单例的方法如下：

```
class Tool{
    var toolName = ""
    struct ToolParams{
        static var tool:Tool? = nil
    }
    class func sharedTool() -> Tool{
        if(!ToolParams.tool){
            ToolParams.tool = Tool()
        }
        return ToolParams.tool!
    }
}
```

以下代码是对单例的测试：

```
var tool = Tool.sharedTool()
tool.toolName = "压缩图片尺寸"
var tool2 = Tool.sharedTool()
println(tool2.toolName)
//输出:压缩图片尺寸
```

因为调用了这个类方法后，返回的实例都是同一个实例，所以修改了属性以后，再次调用这个单例，返回的实例属性是修改后的结果。这样就可以实现数据的共享。

6.4 subscript 下标

除了计算属性之外，Swift 还提供了一种快捷的访问对象属性的方式，就是 subscript，当然对于 subscript 的翻译多种多样。有一些直接英文翻译为子脚本，笔者在这里觉得不妥。在汉语中并没有准确的函数单词与之对应。在本书中直接使用 subscript 单词来定义。如果非要去解释具体的汉语意思，这里斗胆使用英文的意译"下标"来作为它的中文翻译。所以本书出现下标和 subscript 含义是一样的。

subscript 使用方式与数组及字典对元素的访问方式类似，所以使用起来熟悉而且简便。

6.4.1 subscript 的作用

subscript 是 Swift 提供的一种访问对象内容的便捷方式。subscript 实际上也是一种函数的表现，是为了更方便地访问对象中的元素，尤其是在对象内部存在序列的情况，可以直接通过类似于数组访问的方式对对象内部的序列进行访问。

6.4.2 subscript 的声明

下标语法是在类的内部进行声明的，使用 subscript 关键字。

```
class TestClass{
    var testArray = Dictionary<Int,String>()
    subscript(index:Int)->String{
        get{
            return testArray[index]!
        }
        set{
            testArray[index] = newValue
        }
    }
}
```

这是使用 subscript 关键字来定义一个下标。其实可以认为就是函数。参数就是 Int 类型，表示索引，返回值可以是任意类型。这里使用了 String。

6.4.3 subscript 的使用方法

subscript 的使用方法和数组或字典的使用方法类似。

```
var test = TestClass()
test[2] = "hello"
test[12] = "world"
println(test.testArray)
//输出:[12: world, 2: hello]
```

上面可以看出，使用了 test[2]表示访问 subscript(2)的这个函数，调用里面的 set 和 get 方法。

6.4.4 subscript 使用方法的例子

subscript 的使用非常灵活，可以很方便地实现数据的获取和修改，比如有三个类。
（1）学生类，定义了学生的基本属性。
（2）班级类，类中有一个字典存放班级里所有的学生。
（3）学校类，类中有一个字典存放学校里所有的班级。
学生类的定义如下：

```
class Student{
    var name = ""
    var stuId = 0
    init(name:String,id:Int){
        self.name = name
        self.stuId = id
    }
}
```

班级类的定义如下：

```
class ClassRoom{
    var className = ""
    var students = Dictionary<Int,Student>()
    init(className:String)
    {
        self.className = className
    }
    subscript(stuId:Int) -> Student{
        get{
            return students[stuId]!
        }
        set{
            students[stuId] = newValue
        }
    }
}
```

在这个班级类中，定义了一个下标语法，可以快速地访问学生信息。

学校类的定义如下：

```
class School{
    var classes = Dictionary<Int,ClassRoom>()
    subscript(classId:Int, stuId:Int) -> Student{
        get{
            var cr:ClassRoom? = classes[classId]
            var stu:Student? = cr![stuId]
            return stu!
        }
        set{
            var cr:ClassRoom? = classes[classId]
            cr![stuId] = newValue
        }
    }
    subscript(classId:Int) -> ClassRoom{
        get{
```

```
            return classes[classId]!
        }
        set{
            classes[classId] = newValue
        }
    }
}
```

在学校类中定义了两个下标语法:一个用来访问班级,一个用来访问学生,访问学生的下标中有两个值,类似于二维数组,前一个表示班级,后一个表示学号。

```
var phone1000 = School()
//对学校内所有的班级和学生进行初始化
//一共有11个班级,每个班级有40个学生
for classId in 10...20{
    var cr = ClassRoom(className: "班级\(classId)")
    for stuId in 100...139{
        var stu = Student(name: "班级\(classId)-学生\(stuId)",
                         id: stuId)
        //通过班级的下标语法进行学生信息的存储
        cr[stuId] = stu
    }
    //通过学校的下标语法进行班级信息的存储
    phone1000[classId] = cr
}
println(phone1000[10,130].name)
//输出:班级10-学生130
```

第 7 章 继 承

继承是面向对象编程语言的最主要特性之一，它可以将现实世界中有着"继承"关系的事物比如"动物"和"哺乳动物"通过继承反映到编程世界中。具体来讲，继承就是指某个类可以通过继承的语法而获取另外一个类的属性和方法。其中，继承类被称为子类（派生类），被继承类被称为父类（超类）。如果跟上面的例子作个参照，也就是"动物"代表父类，"哺乳动物"代表子类。"哺乳动物"通过继承的方式而拥有"动物"所具备的特征和行为，这种关系和特点也是符合客观事实的。

继承关系也称为"is a"的关系，比如我们可以说哺乳动物是动物。同时继承的关系是一个"单向"的关系，比如我们不能说动物是哺乳动物。

在编程时，继承最大的好处就是可以实现代码复用，也就是父类中的方法和属性可以被子类直接使用。当然继承不仅仅是子类对父类的简单克隆，子类还可以扩展父类的方法和属性或者修改继承来的方法。其中修改父类中已有的方法，有一个专业的术语叫做"重写"。

如果说继承有什么缺点，那就是继承增加了程序的"耦合性"，举例来讲就是当父类发生改变时，子类的代码可能需要重新构造，相关代码也可能需要重新编译。假设父类派生了很多的子类，那么这些子类可能都会被影响到，也就是我们俗称的"牵一发而动全身"。当然跟它的优点比起来，这点儿缺陷也算不上什么。

现实中的继承可以是来自多个源，也就是某个类可以同时继承于很多类，这种继承被叫做"多继承"。但是并不是所有的编程语言都支持多继承。具体到 Swift 语言中，继承跟 Objective-C 一样，只有单继承，但是通过"扩展"和"协议"也可以实现类似于多继承的效果。

另外，在 Swift 语言中，继承是类与结构体和枚举等类型的最重要的区别之一。

跟其他的语言不一样，Swift 语言中不仅仅可以重写方法还可以重写属性。

继承的基本语法非常简单，如下所示：

```
class 子类:父类 {
    //类的定义
}
```

7.1 继承实例分析

如果一个类不继承任何其他的类，我们称这样的类叫做基类。例如：

```
class BaseClass{
    //基类
}
```

子类继承父类后，就意味着继承了父类的一切，所以子类的对象可以像父类的对象一样访问父类中定义的属性和方法，不仅如此，子类中还可以扩展父类的属性和方法，当然子类中扩展的属性或者方法是无法通过父类的对象来访问的。

下面定义了一个具体的继承的实例，描述了常见的银行账户管理操作（实例仅仅是为了实现教学的目的，并对真正的账户管理操作做了简化和改动）。

一般对于个人来讲，个人账户分为两类，定期账户和活期账户。这两种基本账户有很多的共性和相同的操作，所以抽象这两个类的共性定义了一个银行账户类，描述了银行账户的主要信息以及存款和取款修改密码等基本操作。

具体到子类，我们只是定义了一个定期账户类，定期账户跟银行账户比起来多了定期存款信息。下面是具体的实例。

```swift
//账户基本信息
struct AccountOwnerInfo {
    let name: String = "" //姓名
    let id: UInt64 = 0 //身份证号码
    var telNumber: UInt64 = 0 //电话号码
    var homeAddress: String = "" //家庭住址
    var emailAddress: String = "" //邮箱地址
}
```

账户的基本信息主要由用户的身份信息和联系方式等构成，是每个银行账户的基本信息。

```swift
//银行账户类
class BankAccount {
    //账户基本信息
    var accountOwnerInfo = AccountOwnerInfo()
    //账号
    let accountNumber = 0
    //账号密码
    var accountPassword: UInt = 0
    //账户余额
    var accountBalance: UInt64 = 0
    //密码验证
    func verifyPassword(inputPassword: UInt) -> Bool {
        return inputPassword == accountPassword
    }
    //修改密码
    func changePassword(newPassword: UInt) {
        accountPassword = newPassword
    }
    //存款操作
    func deposit(amount: UInt32) {
        println("存款，金额\(amount)元.")
    }
    //取款操作
```

```
    func withdraw(amount: UInt32) {
        println("取款,金额\(amount)元.")
    }
}
```

银行账户是活期账户和定期账户的父类,该类定义了不论是哪种账户都需要的基本属性和相关的操作。

下面的代码定义了定期存款类,不同于活期存款,除了存款金额这个最必要的信息之外,定期存款还有两个基本要素"种类"和"起息日"。

```
//定期存款种类,3个月、半年、1年等
enum FixedDepositKind: String {
    case DefaultKind = "三个月"
    case HalfAYear = "半年"
    case OneYear = "一年"
    case ThreeYears = "三年"
    case FiveYears = "五年"
}
//定期存款信息
struct FixedSavingInfo {
    //定期存款金额
    var amount: UInt32
    //起息日
    let valueDate: Int
    //定期存款种类
    let savingKind: FixedDepositKind
}

//定期账户类
class DepositBankAccount: BankAccount {
    //定期存款可能有若干个,所以用数组来表示
    var fixedSavings: [FixedSavingInfo] = []
    //通过整数下标来访问某笔定期存款数额的快捷方式
    subscript(index: Int) -> UInt32? {
        if index >= 0 && index < fixedSavings.count {
            return fixedSavings[index].amount
        } else {
            return nil
        }
    }
    //显示定期用户存款信息
    func showFixedDepositInfo() {
        for item in fixedSavings {
            println("金额:\(item.amount),种类:\(item.savingKind.toRaw())")
        }
```

```
        }
}
```

定期账户继承于银行账户，但又不完全等价于它，定期账户多了定期存款信息属性，并额外增加了一个显示定期用户存款信息的方法以及访问某笔定期存款的下标快捷方式，也就是子类可以在父类的基础上增加一些必要的属性和方法。

下面是具体的测试代码。首先构造一个银行账户的对象，并对其相关属性进行赋值。

```
let host = AccountOwnerInfo(name: "千锋", id: 1000001, telNumber: 18888888888,
homeAddress: "北京市海淀区宝盛北里西区28号天丰利商城4层", emailAddress:
"mail@1000phone.com")
var baseAcct = BankAccount()
baseAcct.accountOwnerInfo = host
baseAcct.accountPassword = 123456
baseAcct.deposit(100)
```

下面的代码构造了一个定期账户的对象。可以看到，定期账户的对象可以访问父类中定义的属性和方法。但是反过来银行账户的对象不可以访问子类独有的属性或者方法。

```
var fixedAcct = DepositBankAccount()
fixedAcct.accountOwnerInfo = host
let depositItem1 = FixedSavingInfo(amount: 1000, valueDate: 20141001,
savingKind: FixedDepositKind.HalfAYear)
let depositItem2 = FixedSavingInfo(amount: 10000, valueDate: 20141010,
savingKind: FixedDepositKind. DefaultKind)
fixedAcct.fixedSavings = [depositItem1, depositItem2]
fixedAcct.showFixedDepositInfo()
```

由于父类的对象不可访问子类定义的属性或者方法，所以下面这种写法是错误的！

```
baseAcct.showFixedDepositInfo()
```

7.2 重 写

在上面的例子中，银行账户类中定义的存款和取款操作并没有实际的意义，但是具体的定期或者活期账户都会有明确的操作，或者可以这样说，同样是取款操作，父类和子类的处理并不一样。为了解决这个问题，我们可以在子类中增加符合要求的有针对性的取款操作，但是增加的操作方法的名称不能跟父类定义的操作方法冲突，这样做看上去没什么问题。但是很明显，继承来的父类的取款操作由于不能准确描述子类的具体操作而显得多余，同时子类中同时存在名称相近的两个方法。

为了解决这个问题，Swift语言提供了"重写"的机制。具体来讲就是子类能够重新定义父类中的方法。通俗来讲，就是子类定义的方法名称跟父类的方法名称一模一样，但是具体的实现代码并不一样。

Swift 语言不仅可以对方法进行重写，还可以对属性进行重写。另外对方法或者属性进行重写时，需要在定义时加上 override 关键字，以表示对父类中某个方法或者属性的重写。如果子类中的某个属性或者方法跟父类的一模一样，但是缺少该关键字，会引起编译错误。这样做也可以防止我们在不经意间编写的方法或者属性跟父类的相同，而我们的本意又不是重写该方法或者属性。

7.2.1 重写方法

在下面的代码中，我们在 DepositBankAccount 类中重写了 deposit 方法。

```
class DepositBankAccount: BankAccount {
    var fixedSavings: [FixedSavingInfo] = []

    //子类对父类存款操作的重写
    override func deposit(amount: UInt32) {
    //假定全局函数 getCurrentDate 能够获取当前的日期
        var curDate = getCurrentDate()
        var newItem = FixedSavingInfo(amount: amount, valueDate: curDate,
        savingKind: FixedDepositKind.DefaultKind)
        fixedSavings.append(newItem)
    }
}

var fixedAcct = DepositBankAccount()
fixedAcct.deposit(1000)
```

上面的代码中，对象 fixedAcct 调用的 deposit 方法是类 DepositBankAccount 中经过重写后的方法。

7.2.2 重写属性

跟其他面向对象的语言不同，Swift 语言不仅可以重写方法，还可以对属性进行重写。重写属性时，需要提供属性的 getter 或者 setter 方法。重写的属性看上去像一个计算属性，但是需要在属性声明的前面加上 override 关键字。

还是上面的银行账户的例子，在银行账户中有一个存储属性叫做 accountBalance，表示的是当前账户的余额，这个属性在定期账户里面已经没有了实际意义，但是我们仍然可以继续保留其在该类中，表示当前所有的定期存款的金额总和。这时就需要将这个属性重写。

下面是重写属性的具体代码实例，我们以银行账户中的"账户余额"属性作为属性重写的范本。

```
class BankAccount {
    //账户基本信息
    var accountOwnerInfo = AccountOwnerInfo()
```

```
    //账号
    let accountNumber = 0
    //账号密码
    var accountPassword: UInt = 0

    //账户余额
    var accountBalance: UInt64 = 0

}
```

在子类 DepositBankAccount 中重写该属性。

```
class DepositBankAccount: BankAccount {
    //定期存款可能有若干个,所以用数组来表示
    var fixedSavings: [FixedSavingInfo] = []
    //重写父类中的 accountBalance 属性,提供相应的 setter 或者 getter 方法
    override var accountBalance: UInt64 {
        get {
            var sum: UInt64 = 0
            for item in fixedSavings {
                sum += UInt64(item.amount)
            }
            return sum
        }
        set {
            println("Do nothing!")
        }
    }
}
```

在下面的代码中,对 accountBalance 属性的访问是通过子类对象进行的,所以实际访问的是重写后的属性。

```
var fixedAcct = DepositBankAccount()
println(fixedAcct.accountBalance)
```

在上述的具体代码实现里,父类中的存储属性被重写成计算属性。其实不仅仅可以对父类的存储属性进行重写,对父类中的计算属性也可以进行重写。

实际上在对属性进行重写时,不用关心该属性在父类中到底是存储属性还是计算属性。我们只需要知道该属性的名称和类型就可以了。另外,重写属性的代码样式跟计算属性一样,也需要提供 setter 或者 getter 方法。

属性重写时会有一些限制,总结下来有以下两点。

1. 属性中如果有 setter 方法则必须同时提供 getter 方法。
2. 不可以将父类中的读写属性重写成只读属性,但是可以将父类的只读属性重写成读写属性。

7.2.3　重写属性观察器

Swift 语言还可以在子类中为父类的某个属性设置属性观察器。由于是在子类中定义，因此严格上来讲这属于继承之后对属性的重写。我们称这样的操作为重写属性观察器。

我们仍然以银行账户的例子来讲这个概念，这次我们新定义了一个活期账户类（CurrentAccount），活期账户类继承于银行账户类，并重写了存取款操作，以及添加了一个 Bool 属性，新添加的属性用来表示该账户是否是 VIP 用户，假定银行对 VIP 用户的认定标准是当前存款额大于等于 500000 元。

为了及时反映用户的 VIP 身份，我们需要在用户的存款或者取款操作之后及时更新用户的 VIP 信息。也就是我们需要在子类中监视属性 accountBalance 的变化，并根据其最新值来更新用户的 VIP 属性。为了达到此目的，我们只需要在 CurrentAccount 类中添加 accountBalance 属性的监视器就可以了。实例代码如下所示。

```swift
//银行账户类
class BankAccount {
    //账户基本信息
    var accountOwnerInfo = AccountOwnerInfo()
    //账号
    let accountNumber = 0
    //账号密码
    var accountPassword: UInt = 0
    
    //账户余额的变化需要被跟踪！
    var accountBalance: UInt64 = 0
    
    //存款操作
    func deposit(amount: UInt32) {
        println("存款，金额\(amount)元.")
    }
    //取款操作
    func withdraw(amount: UInt32) {
        println("取款，金额\(amount)元. ")
    }
}

//活期账户类
class CurrentAccount : BankAccount {
    var vip: Bool = false
    //重写后的存款操作
    override func deposit(amount: UInt32) {
        accountBalance += UInt64(amount)
    }
```

```swift
    //重写后的取款操作
    override func withdraw(amount: UInt32) {
        accountBalance -= UInt64(amount)
    }
    //重写属性观察器
    override var accountBalance: UInt64 {
        willSet {
            println("Do nothing!")
        }
        //用户金额发生改变后立即更新vip的值
        didSet {
            if accountBalance >= 500000 {
                vip = true
            } else {
                vip = false
            }
        }
    }
}
//测试代码,输出结果为真,此时用户的身份是VIP
var cur = CurrentAccount()
cur.deposit(500000)
println(cur.vip)
```

并不是所有父类中的属性都可以在子类中为其重写观察器,父类中的"只读"属性就不可以,因为既然属性是只读的,那么属性观察器对应的"setter"方法也就不存在了。父类中的只读属性具体包括常量存储属性和只读的计算属性。

另外,子类中对父类属性的重写 setter 方法跟这个属性的观察器方法(willset 和 didset)是相互冲突的,因为我们可以在属性重写的具体 setter 方法中执行与属性观察器相同的操作,因此也就没有必要再重写一个该属性的观察器了。下面的代码演示了如何在普通的属性重写方法中执行与属性观察器类似的操作。

```swift
class CurrentAccount : BankAccount {
    var vip: Bool = false
    //重写后的存款操作
    override func deposit(amount: UInt32) {
        accountBalance += UInt64(amount)
    }
    //重写后的取款操作
    override func withdraw(amount: UInt32) {
        accountBalance -= UInt64(amount)
    }
    //除了属性观察器,我们也可以在自定义的setter方法中监视vip属性
    override var accountBalance: UInt64 {
        get {
```

```
        return super.accountBalance
    }
    set {
        if newValue >= 500000 {
            vip = true
        } else {
            vip = false
        }
    }
}
```

在上面的重写的 setter 方法中，同样可以监视跟踪 accountBalance 属性，起到与属性观察器相同的作用。因此如果当需要对父类中定义的某个属性执行监视操作时，无论是自定义的属性重写还是属性观察器都是可以的，但是这两者是互斥的，我们在具体的代码实现中，两者只能选择其中一个。

7.2.4 super 关键字

我们知道子类是可以重写父类的方法或者属性的，但是重写有时候并不意味着对父类已有实现的完全推翻。有时我们可能只是需要在父类实现的基础上做进一步的优化或者拓展而已，也就是在子类的重写版本中仍然需要使用父类的方法或者属性。那么如何在子类重写的方法或者属性中调用父类相同的方法或者属性呢？答案很简单，只需要通过编译器提供的 super 关键字来调用父类的方法或者属性就可以了。

其实只要是在子类中访问父类的属性或者方法都可以通过 super 关键字而不用管相关的方法或者属性是否在子类中被重写。只不过当子类中存在重写的属性或者方法时，通过 super 关键字可以严格地区分引用的对象是父类的还是子类的，不加 super 关键字或者通过 self 关键字引用的属性或者方法肯定是子类中的重写版本。

这里仍然以银行账户为例演示 super 关键字的用法，具体代码如下所示。

```
//用户基本信息，相比之前的版本增加了showHostInfo方法
struct AccountOwnerInfo {
    let name: String = "" //姓名
    let id: UInt64 = 0 //身份证号码
    var telNumber: UInt64 = 0 //电话号码
    var homeAddress: String = "" //家庭住址
    var emailAddress: String = "" //邮箱地址
    func showHostInfo() {
        println("姓名:\(name)")
        println("身份证号码:\(id)")
        println("电话号码:\(telNumber)")
        println("住址:\(homeAddress)")
        println("邮箱:\(emailAddress)")
```

```swift
    }
}

//银行账户类,增加了showAccountInfo方法
class BankAccount {
    //账户基本信息
    var accountOwnerInfo = AccountOwnerInfo()
    //账号
    let accountNumber = 0
    //账号密码
    var accountPassword: UInt = 0
    //账户余额
    var accountBalance: UInt64 = 0
    
    //显示当前账户的信息
    func showAccountInfo() {
        accountOwnerInfo.showHostInfo()
        println("账号:\(accountNumber)")
    }
}

//活期账户类
class CurrentAccount : BankAccount {
    var vip: Bool = false
    //重写了showAccountInfo方法
    override func showAccountInfo() {
        //通过super关键字调用父类中的同名方法
        super.showAccountInfo()
        if vip {
            println("您的身份是VIP!")
        } else {
            println("您的身份是普通会员。")
        }
    }
    
    //通过super关键字来访问父类中的同名属性
    override var accountBalance: UInt64 {
        get {
            //通过super关键字来访问父类中的属性
            return super.accountBalance
        }
        set {
            if newValue >= 500000 {
                vip = true
            } else {
```

```
                vip = false
            }
        }
    }
}
```

从上面的例子中可以看到，只要在子类的方法和属性的重写版本中引用父类的方法或者属性，就必须在这些方法或者属性前加上关键字 super。因为如果在重写的方法中调用同名的方法，对应的实际上是一个"递归调用"（属性也存在相同的问题），但是我们的本意并不是递归，因此肯定会缺少使递归终止的代码，这样会引起方法或者属性的无限递归。所以当需要在子类重写的方法或者属性里引用父类的实现时，一定要加上关键字 super！

相关测试代码如下所示。

```
let host = AccountOwnerInfo(name: "千锋", id: 1000001, telNumber: 18888888888,
homeAddress: "北京市海淀区宝盛北里西区 28 号天丰利商城 4 层", emailAddress:
"mail@1000phone.com")
var cur = CurrentAccount()
cur.accountOwnerInfo = host
cur.deposit(500000)
cur.showAccountInfo()
```

输出结果如下所示。

```
/*
姓名:千锋
身份证号码:1000001
电话号码:18888888888
住址:北京市海淀区宝盛北里西区 28 号天丰利商城 4 层
邮箱:mail@1000phone.com
账号:10888888
您的身份是 VIP!
*/
```

7.2.5 final 关键字

Swift 语言可以通过独特的 final 关键字来阻止父类中的某个属性或者方法被子类重写，final 关键字的使用非常简单，我们只需要在希望被阻止的属性或者方法前面加上 final 关键字就可以了，示例如下。

```
class BaseClass {
    final var finalProperty: Int = 0
    final func finalInstanceMethod() {
        println("final method!")
    }
    final class func finalClassMethod() {
```

```
        println("final class method!")
    }
    final subscript(index: Int) -> Int {
        println("final subscript!")
        return 0
    }
}

class subClass: BaseClass {
    override var finalProperty: Int {
        //错误,属性不可以被重写
    }
    override func finalInstanceMethod() {
        //错误,实例方法不可以被重写
    }
    override class func finalClassMethod() {
        //错误,类方法不可以被重写
    }
    override subscript(index: Int) -> Int {
        //错误,下标脚本不可以被重写
    }
}
```

从上面的例子可以看到,只要在父类的相关属性或者方法(也包括下标方法和类方法)前面加上 final 关键字,则在其子类中不可以再对它们进行任何的重写操作。

在上面的例子中,我们将类 BaseClass 中所有的属性和方法都进行了重写屏蔽,其实就是希望 BaseClass 中所有的属性和方法都不能被子类重写,但是假设 BaseClass 类有非常多的属性和方法,那么我们在 BaseClass 类的每一个属性和方法前面都加上关键字 final 的做法就会显得非常笨拙,好在 Swift 语言可以在类的声明时指定该类不能被重写,方法是在类声明是加上关键字 final,一旦在类声明的时候同时指定该类不能被重写,就意味着所有继承于它的子类都不能重写在该类中定义的任何属性或者方法,实例代码如下。

```
final class BaseClass {
    var finalProperty: Int = 0
    func finalInstanceMethod() {
        println("final method!")
    }
    class func finalClassMethod() {
        println("final class method!")
    }
    subscript(index: Int) -> Int {
        println("final subscript!")
        return 0
    }
}
```

7.3 构造方法

"构造方法"顾名思义就是在构造一个对象的时候被调用的方法,但是构造方法往往会被错误地理解成"用来构造一个对象的方法"。当构造一个对象的时候,可以认为存在两个基本的步骤,一个是给对象分配内存,另一个是给对象所在的内存进行初始化。其实构造方法只是对应上面的第二个步骤,也就是说当通过构造方法给对象进行初始化操作时,这个对象可以认为已经存在了,尽管它的内容没有被初始化。

通过上面的分析我们知道,构造方法最主要的作用就是对对象进行初始化。给对象进行初始化其实就是给对象所占用的内存进行初始化,广义上来讲,可以认为对象由存储或者计算属性以及方法构成,但是这里面其实只有存储属性才会真正地占据内存空间,因此Swift语言构造方法的最主要的目的是将其所在类型中所有的存储属性进行初始化。也就是当一个对象构造完毕后,对象中所有的存储属性必须要有初始值!

当然构造方法的目的不仅仅是给构造方法所在类型中所有的存储属性设定初始值,还包括一些其他必要的初始化操作,都可以放在构造方法中进行。

不同于Swift语言的近亲Objective-C,Swift语言要求一等数据类型必须拥有构造方法。也就是构造方法在Swift语言中是必须的!

不同于其他的面向对象语言,Swift语言中不仅类类型有构造方法,结构体和枚举同样也需要构造方法。

尽管都叫做"方法",但是构造方法不同于普通的实例方法,普通的实例方法都是通过实例对象来引用的,而调用构造方法时,其实此时还没有对象存在,因此也就不能通过对象来引用了。对于构造方法的引用是通过类型来隐式调用的。

7.3.1 构造方法的基本语法

下面的代码演示了构造方法的基本语法。

```
class Human {
    var name: String
    var age: Int
    //带有两个参数的构造方法
    init(name: String, age: Int) {
        self.name = name
        self.age = age
    }
    //只有name参数的构造方法
    init(name: String) {
        self.name = name
        age = 0
    }
}
```

```
    //只有age参数的构造方法
    init(age: Int) {
        self.age = age
        name = ""
    }
    //没有任何参数的构造方法
    init() {
        name = ""
        age = 0
    }
}
var p0 = Human(name: "千锋", age: 5)
var p1 = Human(name: "千锋")
var p2 = Human(age: 5)
var p3 = Human()
```

分析上面的实例可以发现,构造方法的书写跟普通方法非常接近,除了没有func关键字之外,构造方法也可以带有参数,另外仔细观察可以发现,构造方法有以下基本特征。

1. 构造方法的名称叫做init。
2. 同一个类型可以有多个构造方法,但是构造方法的参数个数或者类型不能一样。
3. 构造方法没有返回值。
4. 构造方法的引用是通过类型隐式调用的。

7.3.2 构造方法的参数名称

仔细观察上节构造方法的实例。

```
var p0 = Human(name: "千锋", age: 5)
var p1 = Human(name: "千锋")
```

可以发现,被隐式调用的构造方法中的参数名称"name"和"age"在作为内部参数的同时也充当了外部参数名。这种写法是构造方法的特殊之处。Swift规定构造方法中出现的参数名即作为内部参数也同时兼任外部参数名。

这跟类或者结构体枚举中定义的实例方法有非常相像的地方,不同点是在实例方法中,默认能充当外部参数名的参数是从第二个参数开始的,但是构造方法却是从第一个参数开始的。原因也非常简单,因为构造方法名称都是 init,而实例方法本身往往就能说明第一个参数的意义,比如实例方法 removeObjectsInRange(range: NSRange)。

但是可能这种默认行为并不是我们需要的,这个时候我们只需要在参数的名称前面加上"_"就可以了,例如下面的代码:

```
class Human {
    var name: String
    var age: Int
    //带有两个参数的构造方法
```

```
    init(_ name: String, _ age: Int) {
        self.name = name
        self.age = age
    }
}

//外部参数标签名称消失
var p0 = Human("千锋", 5)
```

7.3.3 属性的缺省值

1. 含有缺省值属性的构造方法

类或者结构体中的存储属性是可以有缺省值的，而构造方法的基本任务就是给所有存储属性设定初始值，那么如果当某些存储属性有缺省值时，构造方法又会发生什么样的变化呢？接下来，我们根据下面的代码来寻找规律。

```
class Human {
    var name = "千锋"
    var age = 5
    init(age: Int) {
        self.age = age
        //可以不用再对 name 进行初始化,下面的代码可以省略
        //name = ""
    }
    init() {
        //没有任何操作
    }
    func description() -> String {
        return "姓名:\(name),年龄:\(age)"
    }
}
```

测试代码如下：

```
var p0 = Human()
var p1 = Human(age: 6)
println(p0.description())
println(p1.description())
```

输出结果为：

```
/*
姓名:千锋,年龄:5
姓名:千锋,年龄:6
*/
```

实例的第一个构造方法只是对 Human 类中的 age 属性进行了初始化，而第二个构造方法干脆没有对任何的存储属性进行初始化，在存储属性没有缺省值的时候，这么做肯定是错误的，但是在这里却没有任何错误。再看看输出结果，可以发现，如果没有在构造方法中对属性进行初始化，则属性的初始值正好是它的缺省值。根据以上分析可以得出，当某个存储属性有缺省值的时候，我们可以不用在构造方法中再对其进行初始化，这时它的初始值就等于它的缺省值。

2．缺省构造方法

如果所有的存储属性都有缺省值且没有任何自定义的构造方法时，系统将默认提供一个不带任何参数的构造方法。如同下面的实例。

```
class Human {
    var name = "千锋"
    var age = 5
}
var p0 = Human()
```

可以看到，尽管没有定义任何的构造方法，但是依靠系统提供的不带任何参数的构造方法依然可以构造对象。但是如果在此基础上又自定义了某个构造方法，则系统不再提供这个默认的无参构造方法。

```
class Human {
    var name: String = "千锋"
    var age: Int = 5
    init(name: String, age: Int) {
        self.name = name
        self.age = age
    }
}
var p0 = Human()  // 这种写法会引起编译器错误
var p1 = Human(name: "千锋", age: 5)
```

由于系统不再提供缺省构造方法，所以上面的 p0 对象没办法被构造。

7.3.4 结构体的构造方法

结构体的构造方法的定义跟类基本上一样，除了一个特殊的结构体成员逐一构造方法，所谓结构体成员逐一构造方法就是由系统提供的一个特殊的缺省构造方法，该构造方法的参数包括结构体中所有的存储属性，参数的顺序与存储属性的顺序相对应。相关代码如下所示：

```
struct Size {
    var width: Double = 0.0
    var height: Double = 0.0
```

```
    var aera: Double {
        return width * height
    }
}

//系统会提供一个默认的结构体成员逐一构造方法
var size0 = Size(width: 1.0, height: 2.0)
//由于 Size 的两个属性都有缺省值，所以系统还提供了缺省构造方法
var size1 = Size()
```

结构体逐一成员构造方法是结构体特有的，类是没有这个构造方法的，因为结构体往往只是通过属性来描述一些简单的事物，所以提供这样一个能对所有存储属性进行初始化的构造方法是非常有必要的。而类描述的事物较为复杂，并且类还可以派生子类，所以 Swift 语言并没有给类提供这个特殊的构造方法。

尽管如此，如果我们在结构体中又声明了自定义的构造方法，那么无论是结构体成员逐一构造方法，还是缺省的无参构造方法都将无效。相关代码如下所示：

```
struct Size {
    var width: Double = 0.0
    var height: Double = 0.0
    var aera: Double {
        return width * height
    }
    init(width: Double) {
        self.width = width
    }
}
var size0 = Size(width: 1.0, height: 2.0) //构造方法失效
var size1 = Size() //构造方法失效
```

7.3.5 枚举类型的构造方法

尽管不是很常见，枚举也是可以有构造方法的，但是由于枚举中不存在存储属性，所以枚举的构造方法的意义跟类或者结构体不太一样，枚举的构造方法往往是为了初始化枚举对象的初始枚举值。相关代码如下所示：

```
enum Color: String {
    case Red = "Red"
    case Blue = "Blue"
    case White = "White"
    case Black = "Black"
    init() {
        self = .Red
    }
```

```
    init(color: Color) {
        self = color
    }
}

var c1 = Color.Red
var c2 = Color()
var c3 = Color(color: .Blue)
println(c1.toRaw())
println(c2.toRaw())
println(c3.toRaw())
```

上面测试代码的输出结果为:

```
/*
Red
Red
Blue
*/
```

如果没有给枚举定义构造方法,则上面的代码中只有 c1 对象是合法的,也就是默认情况下,枚举是不能通过类型来隐式调用构造方法的,只有给枚举定义了构造方法,才可以让枚举像类或者结构体那样构造对象。

7.3.6 值类型的构造方法代理

所谓值类型是特指结构体或者枚举,不包括类,因为类是引用类型。构造方法代理是指如果某个值类型同时有多个构造方法,那么构造方法之间可以通过 self 关键字相互调用。具体代码如下所示:

```
struct Size {
    var width: Double
    var height: Double
    //基本构造方法
    init(width: Double, height: Double) {
        self.width = width
        self.height = height
    }
    init() {
        //通过 self 调用基本构造方法—构造方法代理
        self.init(width: 0.0, height: 0.0)
    }
    init(width: Double, area: Double) {
        //通过 self 调用基本构造方法—构造方法代理
        self.init(width: width, height: area / width)
```

        }
    }

在上面的例子中，一共定义了 3 个构造方法，但是后两个构造方法实际上是通过调用第一个构造方法来实现的，这种调用方式被称作构造方法代理。

当构造方法的代码量较大的时候，通过构造方法间的调用，可以有效减少代码量。

当调用某个构造方法时，一定要通过 self 调用。否则将会出现编译错误。

不要在调用构造方法之前做任何存储属性的访问操作（包括读属性和属性赋值操作），因为此时属性的值还没有被"self.init"操作初始化，所以对属性的访问操作是没有任何意义的，不过编译器会为我们阻止这种错误。相关代码如下所示：

```
struct Size {
    var width: Double
    var height: Double
    //基本构造方法
    init(width: Double, height: Double) {
        self.width = width
        self.height = height
    }
    init() {
        //下面的语句对应的操作没有任何意义，因为会被接下来的 self.init(width: 0.0,
        height: 0.0)修改为 0.0
        width = 1.0  //同时这条语句也会引起一个编译器错误
        self.init(width: 0.0, height: 0.0)
        if width > 10.0 {
            width = 10.0  //这条对 width 属性的赋值语句就没有任何问题
        }
    }
}
```

从上面的实例可以看出，我们在使用构造方法代理时，不要在执行"self.init"操作之前做任何存储属性的访问操作，但是在"self.init"语句的下面来做这个事情是没有任何问题的，例如上面例子中的 width = 10.0 语句就完全符合情理了。

7.3.7　可选类型属性与构造方法

当某个存储属性的类型为可选属性时，可以不用在构造方法中为这个属性进行初始化，因为既然是可选属性，那么该属性在没有确定值时都表示"没有值"，也就是等于 nil。因此如果没有办法在开始时就确定该可选属性的值，可以不用理会它，这时它的值就等于 nil，代表"没有值"。

下面通过一个具体的实例来演示存在可选属性时构造方法应该如何书写，例子中有两种类型，一个是之前使用过的 Human 类，另外一个是 CreditCard（信用卡）类，一个人可以有也可以没有信用卡，所以在 Human 中将信用卡设定为可选类型。

```swift
//信用卡
struct CreditCard {
    var cardHolderName: String = "千锋"
    var cardNumber: Int = 888888
}
//人
class Human {
    var name: String
    var age: Int
    var creditCard: CreditCard?
    //构造方法中可以不用给可选存储属性初始化
    init(name: String, age: Int) {
        self.name = name
        self.age = age
    }
}
var p0 = Human(name: "千锋", age: 5)
if let card = p0.creditCard {
    println(card.cardHolderName)
} else {
    println("\(p0.name)没有信用卡！")
}
```

由于在构造 p0 对象时没有给其设定信用卡，所以上面测试代码的输出结果是：

```
/*
千锋没有信用卡！
*/
```

7.3.8 常量属性与构造方法

如果某个存储属性的类型是常量，那么针对该属性，肯定不能通过执行类似于"对象.属性=某个值"的方式进行赋值操作，也不能在其所在类型的实例方法中执行赋值操作，那么能不能在构造方法中对其进行赋值操作呢？答案是肯定的。因为对于常量，Swift 语言要求必须在定义的时候对其初始化或者在构造方法中对其初始化，其他任何时候都不能再对其进行赋值操作。相关代码如下所示：

```swift
//性别枚举
enum Gender {
    case Male
    case Female
}

class Human {
```

```
    let name: String = "亚当" //可以在定义时同时对常量属性进行初始化
    let gender: Gender = .Male //可以在定义时同时对常量属性进行初始化
    var age: Int = 1
    //也可以在构造方法中对常量属性进行初始化
    init(name: String, gender: Gender, age: Int) {
        self.name = name
        self.gender = gender
        self.age = age
    }
    init() {
    }
}
var p0 = Human()
var p1 = Human(name: "千锋", gender: .Male, age: 5)
```

7.3.9 通过闭包或者函数设置属性的缺省值

如果某个属性的初始值不是很简单地就能获取，而是需要特别的准备和操作，这时对属性简单的初始化操作就不能满足了。为了满足那些不能通过简单赋值初始化的属性的要求，Swift 允许通过执行某个闭包或者函数来对这些属性进行初始化，也就是通过执行某个闭包或者函数来求出属性的初始值，再将这个值赋值给该属性。

下面设计了一个简单的扑克牌随机出牌游戏，共 4 个玩家，每个玩家被随机分配 13 张牌。

```
//扑克牌种类
enum PokerKind: String {
    case heart = "♥"
    case diamond = "♦"
    case club = "♣"
    case spade = "♠"
}
//扑克牌号码
enum PokerNumber: String {
    case NA = " A"
    case N2 = " 2"
    case N3 = " 3"
    case N4 = " 4"
    case N5 = " 5"
    case N6 = " 6"
    case N7 = " 7"
    case N8 = " 8"
    case N9 = " 9"
    case N10 = "10"
    case NJ = " J"
```

```swift
        case NQ = " Q"
        case NK = " K"
}
//扑克牌
struct PokerCard {
    var kind: PokerKind
    var number: PokerNumber
    var name: String {
        return "\(kind.toRaw())\(number.toRaw())"
    }
}

//扑克选手类
struct PokerPlayer {
    //通过类方法来初始化这个属性
    static var pokers: [PokerCard] = PokerPlayer.setupCards()
    
    //每个选手都会有13张随机出现的扑克牌，通过下面的闭包来初始化cards属性
    //通过下面的闭包来随机产生13张牌
    var cards: [PokerCard] = {
        var tmp: [PokerCard] = []
        for var i = 0; i < 13; i++ {
            var s = Int(arc4random()) % pokers.count
            tmp.append(pokers.removeAtIndex(s))
        }
        return tmp
    } ()
    //类方法，初始化52张牌
    static func setupCards() -> [PokerCard] {
        var tmp:[PokerCard] = []
        var k: [PokerKind] = [.heart, .diamond, .spade, .club]
        var n: [PokerNumber] = [.NA, .N2, .N3, .N4, .N5, .N6,
            .N7, .N8, .N9, .N10, .NJ, .NQ, .NK]
        
        for var i = 0; i < 4; i++ {
            for var j = 0; j < 13; j++ {
                tmp.append(PokerCard(kind: k[i], number: n[j]))
            }
        }
        return tmp
    }
}
//构造4个扑克选手，每个人会被随机分配13张牌
var p0 = PokerPlayer()
var p1 = PokerPlayer()
```

```
    var p2 = PokerPlayer()
    var p3 = PokerPlayer()

    var players = [p0, p1, p2, p3]
    //输出4个扑克选手的牌面，每一列代表一个选手
    for var i = 0; i < 13; i++ {
        for var j = 0; j < 4; j++ {
            print(players[j].cards[i].name)
            print(" ")
        }
        println()
    }
```

下面是程序具体的输出结果，每一列代表某个选手的 13 张牌。

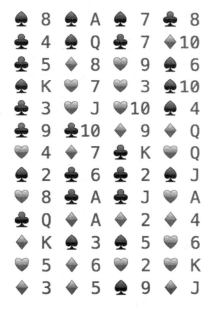

上面的 PokerPlayer 类中的 cards 属性是通过一个闭包进行初始化的，而 pokers 属性是通过一个类方法初始化的，都不是简单的赋值，而这种方式可以给那些在一开始并不能马上确定初始值的属性有机会在对象构造完毕后也同时初始化完毕。要特别注意闭包后面的 "()"，如果没有它，则只是将闭包赋值给了这个属性，如果加上这个 "()"，表示将闭包的执行结果赋值给这个属性。

7.3.10 派生类的构造方法

Swift 对类的构造方法有一个基本的要求，那就是当构造完一个对象之后，对象中所有的存储属性都要被初始化，但是具体到支持继承操作的 "类" 来讲，会稍微复杂一些，尤其是给派生类编写构造方法时。因为派生类中的存储属性即有自己独有的存储属性，也有从父类甚至是父类的父类中继承下来的存储属性，那么如何给一个派生类编写构造方法，

给派生类编写构造方法都有哪些规律呢？接下来我们先从便利构造方法讲起，一步步给大家演示如何正确地给一个派生类编写构造方法。

1. 便利构造方法和指定构造方法

跟之前的值类型的构造方法代理的理念相同，如果一个类（引用类型）中有多个构造方法，为了减少代码冗余，某些构造方法也可以通过调用其他的构造方法来完成初始化任务，因此同样也存在构造方法代理的概念。只不过跟值类型不太一样，在类中，构造方法相互调用之间有严格的语法限制以及名称的区别。其中通过调用其他构造方法来完成初始化任务的构造方法被称为便利构造方法，与之对应的叫做指定构造方法。

类的构造方法就由这两类构成，在外观上区分这两类构造方法的方式很简单，便利构造方法的定义前面会有关键字 convenience。如果你想编写一个便利构造方法，并不是在构造方法前面加上这个关键字就表示你正在编写的是一个便利构造方法了，除了这个关键字之外，更重要的是在便利构造方法的具体代码实现过程中，必须也只能通过调用其他的构造方法来完成初始化任务，如果代码中没有调用其他的构造方法，那这样的方法即使前面书写了 convenience 关键字，也不代表它就是便利构造方法。其实如果存在这种情况，编译器会给程序员提示错误。当然如果实现代码中没有调用任何其他的构造方法，这样的方法就是指定构造方法，指定构造方法前面是没有关键字 convenience 的。本小节的相关代码如下所示：

```
class Book {
    var bookName: String //书名
    var author: String //书的作者
    //指定构造方法
    init(bookName: String, author: String) {
        self.bookName = bookName
        self.author = author
    }
    //便利构造方法
    convenience init() {
        //不能在 self.init 操作之前对任何存储属性初始化
        //bookName = "Swift 从入门到精通"
        self.init(bookName: "", author: "")
        //可以在 self.init 之后再对一些属性进行修改
        bookName = "Swift 从入门到精通"
    }
}
var book0 = Book()
var book1 = Book(bookName: "Swift 从入门到精通", author: "千锋")
```

只要在构造方法中调用了其他的构造方法来完成初始化，那么这样的构造方法必须声明为便利构造方法。同时与值类型的构造方法代理一样，不要在便利构造方法中必须有的语句 self.init 之前做任何存储属性的访问操作（包括读取和赋值），因为此时属性的值还没有被 self.init 操作初始化，所以对属性的访问操作是没有任何意义的。如果需要，只能在

self.init 语句的下面执行。

如果不小心在 self.init 之前做了存储属性的访问操作也不用担心，编译器会替我们检查出这样的低级错误。

一个类可以有多个指定和便利构造方法。但是这两类构造方法的等级是不一样的，一个类可以没有任何的便利构造方法，但是必须要有指定构造方法，因为便利构造方法总是通过调用本类中其他的构造方法来完成初始化任务的。所以可以认为便利构造方法只是指定构造方法的一个有益的补充。便利构造方法只是起到一个"便利"的作用，在创建具有默认属性值的对象或者特殊用途的对象时发挥其方便快捷的特点。

2. 给派生类编写构造方法

派生类即继承了父类中定义的存储属性，也可能有自己定义的存储属性，所以派生类的构造方法即要负责本类中属性的初始化，也要负责父类的初始化操作，其中本类的属性初始化操作是它的本职工作，比较简单。那么如何对父类中的属性进行初始化呢？可以想到有两种方式，一种是像父类的指定构造方法那样直接对父类中的存储属性进行初始化操作，另一种是通过 super 关键字调用父类的构造方法。比较这两种方式，很明显第二种方式更加简单有效。其实 Swift 语言的选择也是第二种方式，不仅如此，Swift 语言还强制程序员必须用第二种方式对父类进行初始化。

从代码结构上可以认为派生类的构造方法由三部分构成，第一部分是对派生类中引入的存储属性的初始化操作，第二部分是通过调用父类的指定构造方法对父类的初始化，第三部分是前两部分必须的初始化结束后的一些额外操作。Swift 语言严格要求了这三部分的顺序，顺序就是按照从第一部分开始，第三部分结束。相关代码如下所示。

```swift
class Book {
    var bookName: String //书名
    var author: String //作者

    init(bookName: String, author: String) {
        self.bookName = bookName
        self.author = author
    }
    convenience init() {
        self.init(bookName: "Swift 从入门到精通", author: "千锋")
    }
}

//电子书类
class EBook: Book {
    var clickCount: Int //点击量
    var popular: Bool = false //是否受欢迎

    //指定构造方法
    init(bookName: String, author: String, clickCount: Int) {
        //先对本类中引入的存储属性进行初始化
```

```
        self.clickCount = clickCount
    //通过 super 关键字调用父类的指定构造方法对父类进行初始化
    super.init(bookName: bookName, author: author)
    //全部存储属性都有确定值后,还可以再进行进一步的修改
    if clickCount > 100000 {
        popular = true
    } else {
        popular = false
    }
}
//便利构造方法
convenience init(clickCount: Int) {
    self.init(bookName: "Swift 从入门到精通", author: "千锋", clickCount: clickCount)
}
}
```

派生类 EBook 中定义了两个构造方法,其中一个是指定构造方法,另外一个是便利构造方法。便利构造方法比较简单,因为便利构造方法只能调用本类中其他的构造方法。指定构造方法必须严格遵守初始化的顺序,具体到本例就是先对子类的 clickCount 属性进行初始化,然后再通过 super 向上代理父类的指定构造方法,等这两步操作结束之后,所有的存储属性就都初始化完毕了,接下来如果需要访问对象本身或者进一步修改属性都是被允许的。

3. 指定构造方法和便利构造方法的调用规则

当构造方法与继承纠缠在一起的时候,指定构造方法和便利构造方法之间的相互调用规则也比没有继承时要复杂了,为了简化它们之间的调用关系,Swift 语言设计了几条编译器规则来达到目的,具体规则如下。

1. 派生类的构造方法只能向上调用父类的指定构造方法(注意,不能是父类的便利构造方法)。
2. 便利构造方法只能同向调用本类的其他构造方法(注意,其他构造方法既可以是指定构造方法也可以是便利构造方法)。
3. 便利构造方法最终必须以一个指定构造方法调用结束。

重点说明一下不太好理解的第 3 条规则,对于便利构造方法,根据规则 2,它只能调用本类中其他的构造方法,但是规则 2 并没有限制调用的是指定构造方法还是便利构造方法,假设调用的是另外一个便利构造方法 B,那么 B 方法也可能调用的是另外一个便利构造方法 C,但不管这种调用有多少层,如果要完成真正的初始化任务,最终都必须以一个指定构造方法结束,如图 7.1 所示。

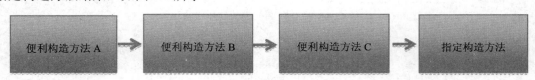

图 7.1 构造方法的调用规则

4．派生类指定构造方法的两段式构造

现实的继承不只是简单的父类和子类的关系，可能父类还有父类，甚至是父类的父类还有父类等，我们称这种多代的继承关系为继承链，如果存在这种继承链，派生类的指定构造方法的构造过程是一个什么样子呢？接下来，我们通过一个简单的实例给大家演示一下，并从中寻找规律。

下面的实例非常简单，描述了一个简单的继承链，具体关系是："A 类派生了 B 类，B 类派生了 C 类，C 类又派生了 D 类"。其中每个类都有一个指定构造方法，除了基类 A 之外，其他类的指定构造方法总是会向上调用其直接父类的指定构造方法。

```
class A {
    var a: Int
    init(a: Int) {
        self.a = a
        //由于是基类不用向上调用
        println("基类（类A）初始化结束。")
        println("所有构造链上的类的存储属性都已经初始化完毕，第一阶段结束，各个类的第二阶段开始！")
    }
}

class B: A {
    var b: Int
    init(a: Int, b: Int) {
        println("类B（A的子类）第一阶段初始化开始。")
        self.b = b
        super.init(a: a)
        //可以从这里开始进行各种存储属性的访问以及访问self
        println("类B（A的子类）第二阶段初始化开始,此时可以访问B类、A类中的存储属性和self。")
    }
}

class C: B {
    var c: Int
    init(a: Int, b: Int, c: Int) {
        println("类C（B的子类）第一阶段初始化开始。")
        self.c = b
        super.init(a: a, b: b)
        //可以从这里开始进行各种存储属性的访问以及访问self
        println("类C（B的子类）第二阶段初始化开始,此时可以访问C类、B类,A类中的存储属性和访问self。")
    }
}
class D: C {
```

```
        var d: Int
        init(a: Int, b: Int, c: Int, d: Int) {
            println("类D（C的子类）第一阶段初始化开始。")
            self.d = d
            super.init(a: a, b: b, c: c)
            //可以从这里开始进行各种存储属性的访问以及访问self
            println("类D（C的子类）第二阶段初始化开始，此时可以访问D类、C类、B类、A
            类中的存储属性和访问self。")
        }
    }

    var d = D(a: 0, b: 0, c: 0, d: 0)
```

上述测试代码的输出结果如下：

```
/*
类D（C的子类）第一阶段初始化开始。
类C（B的子类）第一阶段初始化开始。
类B（A的子类）第一阶段初始化开始。
基类（类A）初始化结束。
所有构造链上的类的存储属性都已经初始化完毕，第一阶段结束，各个类的第二阶段开始！
类B（A的子类）第二阶段初始化开始，此时可以访问B类、A类中的存储属性和self。
类C（B的子类）第二阶段初始化开始，此时可以访问C类、B类、A类中的存储属性和访问self。
类D（C的子类）第二阶段初始化开始，此时可以访问D类、C类、B类、A类中的存储属性和访问
self。
*/
```

在编写实例中的每个类的构造方法时，添加了很多的调试打印，目的是让大家能根据输出结果看清楚看上去很复杂但实际上却很清晰的构造过程。

仔细观察可以看到，每个类的构造方法被人为地划分成两个阶段，第一阶段是从执行构造方法开始到"super.init"语句结束。第二阶段是从"super.init"的下一执行语句开始到构造方法结束。

仔细分析上面的打印信息可以发现，派生类的构造方法的构造过程也非常明显地被划分为两个阶段，就是只有每个类的第一阶段结束之后才会执行这个类第二阶段的代码。

当某个类的第二个阶段开始时，无论是本类的还是继承下来的存储属性都已经初始化完毕，此时可以认为构造方法的基本任务已经完成，接下来可以在第二阶段中对各个属性进行访问，也可以在第二阶段中使用表示当前对象的self。

总结一下，第一阶段最主要的目的是给所有的属性包括继承而来的属性设定初始值，第一阶段结束后可以认为构造方法的基本使命已经完成。从第二阶段开始，由于对象已经初始化完毕，针对对象的各种操作包括访问对象中的属性、实例方法以及访问对象本身（self）都开始变得合法起来。

5．确保构造方法正确的编译器安全性检查

由于派生类的构造方法比较复杂，规则较多，对于初学者比较难以掌握，所以Swift语言的编译器针对构造方法的代码，会做非常严格的检查，将错误消灭在编译阶段。具体

的检查操作有以下几个。

1. 指定构造方法只有将其所在类中引入的所有属性初始化完毕后才能向上调用其直接父类的指定构造方法。
2. 只有执行完直接父类的指定构造方法之后，才可以对继承来的属性进行访问操作。
3. 便利构造器必须先调用同类的构造方法，然后才能访问（读取或者赋值）任意的属性。
4. 只有在构造方法的第一阶段结束之后，才能随意访问所有的属性以及调用实例方法和访问对象本身（self）。

仔细看这些规则，其实在之前的章节中几乎都提到并详细分析过，这些规则完全没有必要死记硬背，合理的学习方式是在理解的基础上去掌握。

7.3.11 构造方法的重写

父类的构造方法也可以被子类重写，但是 Swift 中的构造方法重写跟普通方法的重写并不完全一样，这是由于指定构造方法和便利构造方法这两类构造方法对重写的处理并不一致造成的。具体来讲，对于构造方法的重写有以下两点需要注意。

1. 如果重写的方法跟父类的指定构造方法相同，则代表这是对父类的该指定构造方法的重写，重写的方法前要有 override 关键字。
2. 如果重写的方法跟父类的某个便利构造方法相同，并不表示这是对父类的该便利构造方法的重写，也就是父类的便利构造方法无法在子类中被重写。

根据构造方法的调用规则，便利构造方法只能在本类中被调用而无法被派生类以任何的方式来调用，便利构造方法不可以被重写的原因正是基于此条规则。

构造方法重写的相关代码如下所示：

```swift
class Book {
    var bookName: String //书名
    var author: String //作者

    //指定构造方法，可以在子类中被重写成指定构造方法或便利构造方法
    init(bookName: String, author: String) {
        self.bookName = bookName
        self.author = author
    }
    //便利构造方法，无法在子类中被重写
    convenience init() {
        self.init(bookName: "Swift 从入门到精通", author: "千锋")
    }
}
class EBook: Book {
    var clickCount: Int //点击量
    var popular: Bool = false //是否受欢迎
    //本类中的指定构造方法
    init(bookName: String, author: String, clickCount: Int) {
```

```
        self.clickCount = clickCount
        super.init(bookName: bookName, author: author)
        if clickCount > 100000 {
            popular = true
        } else {
            popular = false
        }
    }
    //本类中的便利构造方法
    convenience init(clickCount: Int) {
        self.init(bookName: "Swift 从入门到精通", author: "千锋",
            clickCount: clickCount)
    }

    //重写父类的指定构造方法
    override init(bookName: String, author: String) {
        self.clickCount = 0
        super.init(bookName: bookName, author: author)
    }
}
```

在上面的例子中，父类的指定构造方法在子类中也被重写成一个指定构造方法，其实父类的指定构造方法在子类中还可以被重写成便利构造方法，相关代码如下所示：

```
class EBook: Book {
    var clickCount: Int //点击量
    var popular: Bool = false //是否受欢迎

    //本类中的指定构造方法
    init(bookName: String, author: String, clickCount: Int) {
        self.clickCount = clickCount
        super.init(bookName: bookName, author: author)
        if clickCount > 100000 {
            popular = true
        } else {
            popular = false
        }
    }
    //本类中的便利构造方法
    convenience init(clickCount: Int) {
        self.init(bookName: "Swift 从入门到精通", author: "千锋",
            clickCount: clickCount)
    }
    //将父类的指定构造方法重写成便利构造方法
    override convenience init(bookName: String, author: String) {
        self.init(clickCount: 0)
```

```
        println("asdf")
    }
}
```

指定构造方法在子类中到底被重写成指定构造方法还是便利构造方法并没有严格的标准，这取决于具体的编程需求。

便利构造方法无法在子类中被重写，也就是允许在子类中定义跟父类的便利构造方法一模一样的构造方法，但是并不表示重写，因此也不需要在方法的前面加上关键字 override。相关代码如下所示：

```
class EBook: Book {
    var clickCount: Int //点击量
    var popular: Bool = false //是否受欢迎

    //本类中的指定构造方法
    init(bookName: String, author: String, clickCount: Int) {
        self.clickCount = clickCount
        super.init(bookName: bookName, author: author)
        if clickCount > 100000 {
            popular = true
        } else {
            popular = false
        }
    }
    //本类中的便利构造方法
    convenience init(clickCount: Int) {
        self.init(bookName: "Swift 从入门到精通", author: "千锋",
                clickCount: clickCount)
    }

    //跟父类的便利构造方法同名，但并不是重写，因此不需要加 override 关键字
    convenience init() {
        self.init(clickCount: 0)
    }
}
```

7.3.12 构造方法的自动继承

默认情况下，父类的构造方法不会被子类继承。因为父类的构造方法还没有智能到能够对它的某个子类中新引入的属性进行未卜先知似的初始化操作。但是在某些情况下子类是可以自动继承父类的构造方法的，下面具体看一下在哪些情况下子类能够自动继承父类的构造方法。

情况一，如果派生类没有引入任何存储属性或者引入的存储属性都有缺省值，并且此时没有自定义任何的构造方法，这时将自动继承父类中所有的指定和便利构造方法。相关

代码如下：

```
class Book {
    var bookName: String //书名
    var author: String //作者

    //指定构造方法
    init(bookName: String, author: String) {
        self.bookName = bookName
        self.author = author
    }
    //便利构造方法
    convenience init() {
        self.init(bookName: "Swift 从入门到精通", author: "千锋")
    }
}
//子类 EBook 中没有定义任何的构造方法，且引入的属性都有缺省值
class EBook: Book {
    var clickCount: Int = 0 //点击量
    var popular: Bool = false //是否受欢迎
}
//父类的指定和便利构造方法都被子类自动继承
var book0 = EBook()
var book1 = EBook(bookName: "Swift 从入门到精通", author: "千锋")
```

如果在上面代码的基础上加入一个自定义的构造方法，则将不再自动继承父类的构造方法，相关代码如下所示：

```
class EBook: Book {
    var clickCount: Int = 0 //点击量
    var popular: Bool = false //是否受欢迎

    init(clickCount: Int) {
        self.clickCount = clickCount
        super.init(bookName: "Swift 从入门到精通", author: "千锋")
        popular = clickCount >= 50000 ? true : false
    }
}

//此时，父类的指定和便利构造方法没有被子类自动继承
var book0 = EBook()  //无效用法
var book1 = EBook(bookName:
            "Swift 从入门到精通", author: "千锋")  //无效用法
var book2 = EBook(clickCount: 0)  //只有自定义的构造方法有效
```

情况二，如果派生类重写了父类所有的指定构造方法，也将自动继承父类所有的便利

构造方法。相关代码如下：

```swift
class Book {
    var bookName: String //书名
    var author: String //作者
    
    //只定义了一个指定构造方法
    init(bookName: String, author: String) {
        self.bookName = bookName
        self.author = author
    }
    //便利构造方法
    convenience init() {
        self.init(bookName: "Swift从入门到精通", author: "千锋")
    }
}

//在子类Ebook中将父类Book中所有的指定构造方法都重写（尽管只有一个）
class EBook: Book {
    var clickCount: Int = 0 //点击量
    var popular: Bool = false //是否受欢迎
    
    //重写了指定构造方法
    override init(bookName: String, author: String) {
        self.clickCount = 0
        super.init(bookName: bookName, author: author)
        println("重写后的指定构造方法")
    }
}

var book0 = EBook(bookName: "", author: "")
//尽管没有在子类中定义，子类仍然可以使用父类中定义的便利构造方法
var book1 = EBook()
```

便利构造方法的继承为什么会有这样特别的规定呢？我们可以根据上例输出的打印信息分析一下。

代码 "var book1 = EBook()" 正是利用继承下来的便利构造方法构造一个对象，这条语句执行后会输出一些打印信息，信息如下所示：

```
/*
    重写后的指定构造方法
*/
```

这条打印信息似乎输出的有些问题，因为父类的便利和指定构造方法都没有任何执行打印的代码。而执行打印操作的是子类中重写的指定构造方法。也就是说，继承来的便利构造方法调用了在子类中实现的指定构造方法。我们通过便利构造方法的代码来分析一下

原因，Book 类中的便利构造方法的代码如下：

```
convenience init() {
    self.init(bookName: "Swift 从入门到精通", author: "千锋")
}
```

由于便利构造方法只能调用同类中的其他构造方法来实现初始化，所以上述构造方法的核心语句是"self.init(bookName: "Swift 从入门到精通", author: "千锋")"。但是当通过 Ebook 类（代码：EBook()）来调用这个构造方法时，self 关键字对应的其实是"Ebook" 而不是"Book"，因此实际上调用的是子类中重写后的指定构造方法。

这样做的好处不言而喻，我们在之前也分析过，假设子类中又新引入一些属性，显然父类的构造方法无法对这些新属性进行初始化的。由于最后真正调用的其实是子类中的某个构造方法，所以不会有任何的问题。

如果只是重写了一部分父类的指定构造方法，就不能继承父类中的便利构造方法了，因为你不能保证父类的便利构造方法最终会调用哪一个指定构造方法，所以保险起见，应该把父类中所有的指定构造方法都实现一遍。

7.3.13 必须构造方法

必须构造方法是 Swift 语言的新特性，在早期的 Swift 语言中并没有这个特性。为了支持这个特性，Swift 语言引入了一个新的关键字 required。这个关键字用来修饰构造方法，表示不仅仅是当前类，其继承链上的所有类也必须得实现该构造方法。相关代码如下所示：

```
class BaseClass {
    var value: Int
    //必须构造方法，凡是与该类有继承血缘关系的类都必须实现该构造方法
    required init(value: Int) {
        self.value = value
    }
}
class SonOfBaseClass: BaseClass {
    //必须构造方法肯定是对父类方法的重写，但是不需要加关键字 override
    required init(value: Int) {
        super.init(value: value)
    }
}
class GrandsonOfBaseClass: SonOfBaseClass {
    //尽管不是 BaseClass 的直接子类，但是只要有继承血缘关系，也必须实现
    required init(value: Int) {
        super.init(value: value)
    }
}
```

如果某个构造方法被标记为必须构造方法，那么后续的所有继承类都要实现该构造方

法。子类的实现肯定是对父类的构造方法的重写，但是由于已经有了 required 关键字，所以不需要再添加关键字 override。

子类在重写必须构造方法时，必须在前面加上 required 关键字，用来表示在继承链上所有的类都必须实现该构造方法。

7.4 析构方法

构造方法是创建对象时被隐式调用的方法，而析构方法是在对象被释放前隐式调用的方法。构造方法的目的是初始化刚刚被构造出来的对象内存。而析构方法的目的是对象内存被系统回收之前做一些收尾的工作，比如关闭文件、断开网络连接、释放对象持有的一些资源等工作。

由于 Swift 的内存管理方式是 ARC（自动内存管理），所以 Swift 的析构方法并不像 Objective-C 的手动内存管理时类的析构方法那么重要和必须。在 Swift 中，析构方法的主要工作并不是内存管理（主要是内存释放工作），而是一些其他操作。

不同于构造方法，Swift 的析构方法并不是必须的。一个类必须有构造方法，但是可以没有析构方法。

7.4.1 析构方法语法

析构方法使用 deinit 关键字，该方法没有任何参数和返回值。基本样式如下所示。

```
deinit {
    //析构方法执行语句
}
```

下面是一个析构方法的实例，这里构造了非常简单的文件操作类，该类在构造方法中通过 open 系统调用打开了一个文件。也就是构造一个对象就会将某个打开的文件与之关联。假设在对象的整个生命周期里要一直使用这个打开的文件描述符，所以只能在对象被销毁的时候来关闭这个文件描述符。具体代码如下所示。

```
class FileHandler {
    var fd: Int32 //文件描述符
    init(path: String) {
        //打开一个文件
        fd = open(path, O_RDONLY)
    }
    deinit {
        //如果没有关闭文件，已打开的文件会被进程保留
        //这相当于变相的浪费资源。所以当不用的时候一定要关闭
        close(fd)
        println("对象被销毁。")
```

```
            }
        }

        /*
        声明一个可选类型的变量,由于是ARC,当没有常量或者变量指向某个对象时,
        该对象会被自动销毁。所以当 fh 不再指向原来的对象时,对象会被自动销毁。
        */
        var fh: FileHandler? = FileHandler(path: "/etc/passwd")
        fh = nil  //fh 不再指向原来的对象
```

上面的测试代码执行完毕后会输出"对象被销毁",也就是析构方法将会在对象销毁时自动调用。析构方法在这里的目的是关闭之前打开的文件,如果不关闭该文件,那么随着对象的销毁,就再也没有机会去关闭它了。所以在这种情况下析构方法是非常有必要的。

7.4.2 析构方法的自动继承

父类的析构方法会自动被子类所继承,这表现在当子类的析构方法被执行完之后,会立即再执行父类的析构方法。相关代码如下所示:

```
class SomeClass {
    deinit {
        println("SomeClass deinit!")
    }
}
class SubOfClass: SomeClass {
    deinit {
        println("SubOfClass deinit!")
    }
}

//weak 表示声明了一个弱引用,因此下面的对象被构建完毕之后马上又被释放掉
weak var weakRef = SubOfClass()
```

上面测试代码的输出结果是:

```
/*
SubOfClass deinit!
SomeClass deinit!
*/
```

由于 weakRef 变量是一个 weak 引用,所以它并没有真正地持有这个对象。因为 Swift 是 ARC 管理方式,所以刚刚被构造的对象马上又被销毁。销毁时将会隐式调用其所在类中定义的析构方法,但是可以看到父类的析构方法也隐式地被调用了,效果看上去就像在类 SubOfClass 的析构方法的尾部加上了 super.deinit 的操作。但其实不需要程序员再去添加

这条代码，因为系统会替我们做这件事情。

当然这么做是非常正确的，因为子类只负责子类的析构操作，它的父类甚至是父类的父类不应该也不可能由它去处理。所以如果不隐式调用父类的析构方法，析构操作可能并不完整。

另外，既然系统会替我们做这件事情，那就要求我们不要再在子类的析构方法中去做本应该父类的析构方法要做的事情，否则会适得其反，应该尽量让每个类管理自己的析构策略。

7.5 类 扩 展

在软件开发的过程中，往往需要在已经存在的类的基础上添加一些额外的功能。要实现添加新的功能，可以使用继承的方式实现，同时也可以使用类扩展的语法进行。

给现有类增加新的功能，可以使用继承来完成，但是有时候想给类增加一些小的功能。如果使用继承就会显得太重。也不易于使用。类扩展 Extensions 可以很方便地给现有的类增加一个方法。但是类扩展有一个缺点，就是不能扩展增加存储属性。

7.5.1 类扩展的语法

Swift 语言提供了便捷的创建类扩展的语法。具体的语法如下：

```
class Person{
    //原有的功能
}
extension Person{
    //添加新的功能
}
```

同时，扩展语法中，也可以让已经存在的类遵守某些新的协议。

```
protocol PersonDelegate{
    //协议中的方法列表
}
extension Person:PersonDelegate{
    //添加新的功能
}
```

在原有类的基础上添加的功能在所有地方都可以使用。

7.5.2 扩展运算属性

对于运算属性，swift 支持扩展。比如可以使用如下的扩展方法根据人的身高来计算人的标准体重。

```swift
class Person{
    var height:Double?
    var sex:Bool = true
}
extension Person{
    var standardWeight:Double{
        //身高(m)×身高(m)×标准系数（女性20，男性22）
        let e = self.sex ? 22.0 : 20.0
        return height! * height! * e
    }
}
```

使用该扩展的计算属性的方法和使用普通的计算属性方法一致。

```swift
var p = Person()
p.height = 1.73
println(p.standardWeight)
//输出:65.8438,说明标准体重是65.8438kg
```

7.5.3 扩展构造方法

构造方法的扩展和计算属性的扩展方法有些区别：扩展的构造器只能是便捷构造方法，普通构造方法只能定义在原始的类声明中。

```swift
class Person {
    var height:Double?
    var sex:Bool = true
}
extension Person{
    convenience init(height:Double){
        self.init()
        self.height = height
    }
}
let p = Person(height: 12)
```

7.5.4 扩展普通方法

普通方法的扩展比较简单，它只需要声明即可，只是不可以和原始的类中的定义一样。完整的代码如下：

```swift
class Person{
    var height:Double?
    var weight:Double?
```

```
    var sex:Bool = true
}
extension Person{
    //扩展的构造方法
    convenience init(height:Double,weight:Double){
        self.init()
        self.height = height
        self.weight = weight
    }
    //扩展的计算属性
    var standardWeight:Double{
        let e = self.sex ? 22.0 : 20.0
        return height! * height! * e
    }
    //扩展的普通方法
    func getResult() -> String{
        let dWeight = abs(standardWeight - self.weight!)
        if dWeight/self.weight! < 0.1{
            return "体重标准"
        }
        else{
            return standardWeight>self.weight ? "偏胖" : "偏瘦"
        }
    }
}

let p = Person(height: 12,weight:80.0)
println(p.getResult())
//输出:偏胖
```

在结构体中，不仅可以扩展新的方法，还可以修改原有的方法，这时，需要使用关键字 mutating。

7.5.5 扩展下标

通过以上的内容可以发现，这三个方面的扩展其实都是对于方法的扩展，在类的定义中，功能的实现和方法类似的还有下标的声明。

```
class Carriage{
    var name:String
    init(name:String){
        self.name = name
    }
}
class Train{
```

```swift
    var carriageArr:[Carriage] = []
    init(num:Int){
        for i in 1...num{
            carriageArr.append(Carriage(name:"车厢\(i)"))
        }
    }
    subscript (index:Int) -> Carriage{
        return carriageArr[index]
    }
}

let train = Train(num: 12)
println(train[10].name)
//输出:车厢11
```

第 8 章 自动引用计数

Swift 使用自动引用计数 ARC（Automatic Reference Count）这一机制来跟踪和管理应用程序的内存使用状况。通常情况下，Swift 的内存管理机制在程序启动时就会开启，开发者无须自己来考虑内存的管理。ARC 会在类的实例使用的时候就自行保留计数器，在对象不再被使用时，自动释放其占用的内存。

和 C/C++内存管理相比，Swift 的内存管理使用要方便很多。无须人为地 malloc 和 free 内存。Swift 采用了 Objective-C 的 ARC 机制，依靠 Xcode 代码分析来主动地进行内存的持有和内存的释放。

和 Java 的内存管理相比，ARC 显然要多做一些事情，Java 采用 GC（Garbage Collector）进行垃圾回收。这是一个运行时的概念。但是 Swift 是一个编译时的概念。在代码编译的时候来进行内存的管理和回收功能。所以 Swift/Objective-C 代码运行的效率会比 GC 类程序语言的效率高很多。但是 Swift 也有很多地方处理不到，因而 Swift 代码稍有不慎就会造成内存泄露。比如 iOS 开发中常见的循环引用就会造成内存泄露的问题。这就要求我们开发者要有意识地进行代码的检查和处理。

注意 Swift 的 ARC 机制只是对于基于引用计数的对象才有效，对于基于值拷贝的，比如 struct，enum 等是无效的。

然而，在少数情况下，ARC 需要清楚在什么情况下会造成内存泄露问题。了解了这些问题才能让开发的 iOS 代码更加稳健和可靠。本章描述了各种可能出现问题的情况，讲解如何启用 ARC 来管理应用程序的内存。

8.1 自动引用计数的工作机制

当每次创建一个类的新实例的时候，ARC 会分配一大块内存来储存实例的信息。内存中会包含实例的类型信息，以及这个实例所有相关属性的值。此外，当实例不再被使用时，ARC 释放实例所占用的内存，并让释放的内存能挪作他用。确保不再被使用的实例不会一直占用内存空间。

然而，当 ARC 收回和释放了正在被使用中的实例，该实例的属性和方法将不能再被访问和调用。实际上，如果试图访问这个实例，应用程序很可能会崩溃。

为了确保使用中的实例不会被销毁，ARC 会跟踪和计算每一个实例正在被多少属性、常量和变量所引用。哪怕实例的引用数为 1，ARC 都不会销毁这个实例。为了使之成为可能，无论将实例赋值给属性、常量或变量，属性、常量或变量都会对此实例创建强引用。之所以称之为强引用，是因为它会将实例牢牢地保持住，只要强引用还在，实例是不允许被销毁的。

8.2 自动引用计数实战

下面是使用 ARC 引用计数的例子。这里创建一个 Person 类。解释详见类中的注释。

```
class Person {
    //name 字段表示人的名字
    var name: String

    //构造函数初始化，创建一个人对象
    init(name: String) {
        self.name = name
        println("\(name) 创建了")
    }

    //析构函数表明对象被销毁
    deinit {
        println("\(name) 销毁了")
    }
}
```

下面创建 3 个对象，ref1，ref2，ref3 表示三个对象，这里使用 Person?表示这个对象可能会被初始化为 nil。

```
var ref1 : Person?
var ref2 : Person?
var ref3 : Person?

ref1 = Person(name: "张三")
// 上面一行会打印出
// 张三 创建了
ref1 = nil
// 上面一行会打印出
// 张三 销毁了
```

代码解释：由上述例子可以看出，一开始构造函数就会初始化对象。就会执行 init 构造函数。在后续的 ref1 = nil 中，相当于把之前创建的对象销毁，重新复制了新的对象。所以之前的对象会被销毁。

对于下面的例子来说：

```
if (true) {
    var ref4 : Person?
    ref4 = Person(name: "李四")
    //ref4 在生命周期结束后就会被销毁，也就是在 if 结束后
```

```
    //ref4 的生命周期就结束了
}
println("完成了创建")
```

输出如图 8.1 所示。

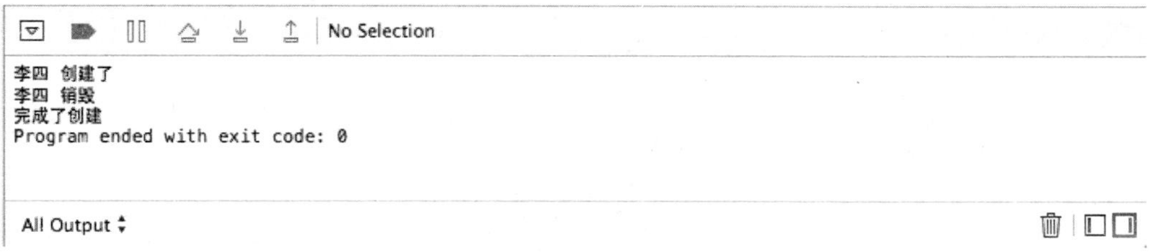
No Selection
李四 创建了
李四 销毁
完成了创建
Program ended with exit code: 0
All Output

图 8.1　输出结果

从图中可以看出来。ref4 在括号后就被销毁了。也就是 xcode 代码会在 if 的右括号 } 之前插入一个 ref4 = nil 的代码。这样就保证了 ref4 在 if 代码生命周期之后就会被销毁，这也满足了一般程序的设计思想。

对于下面的代码。我们创建了两个对象。后一个对象会覆盖前一个对象，如图 8.2 所示。

```
ref2 = Person(name: "王五")
//下面代码会使用新对象替换老的对象
ref2 = Person(name: "丁六")
```

No Selection
王五 创建了
李六 创建了
王五 销毁
Program ended with exit code: 0
All Output

图 8.2　输出结果

从代码可以看出，ref2 首先创建了对象“王五”。然后在后续被对象“丁六”覆盖。那么这个过程就是之前的 ref2 被新的对象覆盖，老的对象被销毁。

从上述代码可以看出，对象如果被新的对象覆盖，那么旧的对象就会被销毁。ARC 可以智能地检测哪些对象是被销毁的，哪些对象是被持有的。这样依靠 ARC 来实现内存引用计数的功能。

再比如下列代码：

```
ref1 = Person(name: "张三")
ref2 = ref1
ref3 = ref1
```

上述代码中，ref1 是第 1 行，创建对象，就有一个强引用。第 2 行代码就会在同样的对象上增加一个强引用。那就会变成两个强引用。在第 3 行又会给对象增加一个强引用。那么对象的引用计数就会变成 3，如图 8.3 所示。

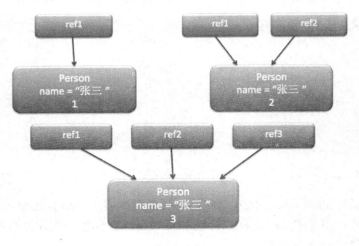

图 8.3　代码流程

如果销毁 ref1 对象，那么之前的对象 ref2、ref3 还是持有对象 ref1，也就是执行下列代码后。

```
println("销毁 ref1")
ref1 = nil
```

之前的 ref2、ref3 对象并没有被销毁，依然可以访问。他们都指向同一个对象，那么对象计数器就会变成 2。

如果执行下列代码。那么真正的对象就会被销毁。因为对象计数器会变成 0。

```
println("销毁 ref1")
ref1 = nil
println("销毁 ref2")
ref2 = nil
println("销毁 ref3")
ref3 = nil
```

如果在最后一个对象的释放，整个对象才会被销毁，输出结果如图 8.4 所示。

图 8.4　输出结果

8.3 对象之间的循环强引用

从上面的例子可以看出，ARC 可以追踪对象的引用计数。但是有时候两个对象之间难以解决相互引用对象孤立的问题。这样就需要特殊的考虑。这也是 ARC 中一个需要特别注意的地方。

首先是引入问题：

下列代码定义了两个类，一个 Person 类表示某个人的类，一个是 Apartment，表示公寓类，也就是一个人可能有一套公寓。这个公寓有居住的客人。当然公寓也可能没有客人，也就是客人也可能为空。如下代码所示：

```
class Person {
    // name 字段表示人的名字
    var name: String
    // 一个人所拥有的公寓，可能为空
    var apartment: Apartment?

    // 构造函数初始化，创建一个人对象
    init(name: String) {
        self.name = name
    }

    // 析构函数表明对象被销毁
    deinit {
        println("\(name) 销毁")
    }
}

class Apartment {
    // 公寓的门牌编号
    let number: Int
    // 该公寓的居民，可能为空
    var tenant: Person?

    init(number: Int) {
        self.number = number
    }

    deinit {
        println("公寓 #\(number) 被销毁")
    }
}
```

这里 Person 实例有一个类型为 String、名字为 name 的属性，并有一个可选的初始化为 nil 的 apartment 属性。apartment 属性是可选的,因为一个人并不总是拥有一套公寓。

同样,每个 Apartment 对象有一个叫 number、类型为 Int 的属性,表示编号,比如 1608。并有一个可选的初始化为 nil 的 tenant 属性,表示公寓当前所居住的人。tenant 属性是可选的,因为一栋公寓并不总是有客人。

这两个类都定义了析构函数,用以在类对象被析构的时候输出信息。这样可以知道 Person 和 Apartment 的对象是否像预期的那样结束后被销毁。

接下来的代码片段定义了两个可选类型的变量 john 和 number73,并分别被设定为下面的 Apartment 和 Person 的实例。这两个变量都被初始化为 nil,并为可选的:

```
var john: Person?
var number73: Apartment?
```

现在创建特定的 Person 和 Apartment 实例,并将类实例赋值给 john 和 number73 变量:

```
john = Person(name: "John Appleseed")
number73 = Apartment(number: 73)
```

在两个实例被创建和赋值后,如图 8.5 所示,二者为强引用的关系。变量 john 现在有一个指向 Person 实例的强引用,而变量 number73 有一个指向 Apartment 实例的强引用:

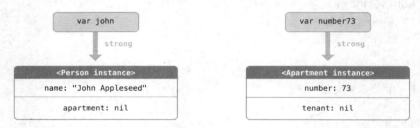

图 8.5　强引用关系

现在需要将这两个实例关联在一起,这样 john 就能拥有公寓了,而公寓也有了房客。注意感叹号是用来展开和访问可选变量 john 和 number73 中的实例,这样实例的属性才能被赋值:

```
john!.apartment = number73
number73!.tenant = john
```

在将两个实例联系在一起之后,强引用的关系如图 8.6 所示。

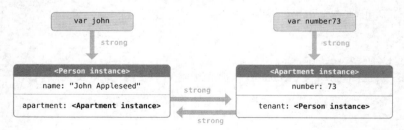

图 8.6　强引用关系

现在问题就来了。将这两个实例关联在一起之后，一个循环强引用被创建了。Person 实例现在有了一个指向 Apartment 实例的强引用，而 Apartment 实例也有了一个指向 Person 实例的强引用。因此，当断开 john 和 number73 变量所持有的强引用时，引用计数并不会降为 0，实例也不会被 ARC 销毁：

```
john = nil
number73 = nil
```

在上面的代码中，当把这两个变量设为 nil 的时候，没有任何一个析构函数被调用。强引用循环阻止了 Person 和 Apartment 类对象的销毁，这样就会在应用程序中造成了内存泄漏。

在将 john 和 number73 赋值为 nil 后，强引用关系如图 8.7 所示。

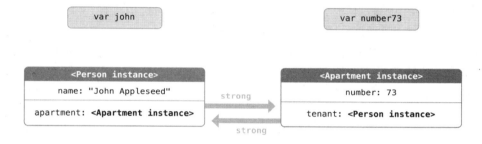

图 8.7　强引用关系

Person 和 Apartment 实例之间的强引用关系保留了下来，并且不会被断开。

对于上面的代码情况，在 iOS 开发中很常见，一个类永远不会有 0 个强引用。这种情况发生在两个类实例互相保持对方的强引用，并让对方不被销毁。这就是所谓的循环强引用。

当然可以通过定义类之间的关系为弱引用或者无主引用，以此替代强引用，从而解决循环强引用的问题。下面具体讲述如何解决类实例之间的循环强引用的问题。

8.4　解决对象之间的循环强引用

Swift 提供了两种办法解决在使用类的属性时所遇到的循环强引用问题：弱引用（weak reference）和无主引用（unowned reference）。

弱引用和无主引用允许循环引用中的一个实例引用另外一个实例，而不保持强引用。这样实例能够互相引用而不产生循环强引用。

对于生命周期中会变为 nil 的实例使用弱引用。相反的，对于初始化赋值后再也不会被赋值为 nil 的实例，使用无主引用。

8.4.1　弱引用 weak

弱引用不会对引用的实例的计数器有任何的操作，并且也不会阻止 ARC 销毁被引用的对象。这种行为阻止了引用变为循环强引用。如果要声明属性或者变量时,在前面加上 weak 关键字,表明这是一个弱引用。

在对象的生命周期中,如果某些时候引用没有值,那么弱引用可以阻止循环强引用。如果引用总是有值,则可以使用无主引用,在无主引用中有描述。在上面 Apartment 的例子中,一个公寓的生命周期中,有时是没有"客人"的,因此适合使用弱引用来解决循环强引用。

需要注意的是,弱引用必须被声明为变量,表明其值能在运行时被修改。弱引用不能被声明为常量。

因为弱引用可以没有值,所以必须将每一个弱引用声明为可选类型。可选类型是在 Swift 语言中推荐的用来表示可能没有值的类型。

因为弱引用不会保持所引用的实例,即使引用存在,实例也有可能被销毁。因此,ARC 会在引用的实例被销毁后自动将其赋值为 nil。可以像其他可选值一样,检查弱引用的值是否存在,永远也不会遇到被销毁了而不存在的实例。

下面的例子跟上面 Person 和 Apartment 的例子一致,但是有一个重要的区别。这一次,Apartment 的 tenant 属性被声明为弱引用:

```swift
class Person {
    // name 字段表示人的名字
    var name: String
    
    // 构造函数初始化,创建一个人对象
    init(name: String) { self.name = name }
    var apartment: Apartment?
    deinit {
        println("\(name) 销毁")
    }
}

class Apartment {
    let number: Int
    init(number: Int) {
        self.number = number
    }
    // 这里声明为 weak 对象
    weak var tenant: Person?
    // 析构函数表明对象被销毁
    deinit {
        println("公寓 \(number) 销毁")
    }
}
```

然后,跟之前一样,建立两个变量(john 和 number73)之间的强引用,并关联两个实例:

```
var john: Person?
var number73: Apartment?

john = Person(name: "John Appleseed")
number73 = Apartment(number: 73)

john!.apartment = number73
number73!.tenant = john
```

现在，两个关联在一起的实例的引用关系如图 8.8 所示。

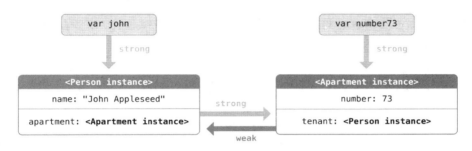

图 8.8　引用关系

Person 实例依然保持对 Apartment 实例的强引用，但是 Apartment 实例只是对 Person 实例的弱引用。这意味着当断开 john 变量所保持的强引用时，再也没有指向 Person 实例的强引用了，如图 8.9 所示。

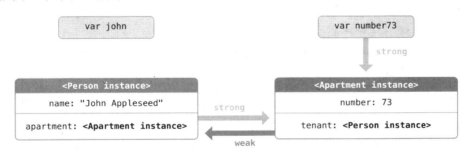

图 8.9　引用关系

由于再也没有指向 Person 实例的强引用，该实例会被销毁：

```
john = nil
// prints "John Appleseed 销毁"
```

唯一剩下的指向 Apartment 实例的强引用来自于变量 number73。如果你断开这个强引用，再也没有指向 Apartment 实例的强引用了，如图 8.10 所示。

由于再也没有指向 Apartment 实例的强引用，该实例也会被销毁：

```
number73 = nil
// prints "公寓 73 销毁"
```

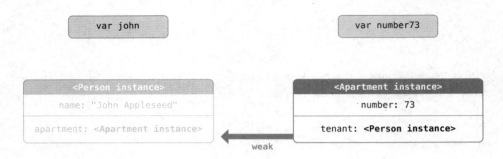

图 8.10　引用关系

上面的两段代码展示了变量 john 和 number73 在被赋值为 nil 后，Person 实例和 Apartment 实例的析构函数都打印出"销毁"的信息。这证明了引用循环被打破了。

8.4.2　无主引用 unowner

和弱引用类似，无主引用不会牢牢保持住引用的实例。和弱引用不同的是，无主引用是永远有值的。因此，无主引用总是被定义为非可选类型（non-optional type）。可以在声明属性或者变量时，在前面加上关键字 unowned，表示这是一个无主引用。

由于无主引用是非可选类型，不需要在使用它的时候将它展开。无主引用总是可以被直接访问。不过 ARC 无法在实例被销毁后将无主引用设为 nil，因为非可选类型的变量不允许被赋值为 nil。

注意，如果试图在实例被销毁后访问该实例的无主引用，会触发运行时错误。使用无主引用，必须确保引用始终指向一个未销毁的实例。

还需要注意的是，如果试图访问实例已经被销毁的无主引用，程序会直接崩溃，而不会发生无法预期的行为。所以应当避免这样的事情发生。

下面的例子定义了两个类，Customer 顾客类和 CreditCard 信用卡类，模拟了银行客户和客户的信用卡。这两个类中，每一个都将另外一个类的实例作为自身的属性。这种关系会潜在地创造循环强引用。

Customer 和 CreditCard 之间的关系与前面弱引用例子中 Apartment 和 Person 的关系截然不同。在这个数据模型中，一个客户可能有或者没有信用卡，但是一张信用卡总是关联着一个客户。为了表示这种关系，Customer 类有一个可选类型的 card 属性，但是 CreditCard 类有一个非可选类型的 customer 属性。

此外，只能通过将一个 number 值和 customer 实例传递给 CreditCard 构造函数的方式来创建 CreditCard 实例。这样可以确保当创建 CreditCard 实例时总是有一个 customer 实例与之关联。

由于信用卡总是关联着一个客户，因此将 customer 属性定义为无主引用，用以避免循环强引用：

```
class Customer {
    let name: String
```

```
    var card: CreditCard?
    init(name: String) {
        self.name = name
    }
    deinit {
        println("客户 \(name) 被销毁 ")
    }
}

class CreditCard {
    let number: Int
    unowned let customer: Customer
    init(number: Int, customer: Customer) {
        self.number = number
        self.customer = customer
    }
    deinit {
        println("信用卡 #\(number) 被销毁")
    }
}
```

下面的代码片段定义了一个叫 john 的可选类型 Customer 变量，用来保存某个特定客户的引用。由于是可选类型，所以变量被初始化为 nil。

```
var john: Customer?
```

现在可以创建 Customer 类的实例，用它初始化 CreditCard 实例，并将新创建的 CreditCard 实例赋值为客户的 card 属性。

```
john = Customer(name: "John Appleseed")
john!.card = CreditCard(
    number: 1234_5678_9012_3456,
    customer: john!)
```

在关联两个实例后，他们的引用关系如图 8.11 所示。

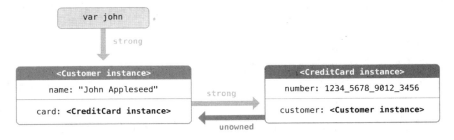

图 8.11　引用关系

Customer 对象持有对 CreditCard 对象的强引用，而 CreditCard 对象持有对 Customer

对象的无主引用。

由于 customer 的无主引用，当断开 john 变量持有的强引用时，再也没有指向 Customer 对象的强引用了，如图 8.12 所示。

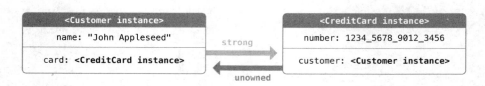

图 8.12 引用关系

由于再也没有指向 Customer 实例的强引用，该对象被销毁了。其后，再也没有指向 CreditCard 对象的强引用，该对象也随之被销毁了。

```
john = nil
// prints "客户 John Appleseed 被销毁"
// prints "信用卡 #1234567890123456 被销毁"
```

最后的代码展示了在 john 变量被设为 nil 后，Customer 实例和 CreditCard 实例的构造函数都打印出了"销毁"的信息。

8.4.3 无主引用以及显式展开的可选属性

弱引用和无主引用的例子涵盖了两种常用的需要打破循环强引用的场景。Person 和 Apartment 的例子展示了两个属性的值都允许为 nil，并会潜在地产生循环强引用。这种场景最适合用弱引用来解决。

Customer 和 CreditCard 的例子展示了一个属性的值允许为 nil，而另一个属性的值不允许为 nil，并会潜在地产生循环强引用。这种场景最适合通过无主引用来解决。

然而，存在着第三种场景，在这种场景中，两个属性都必须有值，并且初始化完成后不能为 nil。在这种场景中，需要一个类使用无主属性，而另外一个类使用显示展开的可选属性。

这使两个属性在初始化完成后能被直接访问（不需要可选展开），同时避免了循环引用。这一节将为你展示如何建立这种关系。

下面的例子定义了两个类，Country 和 City，每个类将另外一个类的实例保存为属性。在这个模型中，每个国家必须有首都，而每一个城市必须属于一个国家。为了实现这种关系，Country 类拥有一个 capitalCity 属性，而 City 类有一个 country 属性：

```
class Country {
    let name: String
    let capitalCity: City!
```

```
    init(name: String, capitalName: String) {
        self.name = name
        self.capitalCity = City(name: capitalName, country: self)
    }
}

class City {
    let name: String
    unowned let country: Country
    init(name: String, country: Country) {
        self.name = name
        self.country = country
    }
}
```

为了建立两个类的依赖关系，City 的构造函数有一个 Country 实例的参数，并且将实例保存为 country 属性。

Country 的构造函数调用了 City 的构造函数。然而，只有 Country 的实例完全初始化后，Country 的构造函数才能把 self 传给 City 的构造函数（在两步构造函数中有具体描述）。

为了满足这种需求，通过在类型结尾处加上感叹号（City!）的方式，将 Country 的 capitalCity 属性声明为显示展开的可选类型属性。这表示像其他可选类型一样，capitalCity 属性的默认值为 nil，但是不需要展开它的值就能访问它。

由于 capitalCity 默认值为 nil，一旦 Country 的实例在构造函数中给 name 属性赋值，整个初始化过程就完成了。这代表一旦 name 属性被初始化，Country 的构造函数就能引用并传递显式的 self。Country 的构造函数在赋值 capitalCity 时，就能将 self 作为参数传递给 City 的构造函数。

以上的意义在于可以通过一条语句同时创建 Country 和 City 的实例，而不产生循环强引用，并且 capitalCity 的属性能被直接访问，而不需要通过感叹号来展开它的可选值：

```
var country = Country(name: "Canada",
          capitalName: "Ottawa")
println("\(country.name)'s capital city " +
    "is called \(country.capitalCity.name)")

// 打印 "Canada's capital city is called Ottawa"
```

在上面的例子中，使用显示展开可选值的意义在于满足了两个类构造函数的需求。capitalCity 属性在初始化完成后，能作为非可选值使用，同时还避免了循环强引用。

8.5 闭包引起的循环强引用

从前面可以看出，循环强引用是在两个类对象属性互相保持对方的强引用时产生的，也知道如何用弱引用和无主引用来打破循环强引用。

循环强引用还会发生在当将一个闭包赋值给类对象的某个属性，并且这个闭包体中又使用了实例时。这个闭包体中可能访问了实例的某个属性，例如 self.someProperty，或者闭包中调用了对象的某个方法，例如 self.someMethod。这两种情况都导致了闭包"捕获" self，从而产生了循环强引用。

循环强引用的产生，是因为闭包和类相似，都是引用类型。当你把一个闭包赋值给某个属性时，也把一个引用赋值给了这个闭包。实质上，这跟之前的问题是一样的，两个强引用让彼此一直有效。但是，和两个类实例不同，这次一个是类实例，另一个是闭包。

Swift 提供了一种方便的方法来解决这个问题，称之为闭包捕捉列表（closuer capture list）。同样的，在清楚如何用闭包捕捉列表避免循环强引用之前，先来了解一下循环强引用是如何产生的。

下面的例子展示了当一个闭包引用了 self 后是如何产生一个循环强引用的。例子中定义了一个叫 HTMLElement 的类，用一种简单的模型表示 HTML 中的一个单独的元素：

```swift
class HTMLElement {

    // 定义 HTML 标签名字
    let name: String
    // 定义 HTML 标签文字
    let text: String?

    lazy var asHTML: () -> String = {
        if let text = self.text {
            return "<\(self.name)>\(text)</\(self.name)>"
        } else {
            return "<\(self.name) />"
        }
    }

    init(name: String, text: String? = nil) {
        self.name = name
        self.text = text
    }

    deinit {
        println("\(name) 销毁")
    }

}
```

HTMLElement 类定义了一个 name 属性来表示这个元素的名称，例如代表段落的"p"，或者代表换行的"br"。HTMLElement 还定义了一个可选属性 text，用来设置和展现 HTML 元素的文本。

除了上面的两个属性，HTMLElement 还定义了一个 lazy 属性 asHTML。这个属性引用了一个闭包，将 name 和 text 组合成 HTML 字符串片段。该属性是 () -> String 类型，或者可以理解为"一个没有参数，返回 String 的函数"。

默认情况下，闭包赋值给了 asHTML 属性，这个闭包返回一个代表 HTML 标签的字符串。如果 text 值存在，该标签就包含可选值 text；如果 text 不存在，该标签就不包含文本。对于段落元素，根据 text 是"some text"还是 nil，闭包会返回"<p>some text</p>"或者"<p />"。

可以像实例方法那样去命名、使用 asHTML 属性。然而，由于 asHTML 是闭包而不是实例方法，如果你想改变特定元素的 HTML 处理的话，可以用自定义的闭包来取代默认值。

asHTML 声明为 lazy 属性，因为只有当元素确实需要处理为 HTML 输出的字符串时，才需要使用 asHTML。也就是说，在默认的闭包中可以使用 self，因为只有当初始化完成以及 self 确实存在后，才能访问 lazy 属性。

HTMLElement 类只提供一个构造函数，通过 name 和 text（如果有的话）参数来初始化一个元素。该类也定义了一个析构函数，当 HTMLElement 实例被销毁时，打印一条消息。

下面的代码展示了如何用 HTMLElement 类创建实例并打印消息。

```
var paragraph: HTMLElement? =
    HTMLElement(name: "p", text: "hello, world")
println(paragraph!.asHTML())
// 打印 <p>hello, world</p>
```

上面的 paragraph 变量定义为可选 HTMLElement，因此可以赋值 nil 给它来演示循环强引用。不幸的是，上面写的 HTMLElement 类产生了类实例和 asHTML 默认值的闭包之间的循环强引用。循环强引用如图 8.13 所示。

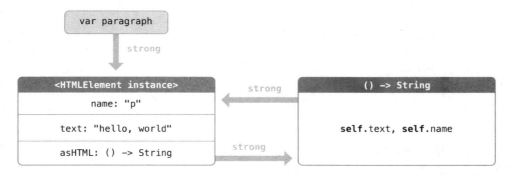

图 8.13　循环强引用

实例的 asHTML 属性持有闭包的强引用。但是，闭包在其闭包体内使用了 self（引用了 self.name 和 self.text），因此闭包占有了 self，这意味着闭包又反过来持有了 HTMLElement 实例的强引用。这样两个对象就产生了循环强引用。

虽然闭包多次使用了 self，它只占有 HTMLElement 实例的一个强引用。

如果设置 paragraph 变量为 nil，打破它持有的 HTMLElement 实例的强引用，HTMLElement 实例和它的闭包都不会被销毁，也是因为循环强引用：

```
paragraph = nil
```

注意，"HTMLElement 销毁"中的消息并没有被打印，证明了 HTMLElement 实例并没有被销毁。

8.6 解决闭包引起的循环强引用

在定义闭包的同时定义占有列表作为闭包的一部分，通过这种方式可以解决闭包和类实例之间的循环强引用。占有列表定义了闭包体内占有一个或者多个引用类型的规则。跟解决两个类实例间的循环强引用一样，声明每个占有的引用为弱引用或无主引用，而不是强引用。应当根据代码关系来决定使用弱引用还是无主引用。

注意：Swift 有如下要求：只要在闭包内使用 self 的成员，就要使用 self.someProperty 或者 self.someMethod（而不只是 someProperty 或 someMethod）。这提醒你可能会不小心就占有了 self。

8.6.1 定义占有列表

占有列表中的每个元素都是由 weak 或者 unowned 关键字和实例的引用（如 self 或 someInstance）成对组成。每一对都在花括号中，通过逗号分开。

占有列表放置在闭包参数列表和返回类型之前：

```
class Closure {

    lazy var someClosure: (Int, String) -> String = {
        [unowned self] (index: Int, stringToProcess: String)
            -> String in
        // 闭包代码...
        return "qianfeng"
    }
}
```

如果闭包没有指定参数列表或者返回类型，则可以通过上下文推断，可以将占有列表放在闭包开始的地方，跟着是关键字 in：

```
class Closure {

    lazy var someClosure2: () -> String = {
        [unowned self] in
        // 闭包代码...
        return "qianfeng"
```

        }
    }

8.6.2 弱引用和无主引用

当闭包和占有的实例总是互相引用时,并且总是同时销毁时,将闭包内的占有定义为无主引用。

相反地,当占有引用有时可能会是 nil 时,将闭包内的占有定义为弱引用。弱引用总是可选类型,并且当引用的实例被销毁后,弱引用的值会自动置为 nil。这使我们可以在闭包内检查他们是否存在。

如果占有的引用绝对不会置为 nil,应该用无主引用,而不是弱引用。

在前面的 HTMLElement 例子中,无主引用是正确解决循环强引用的方法。这样在编写 HTMLElement 类来避免循环强引用:

```
class HTMLElement {

    let name: String
    let text: String?

    lazy var asHTML: () -> String = {
        [unowned self] in
        if let text = self.text {
            return "<\(self.name)>\(text)</\(self.name)>"
        } else {
            return "<\(self.name) />"
        }
    }

    init(name: String, text: String? = nil) {
        self.name = name
        self.text = text
    }

    deinit {
        println("\(name) 销毁")
    }
}
```

上面的 HTMLElement 实现和之前的实现一致,只是在 asHTML 闭包中多了一个占有列表。这里,占有列表是[unowned self],表示"用无主引用而不是强引用来占有 self"。

和之前一样,我们可以创建并打印 HTMLElement 实例:

```
var paragraph: HTMLElement? =
    HTMLElement(name: "p", text: "hello, world")
println(paragraph!.asHTML())
// 打印 "<p>hello, world</p>"
```

使用占有列表后的引用关系如图 8.14 所示。

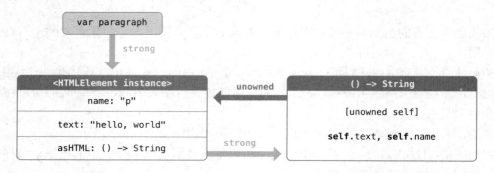

图 8.14　引用关系

这一次，闭包以无主引用的形式占有 self，并不会持有 HTMLElement 实例的强引用。如果将 paragraph 赋值为 nil，HTMLElement 实例将会被销毁，并能看到它的析构函数打印出的消息。

```
paragraph = nil
// prints "p 销毁"
```

第 9 章 可选链和类型转换

9.1 可 选 链

可选链（Optional Chaining）是 Swift 特有的语法格式，可选链是一种可以请求和调用属性、方法的过程，它的自判断性体现于请求或调用的目标当前可能为空（nil）。如果自判断的目标有值，那么调用就会成功；相反，如果选择的目标为空（nil），则这种调用将返回空（nil）。多次请求或调用可以被链接在一起，形成一个链，如果任何一个节点为空（nil），将导致整个链失效。

和 Objective-C 不同的是，Swift 的自判断链和 Objective-C 中的消息为空有些相像，但是 Swift 可以使用在任意类型中，并且失败与否可以被检测到。

9.1.1 可选链可替代强制解析

通过在想调用的属性、方法或 subscript 的可选值（optional value）、非 nil 后面放一个问号，可以定义一个可选链。这一点很像在可选值后面放一个感叹号（！）来强制拆得其封包内的值。它们的主要区别在于，当可选值为空时可选链即刻失败，然而，一般的强制解析将会引发运行时错误。

为了反映可选链可以调用空（nil），不论你调用的属性、方法、subscript 等返回的值是不是可选值，它的返回结果都是一个可选值。你可以利用这个返回值来检测可选链是否调用成功，有返回值即成功，返回 nil 则失败。

调用可选链的返回结果与原本的返回结果具有相同的类型，但是原本的返回结果被包装成了一个可选值，当可选链调用成功时，一个应该返回 Int 的属性将会返回 Int?。

图 9.1 描述了几个类的关系。

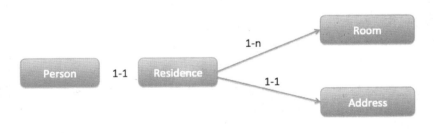

图 9.1 几个类的关系

一个 Person 对象有一个公寓住处对象 Residence,而一个 Residence 有一个地址 Address

对象，同时一个 Residence 公寓有多个房间对象。

下面的代码将解释可选链和强制解析的不同。

首先定义两个类 Person 和 Residence。

```
class Person {
    var residence: Residence?
}

class Residence {
    var numberOfRooms = 1
}
```

Residence 具有一个 Int 类型的 numberOfRooms，其值为 1。Person 具有一个自判断 residence 属性，它的类型是 Residence?。

如果创建一个新的 Person 实例，它的 residence 属性由于是被定义为自判断型的，此属性将默认初始化为空：

```
let john = Person()
```

如果想使用感叹号（!）强制解析获得这个人 residence 属性 numberOfRooms 属性值，将会引发运行时错误，因为这时没有可以供解析的 residence 值。

```
let roomCount = john.residence!.numberOfRooms
// 上面这行代码会引发崩溃，因为 residence 为 nil
```

当 john.residence 不是 nil 时，上述代码会运行通过，roomCount 会得到一个 int 类型的值。如果上述代码中 residence 为空 nil 时，这个代码将会导致运行时错误。

可选链提供了另一种获得 numberOfRooms 的方法。利用可选链，使用问号来代替原来!的位置：

```
if let roomCount = john.residence?.numberOfRooms {
    println("John's residence has \(roomCount) room(s).")
} else {
    println("不能取得房间数量。")
}
// 打印 "不能取得房间数量."
```

代码通过 if let 语句告诉 Swift 来链接自判断 residence?属性，如果 residence 存在则取回 numberOfRooms 的值。如果没有设置就执行 else 语句。

因为这种尝试获得 numberOfRooms 的操作有可能失败，可选链会返回 Int?类型值，或者称作"可选类型 Int"。当 residence 是空的时候，可选类型 Int?也会为空，因此会出现无法访问 numberOfRooms 的情况。

要注意的是，即使 numberOfRooms 是非自判断 Int（Int?）时这一点也成立。只要是通过可选的请求，就意味着最后 numberOfRooms 总是返回一个 Int?，而不是 Int。

可以自己定义一个 Residence 实例给 john.residence，这样它就不再为空了：

```
john.residence = Residence()
```

john.residence 现在有了实际存在的实例而不是 nil 了。如果你想使用和前面一样的可选链来获得 numberOfRoooms，它将返回一个包含默认值 1 的 Int?：

```
if let roomCount = john.residence?.numberOfRooms {
    println("John's residence has \(roomCount) room(s).")
} else {
    println("不能取得房间数量.")
}
// 打印 "John's residence has 1 room(s)."
```

9.1.2 为可选链定义模型类

可以使用可选链来多层调用属性、方法和 subscript。可以利用它们之间的复杂模型来获取更底层的属性，并检查是否可以成功获取此类底层属性。

后面的代码定义了四个将在后面使用的模型类，其中包括多层可选链。这些类是由上面的 Person 和 Residence 模型通过添加一个 Room 和一个 Address 类拓展来的。

Person 类的定义与之前相同。

```
class Person {
    var residence: Residence?
}
```

Residence 类比之前复杂些。这次，它定义了一个变量 rooms，它被初始化为一个 Room[] 类型的空数组：

```
class Residence {
    // 定义多少房间。这里使用数组来表示
    var rooms = [Room]()
    // 这里使用计算属性得到房间的个数
    var numberOfRooms: Int {
        return rooms.count
    }
    // 使用下标取得每个房间
    subscript(i: Int) -> Room {
        return rooms[i]
    }
    func printNumberOfRooms() {
        println("The number of rooms is \(numberOfRooms)")
    }
    var address: Address?
}
```

因为 Residence 存储了一个 Room 实例的数组，它的 numberOfRooms 属性值不是一个固定的存储值，而是通过计算而来的。numberOfRooms 属性值是由返回 rooms 数组的 count 属性值得到的。

为了能快速访问 rooms 数组，Residence 定义了一个只读的 subscript，通过插入数组的元素下标就可以成功调用。如果该下标存在，subscript 则将该元素返回。

Residence 中也提供了一个 printNumberOfRooms 的方法，即简单地打印房间个数。

最后，Residence 定义了一个自判断属性叫作 address（address?）。Address 类的属性将在后面定义。用于 rooms 数组的 Room 类是一个很简单的类，它只有一个 name 属性和一个设定 room 名的初始化器。

```swift
class Room {
    let name: String
    init(name: String) {
        self.name = name
    }
}
```

下面是这个模型中的类 Address。它有三个属性，它们的类型是 String?。前面两个判断属性 buildingName 和 buildingNumber 作为地址的一部分，是定义某个建筑物的两种方式。第三个属性 street 用于命名地址的街道名。

```swift
class Address {
    // 地址名字
    var buildingName: String?
    // 地址号码
    var buildingNumber: String?
    // 地址街道名称
    var street: String?
    // 函数返回地址的唯一编码
    func buildingIdentifier() -> String? {
        if buildingName != nil {
            return buildingName
        } else if buildingNumber != nil {
            return buildingNumber
        } else {
            return nil
        }
    }
}
```

Address 类还提供了一个 buildingIdentifier 的方法，它的返回值类型为 String?。这个方法检查 buildingName 和 buildingNumber 的属性，如果 buildingName 有值则将其返回，如果 buildingNumber 有值则将其返回，如果没有一个属性有值，则返回空。

9.1.3 通过可选链调用属性

正如 9.1.1 小节所述，可以利用可选链的可选值获取属性，并且检查属性是否获取成功。不能使用可选链为属性赋值。

使用上述定义的类来创建一个人实例，并再次尝试它的 numberOfRooms 属性：

```
let john = Person()
if let roomCount = john.residence?.numberOfRooms {
    println("John's residence has \(roomCount) room(s).")
} else {
    println("Unable to retrieve the number of rooms.")
}
// 打印 "Unable to retrieve the number of rooms."
```

由于 john.residence 是空，所以这个可选链和之前一样失败了，但是没有运行时错误。

9.1.4 通过可选链调用方法

可以使用可选链来调用可选值的方法并检查方法调用是否成功。即使这个方法没有返回值，依然可以使用可选链来达成这一目的。

Residence 的 printNumberOfRooms 方法会打印 numberOfRooms 的当前值。方法如下：

```
func printNumberOfRooms() -> Void {
    println("The number of rooms is \(numberOfRooms)")
}
```

上面的函数明确返回了 Void 类型，其实也可以不写返回值 Void，缺省就是 Void 类型。

如果利用可选链调用此方法，这个方法的返回值类型将是 Void?，而不是 Void，因为当通过可选链调用方法时，返回值总是可选类型（optional type）。即使这个方法本没有定义返回值，也可以使用 if 语句来检查是否能成功调用 printNumberOfRooms 方法：如果方法通过可选链调用成功，printNumberOfRooms 的隐式返回值将会是 Void，如果没有成功，将返回 nil：

```
if john.residence?.printNumberOfRooms() != nil {
    println("It was possible to print the number of rooms.")
} else {
    println("It was not possible to print the number of rooms.")
}
// 打印 "It was not possible to print the number of rooms."。
```

9.1.5 使用可选链调用下标

Swift 可以使用可选链来尝试从 subscript 获取值并检查 subscript 的调用是否成功，然而，不能通过可选链来设置 subscript。

当使用可选链来获取 subscript 的时候，应该将问号放在 subscript 括号的前面而不是后面。可选链的问号一般直接跟在自判断表达语句的后面。

下面这个例子用在 Residence 类中定义的 subscript 来获取 john.residence 数组中第一个房间的名字。因为 john.residence 现在是 nil，subscript 的调用失败了。

```
if let firstRoomName = john.residence?[0].name {
    println("The first room name is \(firstRoomName).")
} else {
    println("Unable to retrieve the first room name.")
}
// 打印 "Unable to retrieve the first room name."
```

在 subscript 调用中可选链的问号直接跟在 john.residence 的后面，在 subscript 括号的前面，因为 john.residence 是可选链试图获得的可选值。

如果创建一个 Residence 实例给 john.residence，且在 rooms 数组中有一个或多个 Room 实例，那么可以使用可选链通过 Residence subscript 来获取在 rooms 数组中的实例：

```
let johnsHouse = Residence()
johnsHouse.rooms.append(Room(name: "Living Room"))
johnsHouse.rooms.append(Room(name: "Kitchen"))

john.residence = johnsHouse

if let firstRoomName = john.residence?[0].name {
    println("The first room name is \(firstRoomName).")
} else {
    println("Unable to retrieve the first room name.")
}
// 打印 "The first room name is Living Room."
```

9.1.6 可选链多层链接

可以将多层可选链连接在一起，可以取得对象里面子对象的属性方法和 subscript。然而多层可选链不能再添加比已经返回的可选值更多的层。也就是说，如果获得的类型不是可选类型，由于使用了可选链它将变成可选类型。如果试图获得的类型已经是可选类型，由于可选链它也不会提高自判断性。

如果试图通过可选链获得 Int 值，不论使用了多少层链接返回的总是 Int?。 相似的，如果通过可选链获得 Int?值，不论使用了多少层链接返回的总是 Int?。

下面的例子获取 john 的 residence 属性里的 address 的 street 属性。这里使用了两层可选链来联系 residence 和 address 属性，它们两者都是可选类型：

```
if let johnsStreet = john.residence?.address?.street {
    println("John's street name is \(johnsStreet).")
} else {
    println("Unable to retrieve the address.")
```

```
}
// 打印 "Unable to retrieve the address."
```

john.residence 的值现在包含一个 Residence 实例，然而 john.residence.address 现在是 nil，因此 john.residence?.address?.street 调用失败。

从上面的例子发现获得 street 属性值。这个属性的类型是 String?。因此尽管在可选类型属性前使用了两层可选链，john.residence?.address?.street 的返回值类型还是 String?。

如果 Address 设定一个对象来作为 john.residence.address 的值，并为 address 的 street 属性设定一个实际值，可以通过多层可选链来得到这个属性值。

```
let johnsAddress = Address()
johnsAddress.buildingName = "The Larches"
johnsAddress.street = "Laurel Street"
john.residence!.address = johnsAddress

if let johnsStreet = john.residence?.address?.street {
    println("John's street name is \(johnsStreet).")
} else {
    println("Unable to retrieve the address.")
}
// 打印 "John's street name is Laurel Street."
```

值得注意的是，"!"符在定义 address 实例时使用（john.residence.address）。john.residence 属性是一个可选类型，因此需要在它获取 address 属性之前使用!进行解析，以获得它的实际值。

9.1.7 链接自判断返回值的方法

前面的例子解释了如何通过可选链来获得可选类型属性值。也可以通过调用返回可选类型值的方法，并按需链接方法的返回值。

下面的例子通过可选链调用了 Address 类中的 buildingIdentifier 方法。这个方法的返回值类型是 String?。如上所述，这个方法在可选链调用后最终的返回值类型依然是 String?：

```
if let buildingIdentifier =
    john.residence?.address?.buildingIdentifier()
{
    println("John's building identifier is
        \(buildingIdentifier).")
}
// 打印 "John's building identifier is The Larches."。
```

如果还想进一步对方法返回值执行可选链，将可选链的问号放在方法括号的后面：

```
if let upper = john.residence?.address?
    .buildingIdentifier()?.uppercaseString
```

```
{
    println("John's uppercase building identifier is \(upper).")
}
// 打印 "John's uppercase building identifier is THE LARCHES."。
```

在上面的例子中，将可选链的问号放在括号后面是因为想要链接的可选值是 buildingIdentifier 方法的返回值，不是 buildingIdentifier 方法本身。

9.2 类型转换

在面向对象语言中，类型转化是指任意两个对象之间相互转换。这些类型可以是通过集成的父子关系，也有可能是协议的耦合关系，甚至是任意类型之间的转换。

9.2.1 子类的对象赋值为基类

比如在游戏开发中，可以定义一个角色原型类，并定义它的两个子类。英雄类和怪物类。

```
//角色原型类
class Entity{
    var name = ""
    init(entityName:String){
        name = entityName
    }
    func showTag(){
    }
}
//英雄人物类
class Hero: Entity{
    var race = "" //用来表示英雄所属的种族
    override func showTag(){
        println("世界由我来拯救")
    }
}
//怪物类
class Monster: Entity{
    var level = 0 //用来表示怪物的等级
    override func showTag(){
        println("你是我的食物")
    }
}
```

在创建角色时，如果不确定是什么类型的角色，可以使用如下方式进行创建：

```
var h:Entity = Hero(entityName: "恶魔猎手")
```

需要注意的是，这里面是指定一个对象的类型为 Entity 类型，它实际创建出来的对象是 Hero 类型，这里的用法就是：把子类的对象转化成父类的对象。

在这种语法条件下，如果执行该对象的方法，会调用子类的方法：

```
var h:Entity = Hero(entityName: "恶魔猎手")
h.showTag()
//输出:世界由我来拯救
```

同时，如果要创建多个对象并存入数组，则可以将所有的对象都指定为 Entity 类型：

```
var entities = Array<Entity>()
entities.append(Hero(entityName: "大法师"))
entities.append(Monster(entityName: "食人魔拳手"))
entities.append(Monster(entityName: "黑暗巨魔猎手"))
entities.append(Hero(entityName: "山丘之王"))
```

9.2.2　类型检查

如果需要判断一个对象是不是某个子类的对象，可以使用"is"关键字：

```
var h:Entity = Hero(entityName: "恶魔猎手")
var b = h is Hero
println(b)
//输出:true
```

在检查一个类型时，一般情况下，都是父类的声明指向子类的实例，然后判断是否是某个子类的对象，如果判断是否是父类的对象，会出错：

```
var bool = h is Entity
//错误:显示 h 是 Entity 类型的,因为它在声明的时候已经指定了类型
```

如果要判断在上一节中定义的数组里有多少个对象是英雄的实例，可以使用如下的方法判断：

```
var numberOfHero = 0
for entity in entities{
    if entity is Hero{
        numberOfHero++
    }
}
println(numberOfHero)
//输出:2
```

9.2.3　类型转换

虽然"子类对象转化成父类"这种语法可以很好地实现多态的性质，但是有时候需要

使用子类中独有的方法或者属性时，还是需要将该对象作为子类对象来使用。这就需要强行转换。

对父类声明的对象进行类型转换，并转换成子类对象的过程叫做向下转换。

在对使用父类声明的对象进行类型转换的时候，需要使用"as"关键字：

```
var h:Entity = Hero(entityName: "恶魔猎手")
var hero = h as Hero
hero.race = "暗夜精灵"
```

在对一个对象进行向下转换的过程中，可能出现无法转换的情况，比如在上一节中定义的数组中，有 4 个元素，其中有两个是 Hero 的实例，有两个是 Monster 的实例。如果使用上述类型转换的方法，会出错：

```
for e in entities{
    let h = e as Hero
    h.race = "人族"
}
//运行时错误：因为有两个对象不是 Hero 的对象,无法转换成 Hero 的对象
```

为了解决这个问题，Swift 提供了另外一个关键字"as?"，它表示进行类型转换，但不一定转换成功。

使用"as?"的方法如下：

```
for e in entities{
    //将数组中的对象转换成 Hero 类型,如果转换成功,则对种族进行赋值
    if let h = e as? Hero
    {
        h.race = "人族"
    }
}
```

如果向下转换失败，会返回 nil：

```
var m = h as? Monster
println(m)
//输出:nil
```

9.2.4　Any 和 AnyObject 类型转换

如果用一个数组作为容器来存放很多对象，同时这些对象的类型是不确定的，可以使用 Any 或者 AnyObject 类型作为数组的元素类型。Any 表示任何数据类型。AnyObject 表示任何任何对象。

1. Any 类型对象的转换

Any 类型可以表示任意类型，包括基本数据类型或者类的对象：

```
var arr = Array<Any>()
arr.append(1)
arr.append(1.2)
arr.append(true)
arr.append("hello world")
arr.append(Hero(entityName:"大法师"))
for ele in arr{
   println(ele)
}
/*输出:
1
1.2
true
hello world
C8_19____4Hero (has 2 children)
*/
```

当然，如果将一个变量设置成 Any 类型，那么它可以接收任何类型的值:

```
var any:AnyObject = 1
println(any)
any = "hello"
println(any)
any = hero
println(any)
```

2. AnyObject 类型对象的转换

AnyObject 表示任何对象，不包括 Int, Long, Float,Double 等类型。
AnyObject 类型的用法和 Any 的用法类似:

```
var arr = Array<AnyObject>()
arr.append(1)
arr.append(1.2)
arr.append(true)
arr.append("hello world")
arr.append(Hero(entityName:"大法师"))
for ele in arr{
   println(ele)
}
/*输出:
1
1.2
1
```

```
hello world
C8_19____4Hero (has 2 children)
*/
```

和 Any 类似，如果将一个变量设置成 AnyObject 类型，那么该变量也可以用来接收任意类型的值，包括基本数据类型和类对象：

```
var any:AnyObject = 1
println(any)
any = "hello"
println(any)
any = hero
println(any)
```

第 10 章　协　　议

Protocol（协议）在很多语言中称为接口 Interface 或者纯虚函数。协议是用于统一方法和属性的名称，而不实现任何功能。由于 Swift 只支持单继承，如果要满足多继承就必须使用协议来达到同样的目的。当然协议在 iOS 开发中用得最多的是使用代理设计模式。这在后面的章节中会有体现。在软件架构设计、模块之间的通讯接口上，协议也起着至关重要的作用。

协议能够被类、枚举、结构体实现，满足协议要求的类、枚举、结构体被称为协议的实现者。

实现者需要提供协议指定的成员，如属性、方法、操作符和下标等。

10.1　协议的语法

协议的定义与类、结构体、枚举的定义非常相似，如下所示：

```
protocol SomeProtocol {
    // 协议内容
}
```

在类、结构体、枚举的名称后加上协议名称，中间以冒号:分隔，即可实现协议；实现多个协议时，各协议之间用逗号","分隔，如下所示：

```
struct SomeStructure: FirstProtocol, AnotherProtocol {
    // 结构体内容
}
```

当某个类含有父类的同时并实现了协议，应当把父类放在所有的协议之前，如下所示：

```
class SomeClass: SomeSuperClass,
                 FirstProtocol, AnotherProtocol
{
    // 类的内容
}
```

10.1.1　属性要求

协议能够要求其实现者必须含有一些特定名称和类型的对象属性或类属性，也能够要求属性的 setter 和 getter 方法，但它不要求属性是存储型属性还是计算型属性。

通常，前置 var 关键字将属性声明为变量。在属性声明后写上 { get set } 表示属性为可读写的。{ get } 用来表示属性为可读的。但是为可读的属性实现了 setter 方法，它也不会出错。

```
protocol SomeProtocol {
    var musBeSettable : Int { get set }
    var doesNotNeedToBeSettable: Int { get }
}
```

用类来实现协议时，使用 class 关键字表示该属性为类成员；用结构体或枚举实现协议时，则使用 static 关键字来表示：

```
protocol AnotherProtocol {
    class var someTypeProperty: Int { get set }
}

protocol FullyNamed {
    var fullName: String { get }
}
```

FullyNamed 协议含有 fullName 属性。因此其实现者必须含有一个名为 fullName，类型为 String 的可读属性。

```
struct Person: FullyNamed{
    var fullName: String
}
let john = Person(fullName: "John Appleseed")
//john.fullName 为 "John Appleseed"
```

Person 结构体含有一个名为 fullName 的存储型属性，完整地实现了协议（若协议未被完整实现，编译时则会报错）。

如下所示，Startship 类实现了 FullyNamed 协议：

```
class Starship: FullyNamed {
    var prefix: String?
    var name: String
    init(name: String, prefix: String? = nil ) {
        self.name = name
        self.prefix = prefix
    }
    var fullName: String {
        return (prefix != nil ? prefix! + " " : "") + name
    }
}
var ncc1701 = Starship(name: "Enterprise", prefix: "USS")
// ncc1701.fullName == "USS Enterprise"
```

Starship 类将 fullName 实现为可读的计算型属性。它的每一个实例都有一个名为 name 的必备属性和一个名为 prefix 的可选属性。当 prefix 存在时，将 prefix 插入到 name 之前来为 Starship 构建 fullName。

10.1.2 方法要求

协议能够要求其实现者必备某些特定的实例方法和类方法。协议方法的声明与普通方法声明相似，但它不需要方法内容。

协议命名规范应与其他类型（Int，Double，String）的写法相同，使用驼峰式。

协议方法支持变长参数，不支持默认参数。

前置 class 关键字表示协议中的成员为类成员；当协议用于被枚举或结构体实现时，则使用 static 关键字。如下所示：

```
protocol SomeProtocol {
    class func someTypeMethod()
}

protocol RandomNumberGenerator {
    func random() -> Double
}
```

RandomNumberGenerator 协议要求其实现者必须拥有一个名为 random，返回值类型为 Double 的实例方法（假设随机数在[0，1]区间内）。

LinearCongruentialGenerator 类实现了 RandomNumberGenerator 协议，并提供了一个叫做线性同余生成器（linear congruential generator）的伪随机数算法。

```
class LinearCongruentialGenerator: RandomNumberGenerator {
    var lastRandom = 42.0
    let m = 139968.0
    let a = 3877.0
    let c = 29573.0
    func random() -> Double {
        lastRandom = ((lastRandom * a + c) % m)
        return lastRandom / m
    }
}
let generator = LinearCongruentialGenerator()
println("Here's a random number: \(generator.random())")
// 输出 : "Here's a random number: 0.37464991998171"
println("And another one: \(generator.random())")
// 输出 : "And another one: 0.729023776863283"
```

10.1.3 Mutating 方法要求

能在方法或函数内部改变字段的方法称为 Mutating 方法。一般 mutating 用在值拷贝的地方，比如结构体，枚举上。mutating 关键字表示该函数允许改变该实例和其属性的类型。

基于引用对象的类 class 实现协议中的 mutating 方法时，不用写 mutating 关键字；用结构体、枚举实现协议中的 mutating 方法时，必须写 mutating 关键字。

如下所示，Togglable 协议含有 toggle 函数。根据函数名称推测，toggle 可能用于切换或恢复某个属性的状态。mutating 关键字表示它为 mutating 方法：

```
protocol Togglable {
    mutating func toggle()
}
```

当使用枚举或结构体来实现 Togglabl 协议时，必须在 toggle 方法前加上 mutating 关键字。

如下所示，OnOffSwitch 枚举实现了 Togglable 协议，On、Off 两个成员用于表示当前状态。

```
enum OnOffSwitch: Togglable {
    case Off, On
    mutating func toggle() {
        switch self {
        case Off:
            self = On
        case On:
            self = Off
        }
    }
}
var lightSwitch = OnOffSwitch.Off
lightSwitch.toggle()
//lightSwitch 现在的值为 .On
```

10.1.4　使用协议规范构造函数

协议可以规定必须实现指定的构造函数，比如在一些类中必须要求要实现 init 构造函数，这样就制定了一个协议，让实现协议的类必须实现该构造函数。这个类协议定义如下：

```
protocol SomeProtocol {
    init(someParameter: Int)
}
```

10.1.5　实现构造协议的类

如果要在类中实现一个构造函数协议，必须使用 required 关键字，不然程序不能编译通过。

```
class SomeClass: SomeProtocol {
    required init(someParameter: Int) {
        // initializer implementation goes here
    }
}
```

其中的 required 关键字明确表明实现了协议中的 init 方法。也就是说实现了该协议。

需要注意的是，不能在 final 类中实现构造函数协议，因为 final 类是不能被继承的，所以不能实现构造函数协议。

如果子类 SomeSubClass 继承一个基类 SomeSuperClass，同时实现了一个构造函数协议。如果协议方法和基类 SomeSuperClass 方法一样。就必须同时标注为 required 和 override 关键字。

```
class SomeSuperClass {
    init() {
        // initializer implementation goes here
    }
}
class SomeSubClass: SomeSuperClass, SomeProtocol {
    // "required" from SomeProtocol conformance;
    // "override" from SomeSuperClass
    required override init() {
        // initializer implementation goes here
    }
}
```

10.1.6 协议类型

协议本身不实现任何功能，但你可以将它当做类型来使用。
协议作为类型使用的场景如下。
- 作为函数、方法或构造器中的参数类型，返回值类型。
- 作为常量、变量、属性的类型。
- 作为数组、字典或其他容器中的元素类型。

```
class Dice { // Dice 表示 "骰子"
    let sides: Int
    let generator: RandomNumberGenerator
    init(sides: Int, generator: RandomNumberGenerator) {
        self.sides = sides
        self.generator = generator
    }
    func roll() -> Int {
        return Int(generator.random() * Double(sides)) + 1
    }
}
```

这里定义了一个名为 Dice 的类，用来代表桌游中的 N 个面的骰子。

Dice 含有 sides 和 generator 两个属性，前者用来表示骰子有几个面，后者为骰子提供一个随机数生成器。由于后者为 RandomNumberGenerator 的协议类型。所以它能够被赋值为任意实现该协议的类型。

此外，使用构造函数（init）来代替之前版本中的 setup 操作。构造器中含有一个名为 generator，类型为 RandomNumberGenerator 的形参，使得它可以接收任意实现 RandomNumberGenerator 协议的类型。

roll 方法用来模拟骰子的面值。它先使用 generator 的 random 方法来创建一个[0-1]区间内的随机数种子，然后加工这个随机数种子生成骰子的面值。

如下所示，LinearCongruentialGenerator 的实例作为随机数生成器传入 Dice 的构造器。

```
var d6 = Dice(sides: 6, generator: LinearCongruentialGenerator())
for _ in 1...5 {
    println("Random dice roll is \(d6.roll())")
}
// Random dice roll is 3
// Random dice roll is 5
// Random dice roll is 4
// Random dice roll is 5
// Random dice roll is 4
```

10.2　委托/代理设计模式

委托/代理是一种设计模式，它允许类或结构体将一些需要它们负责的功能交由（委托）给其他的类型。

委托模式的实现很简单：定义协议来封装那些需要被委托的函数和方法，使实现者拥有这些被委托的函数和方法。

委托模式可以用来响应特定的动作或接收外部数据源提供的数据，而无需要知道外部数据源的类型。

当然代理设计模式在后续的 UI 设计篇中会在具体的例子中使用，在 UI 设计篇中使用更加容易理解如何使用代理。建议读者可以先了解代理的基本含义。然后在学习 UI 设计篇之后再反过来详细阅读下面的例子。下面的例子中混用了代理和协议，所以难度较大。以后除非特别说明，代理和委托是一个意思。

下面是两个基于骰子游戏的协议：

```
// 实现如何玩骰子游戏的协议
protocol DiceGameProtocol {
    var dice: Dice { get }
    // 实现玩的协议方法
    func play()
```

```
}
// 实现玩骰子游戏的代理方法
protocol DiceGameDelegate {
    // 已经开始玩骰子
    func gameDidStart(game: DiceGameProtocol)
    // 每次玩骰子的过程
    func game(game: DiceGameProtocol,
        didStartNewTurnWithDiceRoll diceRoll:Int)
    // 骰子游戏结束
    func gameDidEnd(game: DiceGameProtocol)
}
```

DiceGameProtocol 协议可以在任意含有骰子的游戏中实现，DiceGameDelegate 协议可以用来追踪 DiceGame 的游戏过程。

如下所示，SnakesAndLadders 是 Snakes and Ladders 游戏的新版本。新版本使用 Dice 作为骰子，并且实现了 DiceGame 和 DiceGameDelegate 协议。

```
class SnakesAndLadders: DiceGameProtocol {
    let finalSquare = 25
    let dice = Dice(sides: 6,
        generator: LinearCongruentialGenerator())
    var square = 0
    var board: [Int]
    init() {
        board = [Int](count: finalSquare + 1, repeatedValue: 0)
        board[03] = +08; board[06] = +11;
        board[09] = +09; board[10] = +02;
        board[14] = -10; board[19] = -11;
        board[22] = -02; board[24] = -08
    }
    var delegate: DiceGameDelegate?
    func play() {
        square = 0
        delegate?.gameDidStart(self)
        gameLoop: while square != finalSquare {
            let diceRoll = dice.roll()
            delegate?.game(self,
                didStartNewTurnWithDiceRoll: diceRoll)
            switch square + diceRoll {
            case finalSquare:
                break gameLoop
            case let newSquare where newSquare > finalSquare:
                continue gameLoop
            default:
                square += diceRoll
```

```
            square += board[square]
        }
    }
    delegate?.gameDidEnd(self)
}
```

游戏的初始化设置（setup）被 SnakesAndLadders 类的构造器实现。所有的游戏逻辑被转移到了 play 方法中。

因为 delegate 并不是该游戏的必备条件，delegate 被定义为实现 DiceGameDelegate 协议的可选属性。

DicegameDelegate 协议提供了三个方法用来追踪游戏过程。被放置于游戏的逻辑中，即 play()方法内。分别在游戏开始时、新一轮开始时、游戏结束时被调用。

因为 delegate 是一个实现 DiceGameDelegate 的可选属性，因此在 play()方法中使用了可选链来调用委托方法。若 delegate 属性为 nil，则委托调用优雅地失效。若 delegate 不为 nil，则委托方法被调用。

如下所示，DiceGameTracker 实现了 DiceGameDelegate 协议。

```
class DiceGameTracker: DiceGameDelegate {
    var numberOfTurns = 0
    func gameDidStart(game: DiceGameProtocol) {
        numberOfTurns = 0
        if game is SnakesAndLadders {
            println("Started a new game of Snakes and Ladders")
        }
        println("The game is using a " +
            "\(game.dice.sides)-sided dice")
    }
    func game(game: DiceGameProtocol,
        didStartNewTurnWithDiceRoll diceRoll: Int) {
        ++numberOfTurns
        println("Rolled a \(diceRoll)")
    }
    func gameDidEnd(game: DiceGameProtocol) {
        println("The game lasted for \(numberOfTurns) turns")
    }
}
```

DiceGameTracker 实现了 DiceGameDelegate 协议的方法要求，用来记录游戏已经进行的轮数。当游戏开始时，numberOfTurns 属性被赋值为 0；在每新一轮中递加；游戏结束后，输出打印游戏的总轮数。

gameDidStart 方法从 game 参数获取游戏信息并输出。game 在方法中被当做 DiceGame 类型而不是 SnakeAndLadders 类型，所以方法中只能访问 DiceGame 协议中的成员。

DiceGameTracker 的运行情况如下所示：

```
let tracker = DiceGameTracker()
let game = SnakesAndLadders()
game.delegate = tracker
game.play()
// Started a new game of Snakes and Ladders
// The game is using a 6-sided dice
// Rolled a 3
// Rolled a 5
// Rolled a 4
// Rolled a 5
// The game lasted for 4 turns"
```

10.3 协议的各种使用

10.3.1 在扩展中添加协议成员

即便无法修改源代码，依然可以通过扩展（Extension）来扩充已存在类型，如类、结构体、枚举等。扩展可以为已存在的类型添加属性，方法、下标、协议等成员。

通过扩展为已存在的类型实现协议时，该类型的所有实例也会随之添加协议中的方法。TextRepresentable 协议含有一个 asText，如下所示：

```
protocol TextRepresentable {
    func asText() -> String
}
```

通过扩展为上一节中提到的 Dice 类实现 TextRepresentable 协议。

```
extension Dice: TextRepresentable {
    func asText() -> String {
        return "A \(sides)-sided dice"
    }
}
```

从现在起，Dice 类型的实例可被当作 TextRepresentable 类型：

```
let d12 = Dice(sides: 12,
        generator: LinearCongruentialGenerator())
println(d12.asText())
// 输出 "A 12-sided dice"
```

SnakesAndLadders 类也可以通过扩展的方式来实现协议：

```
extension SnakeAndLadders: TextRepresentable {
    func asText() -> String {
        return "A game of Snakes and Ladders " +
            "with \(finalSquare) squares"
```

```
    }
}
let game = SnakeAndLadders()
println(game.asText())
// 输出 "A game of Snakes and Ladders with 25 squares"
```

10.3.2 通过扩展补充协议声明

当一个类型已经实现了协议中的所有要求，却没有声明时，可以通过扩展来补充协议声明：

```
struct Hamster {
    var name: String
    func asText() -> String {
        return "A hamster named \(name)"
    }
}
extension Hamster: TextRepresentable {}
```

从现在起，Hamster 的实例可以作为 TextRepresentable 类型使用。

```
let simonTheHamester = Hamster(name: "Simon")
let somethingTextRepresentable: TextRepresentable
        = simonTheHamester
println(somethingTextRepresentable.asText())
// 输出 "A hamster named Simon"
```

上面的 somethingTextRepresentable 变量即使满足了协议的所有要求，类型也不会自动转变，因此必须为它做出明显的协议声明。

10.3.3 集合中的协议类型

协议类型可以被集合使用，表示集合中的元素均为协议类型。

```
let things: [TextRepresentable] =
    [game, d12, simonTheHamester]
```

如下所示，things 数组可以被直接遍历，并调用其中元素的 asText() 函数。

```
for thing in things {
    println(thing.asText())
}
// A game of Snakes and Ladders with 100 squares
// A 12-sided dice
// A hamster named Simon
```

thing 被当做是 TextRepresentable 类型，而不是 Dice、DiceGame、Hamster 等类型。因此能且仅能调用 asText 方法。

10.3.4 仅在类中使用协议

协议可以用在类、结构体、枚举中，如果要限制协议只能用在类中，可以通过在协议中增加一个 class 关键字来实现继承列表，格式如下所示。

```
protocol SomeClassOnlyProtocol: class, SomeInheritedProtocol {
    // class-only protocol definition goes here
}
```

当然加上 class 修饰的 SomeClassOnlyProtocol 协议就只能用在类中进行声明了。

10.4 协议的继承

协议能够继承一到多个其他协议。语法与类的继承相似，多个协议间用逗号分隔。

```
protocol InheritingProtocol: SomeProtocol, AnotherProtocol {
    // protocol definition goes here
}
```

如下所示，PrettyTextRepresentable 协议继承了 TextRepresentable 协议。

```
protocol PrettyTextRepresentable: TextRepresentable {
    func asPrettyText() -> String
}
```

实现 PrettyTextRepresentable 协议的同时，也需要实现 TextRepresentable 协议。

如下所示，用扩展为 SnakesAndLadders 实现 PrettyTextRepresentable 协议。

```
extension SnakesAndLadders: PrettyTextRepresentable {
    func asPrettyText() -> String {
        var output = asText() + ":\n"
        for index in 1...finalSquare {
            switch board[index] {
            case let ladder where ladder > 0:
                output += "▲ "
            case let snake where snake < 0:
                output += "▼ "
            default:
                output += "o "
            }
        }
        return output
```

```
        }
    }
```

在 for in 中迭代出了 board 数组中的每一个元素：
- 当从数组中迭代出的元素的值大于 0 时，用▲表示。
- 当从数组中迭代出的元素的值小于 0 时，用▼表示。
- 当从数组中迭代出的元素的值等于 0 时，用○表示。

任意 SankesAndLadders 的实例都可以使用 asPrettyText()方法。

```
let game = SnakesAndLadders()
println(game.asPrettyT ext())
// A game of Snakes and Ladders with 25 squares:
// ○ ○ ▲ ○ ○ ▲ ○ ○ ▲ ▲ ○ ○ ○ ▼ ○ ○ ○ ○ ▼ ○ ○ ▼ ○ ▼ ○
```

10.4.1 协议合成

一个协议可由多个协议采用 protocol<SomeProtocol, AnotherProtocol>这样的格式进行组合，称为协议合成（protocol composition）。

下列例子表明如何声明支持多个协议的对象。

```
protocol Named {
    var name: String { get }
}
protocol Aged {
    var age: Int { get }
}
struct Person: Named, Aged {
    var name: String
    var age: Int
}
func wishHappyBirthday(celebrator: protocol<Named, Aged>) {
    println("Happy birthday \(celebrator.name) " +
        " - you're \(celebrator.age)!")
}
let birthdayPerson = Person(name: "Malcolm", age: 21)
wishHappyBirthday(birthdayPerson)
// 输出 "Happy birthday Malcolm - you're 21!
```

Named 协议包含 String 类型的 name 属性；Aged 协议包含 Int 类型的 age 属性。Person 结构体实现了这两个协议。

wishHappyBirthday 函数的形参 celebrator 的类型为 protocol<Named,Aged>。可以传入任意实现这两个协议的类型的实例。

协议合成并不会生成一个新协议类型，而是将多个协议合成为一个临时的协议，超出范围后立即失效。

10.4.2 检验协议的一致性

使用 is 检验协议的一致性，使用 as 将协议类型向下转换（downcast）为其他协议类型。检验与转换的语法和之前相同（详情查看类型检查）。
- is 操作符用来检查实例是否实现了某个协议。
- as?返回一个可选值，当实例实现协议时，返回该协议类型；否则返回 nil。
- as 用以强制向下转换类型。

```
@objc protocol HasArea {
    var area: Double { get }
}
```

@objc 用来表示协议是可选的，也可以用来表示暴露给 Objective-C 的代码，此外，@objc 型协议只对类有效，因此只能在类中检查协议的一致性。

```
class Circle: HasArea {
    let pi = 3.1415927
    var radius: Double
    var area: Double {
        return pi * radius * radius
    }
    init(radius: Double) {
        self.radius = radius
    }
}
class Country: HasArea {
    var area: Double
    init(area: Double) {
        self.area = area
    }
}
```

Circle 和 Country 都实现了 HasArea 协议，前者把 area 写为计算型属性，后者则把 area 写为存储型属性。

如下所示，Animal 类没有实现任何协议。

```
class Animal {
    var legs: Int
    init(legs: Int) { self.legs = legs }
}
```

Circle,Country,Animal 并没有一个相同的基类，所以采用 AnyObject 类型的数组来装载它们的实例，如下所示：

```
let objects: [AnyObject] = [
```

```
    Circle(radius: 2.0),
    Country(area: 243_610),
    Animal(legs: 4)
]
```

如下所示，在迭代时检查 object 数组的元素是否实现了 HasArea 协议：

```
for object in objects {
    if let objectWithArea = object as? HasArea {
        println("Area is \(objectWithArea.area)")
    } else {
        println("Something that doesn't have an area")
    }
}
// Area is 12.5663708
// Area is 243610.0
// Something that doesn't have an area
```

当数组中的元素实现 HasArea 协议时，通过 as?操作符将其可选绑定(optional binding)到 objectWithArea 常量上。

objects 数组中元素的类型并不会因为向下转型而改变,当它们被赋值给 objectWithArea 时，只被视为 HasArea 类型，因此只有 area 属性能够被访问。

10.4.3 可选协议要求

可选协议含有可选成员，其实现者可以选择是否实现这些成员。在协议中使用 optional 关键字作为前缀来定义可选成员。

像 someOptionalMethod?(someArgument)一样，你可以在可选方法名称后加上?来检查该方法是否被实现。可选方法和可选属性都会返回一个可选值，当其不可访问时，?之后的语句不会执行，并返回 nil。

注意，可选协议只能在含有@objc 前缀的协议中生效。且@objc 的协议只能被类实现。

Counter 类使用 CounterDataSource 类型的外部数据源来提供增量值，如下所示：

```
@objc protocol CounterDataSource {
    optional func incrementForCount(count: Int) -> Int
    optional var fixedIncrement: Int { get }
}
```

CounterDataSource 含有 incrementForCount 的可选方法和 fiexdIncrement 的可选属性。

注意，CounterDataSource 中的属性和方法都是可选的，因此可以在类中声明，但不实现这些成员，尽管技术上允许这样做，不过最好不要这样写。

Counter 类含有 CounterDataSource?类型的可选属性 dataSource，如下所示：

```
@objc class Counter {
    var count = 0
    var dataSource: CounterDataSource?
    func increment() {
        if let amount = dataSource?.incrementForCount?(count) {
            count += amount
        } else if let amount = dataSource?.fixedIncrement? {
            count += amount
        }
    }
}
```

count 属性用于存储当前的值，increment 方法用来为 count 赋值。

increment 方法通过可选链，尝试从两种可选成员中获取 count。

- 由于 dataSource 可能为 nil，因此在 dataSource 后边加上了?标记来表明只在 dataSource 非空时才去调用 incrementForCount`方法。
- 即使 dataSource 存在，但是也无法保证其是否实现了 incrementForCount 方法，因此在 incrementForCount 方法后边也加有?标记。

在调用 incrementForCount 方法后，Int 型可选值通过可选绑定(optional binding)自动拆包，并赋值给常量 amount。

当 incrementForCount 不能被调用时，尝试使用可选属性 fixedIncrement 来代替。

ThreeSource 实现了 CounterDataSource 协议，如下所示：

```
class ThreeSource: CounterDataSource {
    let fixedIncrement = 3
}
```

使用 ThreeSource 作为数据源来实例化一个 Counter：

```
var counter = Counter()
counter.dataSource = ThreeSource()
for _ in 1...4 {
    counter.increment()
    println(counter.count)
}
// 3
// 6
// 9
// 12
```

TowardsZeroSource 实现了 CounterDataSource 协议中的 incrementForCount 方法，如下所示：

下边是执行的代码：

```
class TowardsZeroSource: CounterDataSource {
    func incrementForCount(count: Int) -> Int {
        if count == 0 {
```

```
            return 0
        } else if count < 0 {
            return 1
        } else {
            return -1
        }
    }
}
counter.count = -4
counter.dataSource = TowardsZeroSource()
for _ in 1...5 {
    counter.increment()
    println(counter.count)
}
// -3
// -2
// -1
// 0
// 0
```

第 11 章 闭包和操作符重载

闭包 Closure 是自包含的函数代码块，可以在代码中被传递和使用。Swift 中的闭包与 C 和 Objective-C 中的代码块（blocks）以及其他编程语言如 C++ 11 中的 lambdas 函数比较相似。

闭包可以捕获和存储其所在上下文中任意常量和变量的引用。这就是所谓的闭合并包裹着这些常量和变量，俗称闭包。Swift 会管理在捕获过程中涉及到的所有内存操作。

在函数章节中介绍的全局和嵌套函数实际上也是特殊的闭包，闭包采取如下三种形式之一。

1. 全局函数是一个有名字但不会捕获任何值的闭包。
2. 嵌套函数是一个有名字并可以捕获其封闭函数域内值的闭包。
3. 闭包表达式是一个利用轻量级语法所写的可以捕获其上下文中变量或常量值的匿名闭包。

Swift 的闭包表达式拥有简洁的风格，并鼓励在常见场景中进行语法优化，主要优化如下。

1. 利用上下文推断参数和返回值类型。
2. 隐式返回单表达式闭包，即单表达式闭包可以省略 return 关键字。
3. 参数名称缩写。
4. 尾随（Trailing）闭包语法。

11.1 闭包表达式

嵌套函数是一个在较复杂函数中方便进行命名和定义自包含代码模块的方式。当然，有时候小段的没有完整定义和命名的类函数结构也是很有用处的，尤其是在处理一些函数并需要将另外一些函数作为该函数的参数时。

闭包表达式是一种利用简洁语法构建内联闭包的方式。闭包表达式提供了一些语法优化，使得闭包编程变得简单明了。下面的闭包表达式例子通过使用几次迭代展示了 sort 函数定义和语法优化的方式。每一次迭代都用更简洁的方式描述了相同的功能。

11.1.1 sorted 函数

Swift 标准库提供了 sorted 函数，会根据你提供的基于输出类型排序的闭包函数将已知类型数组中的值进行排序。一旦排序完成，函数会返回一个与原数组大小相同的新数组，该数组中包含已经正确排序的同类型元素。

下面的闭包表达式示例使用 sort 函数对一个 String 类型的数组进行字母逆序排序，以下是初始数组值：

```
let names = ["Chris", "Alex", "Ewa", "Barry", "Daniella"]
```

sorted 函数需要传入两个参数：已知类型的数组和闭包函数，该闭包函数需要传入与数组类型相同的两个值，并返回一个布尔类型值来告诉 sorted 函数当排序结束后传入的第一个参数排在第二个参数前面还是后面。如果第一个参数值出现在第二个参数值前面，排序闭包函数需要返回 true，反之返回 false。

该例子对一个 String 类型的数组进行排序，因此排序闭包函数类型需要为（String, String）-> Bool。

提供排序闭包函数的一种方式是撰写一个符合其类型要求的普通函数，并将其作为 sort 函数的第二个参数传入：

```
func backwards(s1: String, s2: String) -> Bool {
    return s1 > s2
}

var reversed = sorted(names, backwards)
println(reversed)
// reversed 为 ["Ewa", "Daniella", "Chris", "Barry", "Alex"]
```

如果第一个字符串（s1）大于第二个字符串（s2），backwards 函数返回 true，表示在新的数组中 s1 应该出现在 s2 前。对于字符串中的字符来说，"大于"表示"按照字母顺序较晚出现"。这意味着字母"B"大于字母"A"，字符串"Tom"大于字符串"Tim"。将字母逆序排序时，"Barry"将会排在"Alex"之后。

然而，这是一个相当冗长的方式，本质上只是写了一个单表达式函数（a>b）。在下面的例子中，利用闭合表达式语法可以更好地构造一个内联排序闭包。

11.1.2 闭包表达式语法

闭包表达式语法有如下的一般形式：

```
{ (parameters) -> returnType in
    statements
}
```

闭包表达式语法可以使用常量、变量和 inout 类型作为参数，不提供默认值。也可以在参数列表的最后使用可变参数。元组也可以作为参数和返回值。

下面的例子展示了之前 backwards 函数对应的闭包表达式版本的代码：

```
reversed = sorted(names,
    { (s1: String, s2: String) -> Bool in
```

```
        return s1 > s2
    }
)
```

需要注意的是，内联闭包参数和返回值类型声明与 backwards 函数类型声明相同。在这两种方式中，都写成了(s1: String, s2: String) -> Bool。然而在内联闭包表达式中，函数和返回值类型都写在大括号内，而不是大括号外。

闭包的函数体部分由关键字 in 引入。该关键字表示闭包的参数和返回值类型定义已经完成，闭包函数体即将开始。

因为这个闭包的函数体部分如此短以至于可以将其改写成一行代码：

```
reversed = sorted(names, { (s1: String, s2: String) -> Bool in return s1 > s2 } )
```

这说明 sort 函数的整体调用保持不变，一对圆括号仍然包裹住了函数中的整个参数集合。而其中一个参数现在变成了内联闭包（相比于 backwards 版本的代码）。

11.1.3 根据上下文推断参数类型

因为排序闭包函数是作为 sort 函数的参数进行传入的，Swift 可以推断其参数和返回值的类型。sort 期望第二个参数是类型为(String, String) -> Bool 的函数，因此实际上 String, String 和 Bool 类型并不需要作为闭包表达式定义中的一部分。因为所有的类型都可以被正确推断，返回箭头 (->) 和围绕在参数周围的括号也可以被省略：

```
reversed = sorted(names, { s1, s2 in return s1 > s2 } )
```

实际上任何情况下，通过内联闭包表达式构造的闭包作为参数传递给函数时，都可以推断出闭包的参数和返回值类型，这意味着几乎不需要利用完整格式构造任何内联闭包。

11.1.4 单表达式闭包隐式返回

单行表达式闭包可以通过隐藏 return 关键字来隐式返回单行表达式的结果，如上版本的例子可以改写为：

```
reversed = sorted(names, { s1, s2 in s1 < s2 } )
```

在这个例子中，sort 函数的第二个参数函数类型明确了闭包必须返回一个 Bool 类型值。因为闭包函数体只包含了一个单一表达式 (s1 < s2)，该表达式返回 Bool 类型值，因此这里没有歧义，return 关键字可以省略。

11.1.5 参数名称缩写

Swift 自动为内联函数提供了参数名称缩写功能，可以直接通过$0, $1, $2 来顺序调用闭包的参数。这点类似于 bash 参数传递。

如果在闭包表达式中使用参数名称缩写，可以在闭包参数列表中省略对其的定义，并且对应参数名称缩写的类型会通过函数类型进行推断。in 关键字也同样可以被省略，因为此时闭包表达式完全由闭包函数体构成。

```
reversed = sorted(names, { $0 < $1 } )
```

在这个例子中，$0 和$1 表示闭包中第一个和第二个 String 类型的参数。

11.1.6 运算符函数

实际上还有一种更简短的方式来撰写上面例子中的闭包表达式。Swift 的 String 类型定义了关于大于号 (>) 的字符串实现，其作为一个函数接受两个 String 类型的参数并返回 Bool 类型的值。而这正好与 sort 函数的第二个参数需要的函数类型相符合。因此，可以简单地传递一个大于号，Swift 可以自动推断出您想使用大于号的字符串函数实现。

```
reversed = sorted(names, >)
```

11.2 尾部闭包

如果需要将一个很长的闭包表达式作为最后一个参数传递给函数，可以使用尾部闭包来增强函数的可读性。尾部闭包是一个书写在函数括号之后的闭包表达式，函数支持将其作为最后一个参数调用。

```
func someFunctionThatTakesAClosure(closure: () -> ()) {
    // 函数体部分
}
// 以下是不使用尾随闭包进行函数调用
someFunctionThatTakesAClosure({
    // 闭包主体部分
})

// 以下是使用尾随闭包进行函数调用
someFunctionThatTakesAClosure() {
    // 闭包主体部分
}
```

如果函数只需要闭包表达式一个参数，当使用尾随闭包时，甚至可以把()省略掉。

在上例中，作为 sort 函数参数的字符串排序闭包可以改写为：

```
reversed = sorted(names) { $0 < $1 }
```

当闭包非常长以至于不能在一行中书写时，尾随闭包变得非常有用。比如，Swift 的 Array 类型有一个 map 方法，其获取一个闭包表达式作为唯一参数。数组中的每一个元素调用一次该闭包函数,并返回该元素所映射的值。具体的映射方式和返回值类型由闭包来指定。

当提供给数组闭包函数后,map 方法将返回一个新的数组,数组中包含了与原数组一一对应的映射后的值。

下面的例子介绍如何在 map 方法中使用尾随闭包将 Int 类型数组[16,58,510]转换为包含对应 String 类型的数组["OneSix", "FiveEight", "FiveOneZero"]:

```
let digitNames = [
    0: "Zero", 1: "One", 2: "Two",  3: "Three", 4: "Four",
    5: "Five", 6: "Six", 7: "Seven", 8: "Eight", 9: "Nine"
]
let numbers = [16, 58, 510]
```

如上代码创建了一个数字位和它们名字映射的英文版本字典。同时定义了一个准备转换为字符串的整型数组。

现在可以通过传递一个尾随闭包给 numbers 的 map 方法来创建对应的字符串版本数组。需要注意的是,调用 numbers.map 不需要在 map 后面包含任何括号,因为其只需要传递闭包表达式这一个参数,并且该闭包表达式参数通过尾随方式进行撰写:

```
let strings = numbers.map {
    (var number) -> String in
    var output = ""
    while number > 0 {
        output = digitNames[number % 10]! + output
        number /= 10
    }
    return output
}
// strings 常量被推断为字符串类型数组,即 String[]
// 其值为 ["OneSix", "FiveEight", "FiveOneZero"]
```

map 在数组中为每一个元素调用了闭包表达式。不需要指定闭包的输入参数 number 的类型,因为可以通过要映射的数组类型进行推断。

闭包 number 参数被声明为一个变量参数(变量的具体描述请参看常量参数和变量参数),因此可以在闭包函数体内对其进行修改。闭包表达式制定了返回类型为 String,以表明存储映射值的新数组类型为 String。

闭包表达式在每次被调用的时候创建了一个字符串并返回。其使用求余运算符(number % 10) 计算最后一位数字,并利用 digitNames 字典获取所映射的字符串。

字典 digitNames 下标后跟着一个叹号 (!),因为字典下标返回一个可选值 (optional value),表明即使该 key 不存在也不会查找失败。在上例中,它保证了 number % 10 可以总是作为一个 digitNames 字典的有效下标 key。因此叹号可以用于强制解析(force-unwrap)存储在可选下标项中的 String 类型值。

从 digitNames 字典中获取的字符串被添加到输出的前部,逆序建立了一个字符串版本的数字。(在表达式 number % 10 中,如果 number 为 16,则返回 6,58 返回 8,510 返回 0)。

number 变量之后除以 10。因为其是整数,在计算过程中未除尽部分被忽略。 因此 16 变成了 1,58 变成了 5,510 变成了 51。

整个过程重复进行,直到 number /= 10 为 0,这时闭包会将字符串输出,而 map 函数则会将字符串添加到所映射的数组中。

上例中尾随闭包语法在函数后整洁封装了具体的闭包功能,而不再需要将整个闭包包裹在 map 函数的括号内。

11.2.1 访问上下文值

闭包可以在其定义的上下文中访问常量或变量。即使定义这些常量和变量的原作用域已经不存在,闭包仍然可以在闭包函数体内引用和修改这些值。

Swift 最简单的闭包形式是嵌套函数,也就是定义在其他函数的函数体内的函数。嵌套函数可以捕获其外部函数所有的参数以及定义的常量和变量。

下面的例子创建了 makeIncrementor 的函数,其包含了一个叫做 incrementor 的嵌套函数。嵌套函数 incrementor 从上下文中捕获了两个值,runningTotal 和 amount。之后 makeIncrementor 将 incrementor 作为闭包返回。每次调用 incrementor 时,其会以 amount 作为增量增加 runningTotal 的值。

```swift
func makeIncrementor(forIncrement amount: Int) -> () -> Int {
    var runningTotal = 0
    func incrementor() -> Int {
        runningTotal += amount
        return runningTotal
    }
    return incrementor
}
```

makeIncrementor 返回类型为 () -> Int。这意味着其返回的是一个函数,而不是一个简单类型值。该函数在每次调用时不接受参数,只返回一个 Int 类型的值。关于函数返回其他函数的内容,请查看函数类型作为返回类型。

makeIncrementor 函数定义了一个整型变量 runningTotal(初始为 0)用来存储当前跑步总数。该值通过 incrementor 返回。

makeIncrementor 有一个 Int 类型的参数,其外部命名为 forIncrement,内部命名为 amount,表示每次 incrementor 被调用时 runningTotal 将要增加的量。

incrementor 函数用来执行实际的增加操作。该函数简单地使 runningTotal 增加 amount,并将其返回。

如果我们单独看这个函数,就会发现它看上去不同寻常:

```swift
func incrementor() -> Int {
    runningTotal += amount
    return runningTotal
}
```

}

incrementor 函数并没有获取任何参数，但是在函数体内访问了 runningTotal 和 amount 变量。这是因为其通过捕获在包含它的函数体内已经存在的 runningTotal 和 amount 变量而实现。

由于没有修改 amount 变量，incrementor 实际上捕获并存储了该变量的一个副本，而该副本随着 incrementor 一同被存储。

然而，因为每次调用该函数的时候都会修改 runningTotal 的值，incrementor 捕获了当前 runningTotal 变量的引用，而不是仅仅复制该变量的初始值。捕获一个引用保证了当 makeIncrementor 结束时候并不会消失，也保证了下一次执行 incrementor 函数时，runningTotal 可以继续增加。

Swift 会决定捕获引用还是拷贝值。您不需要标注 amount 或者 runningTotal 来声明在嵌入的 incrementor 函数中的使用方式。Swift 同时也处理 runingTotal 变量的内存管理操作，如果不再被 incrementor 函数使用，则会被清除。

下面的代码为一个使用 makeIncrementor 的例子。

```
let incrementByTen = makeIncrementor(forIncrement: 10)
```

该例子定义了一个叫做 incrementByTen 的常量，该常量指向一个每次调用会加 10 的 incrementor 函数。调用这个函数多次可以得到以下结果：

```
incrementByTen()
// 返回的值为 10
incrementByTen()
// 返回的值为 20
incrementByTen()
// 返回的值为 30
```

如果创建了另一个 incrementor，其会有一个属于自己的独立的 runningTotal 变量的引用。在下面的例子中，incrementBySevne 捕获了一个新的 runningTotal 变量，该变量和 incrementByTen 中捕获的变量没有任何联系。

```
let incrementBySeven = makeIncrementor(forIncrement: 7)
incrementBySeven()
// 返回的值为 7
incrementByTen()
// 返回的值为 40
```

如果闭包分配给一个类实例的属性，并且该闭包通过指向该实例或其成员来捕获了该实例，将创建一个在闭包和实例间的强引用环。Swift 使用捕获列表来打破这种强引用环。

11.2.2 闭包是引用类型

在上面的例子中，incrementBySeven 和 incrementByTen 是常量，但是这些常量指向的闭包仍然可以增加其捕获的变量值。这是因为函数和闭包都是引用类型。

无论将函数/闭包赋值给一个常量还是变量，实际上都是将常量/变量的值设置为对应函数/闭包的引用。上面的例子中，incrementByTen 指向闭包的引用是一个常量，而并非闭包内容本身。

这也意味着如果将闭包赋值给了两个不同的常量/变量，两个值都会指向同一个闭包：

```
let alsoIncrementByTen = incrementByTen
alsoIncrementByTen()
// 返回的值为 50
```

11.3 运算符重载

运算符重载是 C++的特性，这个优秀的特性可以让自定义的对象可以进行一些类似于 +, -, *, /等运算。让已有的运算符也可以对自定义的类和结构进行运算，这称为运算符重载。

11.3.1 中置运算符函数

下面的例子展示了如何用+让一个自定义的结构做加法。算术运算符+是一个两目运算符，因为它有两个操作数，而且它必须出现在两个操作数之间。

例子中定义了一个名为 Point 的二维坐标向量（x, y）的结构，然后定义了让两个 Point 的对象相加的运算符函数。

```
struct Point {
    var x = 0.0, y = 0.0
}

func + (left: Point, right: Point) -> Point {
    return Point(x: left.x + right.x, y: left.y + right.y)
}
```

该运算符函数定义了一个全局的+函数，这个函数需要两个 Point 类型的参数，返回值也是 Point 类型。

在这个代码实现中，参数被命名为了 left 和 right，代表+左边和右边的两个 Point 对象。函数返回了一个新的 Point 的对象，这个对象的 x 和 y 分别等于两个参数对象的 x 和 y 的和。

这个函数是全局的，而不是 Point 结构的成员方法，所以任意两个 Point 对象都可以使用这个中置运算符。

```
let p1 = Point(x: 3.0, y: 1.0)
let p2 = Point(x: 2.0, y: 4.0)
let p3 = p1 + p2
```

```
// p3 是一个新的 Point, 值为 (5.0, 5.0)
```

这个例子实现了两个点（3.0，1.0）和（2.0，4.0）相加，得到点（5.0，5.0）的过程。

11.3.2 前置和后置运算符

上个例子演示了一个双目中置运算符的自定义实现，同样我们也可以定义标准单目运算符的实现。单目运算符只有一个操作数，在操作数之前就是前置运算符，如-a；在操作数之后就是后置运算符，如 i++。

要实现一个前置或后置运算符，在定义该运算符的时候，应在关键字 func 之前标注 prefix 或 postfix 属性。

```
prefix func - (vector: Point) -> Point {
    return Point(x: -vector.x, y: -vector.y)
}
```

这段代码为 Point 类型提供了单目减运算-a，prefix 属性表明这是个前置运算符。

对于数值，单目减运算符可以把正数变为负数，把负数变为正数。对于 Point，单目减运算将其 x 和 y 都进行单目减运算。

```
let positive = Point(x: 3.0, y: 4.0)
let negative = -positive
// negative 为 (-3.0, -4.0)
let alsoPositive = -negative
// alsoPositive 为 (3.0, 4.0)
```

11.3.3 组合赋值运算符

组合赋值是其他运算符和赋值运算符一起执行的运算。如+=把加运算和赋值运算组合成一个操作。需要把运算符的左参数设置成 inout，因为这个参数会在运算符函数内直接修改它的值。

```
func += (inout left: Point, right: Point) {
    left = left + right
}
```

因为加法运算在之前定义过了，这里无需重新定义。所以，加赋运算符函数使用已经存在的高级加法运算符函数来执行左值加右值的运算。

```
var p5 = Point(x: 1.0, y: 2.0)
let p6 = Point(x: 3.0, y: 4.0)
p5 += p6
// p5 现在为 (4.0, 6.0)
```

也可以将赋值 assignment 属性和 prefix 或 postfix 属性组合起来，实现一个 Point 的前置运算符。

```
prefix func ++ (inout vector: Point) -> Point {
    vector += Point(x: 1.0, y: 1.0)
    return vector
}
```

这个前置运算符使用了已经定义好的高级加法运算，将自己加上一个值为（1.0，1.0）的对象，然后赋给自己，再将自己返回。

```
var toIncrement = Point(x: 3.0, y: 4.0)
let afterIncrement = ++toIncrement
// toIncrement 现在是 (4.0, 5.0)
// afterIncrement 现在也是 (4.0, 5.0)
```

需要特别注意的是，默认的赋值运算符是不可重载的。只有组合赋值运算符可以重载。三目条件运算符 a？b：c 也是不可重载的。

11.3.4　比较运算符

Swift 无法知道自定义类型是否相等或不等，因为等于或者不等于由你的代码说了算。所以自定义的类和结构要使用比较符==或!=就需要重载。

定义相等运算符函数与定义其他中置运算符相同：

```
func == (left: Point, right: Point) -> Bool {
    return (left.x == right.x) && (left.y == right.y)
}

func != (left: Point, right: Point) -> Bool {
    return !(left == right)
}
```

上述代码实现了相等运算符==来判断两个 Point 对象是否有相等的值，相等的概念就是有相同的 x 值和相同的 y 值，就用这个逻辑来实现。接着使用==的结果实现了不相等运算符!=。

现在可以使用这两个运算符来判断两个 Point 对象是否相等。

```
let twoThree = Point(x: 2.0, y: 3.0)
let anotherTwoThree = Point(x: 2.0, y: 3.0)
if twoThree == anotherTwoThree {
    println("这两个向量是相等的.")
}
// prints "这两个向量是相等的."
```

11.3.5　自定义运算符

若标准的运算符不够用，你可以声明一些个性的运算符，但个性的运算符只能使用这

些字符 /=-+*%<>!&|^。~。

新的运算符需要在全局域使用 operator 关键字声明,可以将其声明为前置、中置或后置的。

```
prefix operator +++ {}
```

这段代码定义了一个新的前置运算符叫+++,此前 Swift 并不存在这个运算符。此处为了演示,我们让+++对 Point 对象的操作定义为"双自增"这样一个独有的操作,这个操作使用了之前定义的加法运算,实现了自己加上自己然后返回的运算。

```
prefix func +++ (inout vector: Point) -> Point {
    vector += vector
    return vector
}
```

Point 的+++的实现和++的实现很接近,唯一不同的是前者是加自己,后者是加值为(1.0, 1.0)的向量。

```
var toBeDoubled = Point(x: 1.0, y: 4.0)
let afterDoubling = +++toBeDoubled
// toBeDoubled now has values of (2.0, 8.0)
// afterDoubling also has values of (2.0, 8.0)
```

11.3.6 自定义中置运算符的优先级和结合性

可以为自定义的中置运算符指定优先级和结合性。我们先看看优先级和结合性是如何影响多种中置运算符混合的表达式的计算的。

结合性(associativity)的可取值有 left、right 和 none。左结合运算符跟其他优先级相同的左结合运算符写在一起时,会跟左边的操作数结合。同理,右结合运算符会跟右边的操作数结合。而非结合运算符不能跟其他相同优先级的运算符写在一起。

结合性(associativity)的值默认为 none,优先级(precedence)默认为 100。

以下例子定义了一个新的中置运算符+−,是左结合的 left,优先级为 140。

```
infix operator +- { associativity left precedence 140 }
func +- (left: Point, right: Point) -> Point {
    return Point(x: left.x + right.x, y: left.y - right.y)
}
let p7 = Point(x: 1.0, y: 2.0)
let p8 = Point(x: 3.0, y: 4.0)
let p9 = firstVector +- secondVector
// p9 is a Point instance with values of (4.0, -2.0)
```

这个运算符把两个向量的 x 相加,把向量的 y 相减。因为它实际是属于加减运算,所以让它保持了和加法一样的结合性和优先级(left 和 140)。

11.4 泛 型

泛型是现代高级编程语言大多支持的语法特性，它可以使代码更加简洁，避免代码重复，类型检查更加严格。泛型是根据需求定义的，适用于任何类型的，灵活且可重用的函数和类型。可以避免重复的代码，用一种清晰和抽象的方式来表达代码的意图。

泛型是 Swift 强大特征中的一个，许多 Swift 标准库是通过泛型代码构建出来的。事实上，泛型的使用贯穿了整本语言手册。例如，Swift 的数组和字典类型都是泛型集。你可以创建一个 Int 数组，也可创建一个 String 数组，甚至可以是任何其他 Swift 的类型数据数组。同样的，也可以创建存储任何指定类型的字典（Dictionary），而且这些类型可以是没有限制的。

11.4.1 泛型解决的问题

这里是一个标准的、非泛型函数 swapTwoInts，用来交换两个 Int 值：

```
func swapTwoInts(inout a: Int, inout b: Int)
{
    let temporaryA = a
    a = b
    b = temporaryA
}
```

函数 swapTwoInts 使用写入读出（in-out）参数来交换 a 和 b 的值。可以交换 b 的原始值到 a，也可以交换 a 的原始值到 b，可以调用这个函数交换两个 Int 变量值：

```
var someInt = 3
var anotherInt = 107
swapTwoInts(&someInt, &anotherInt)
println("someInt is now \(someInt), " +
    "and anotherInt is now \(anotherInt)")
// 输出 "someInt is now 107, and anotherInt is now 3"
```

swapTwoInts 函数是非常有用的，但是它只能交换 Int 值，如果想要交换两个 String 或者 Double，就不得不写更多的函数，如 swapTwoStrings 和 swapTwoDoublesfunctions，如下所示：

```
func swapTwoStrings(inout a: String, inout b: String) {
    let temporaryA = a
    a = b
    b = temporaryA
}
func swapTwoDoubles(inout a: Double, inout b: Double) {
```

```
    let temporaryA = a
    a = b
    b = temporaryA
}
```

从上面的代码可以看出，swapTwoInts、swapTwoStrings 和 swapTwoDoubles 函数的功能都是相同的，唯一不同之处就在于传入的变量类型不同，分别是 Int、String 和 Double。但实际应用中通常需要一个用处更强大并且尽可能地考虑到更多的灵活性的单个函数，可以用来交换两个任何类型值，泛型代码帮你解决了这种问题。

在所有三个函数中，a 和 b 的类型是一样的。如果 a 和 b 不是相同的类型，那它们俩就不能互换值。Swift 是类型安全的语言，所以它不允许一个 String 类型的变量和一个 Double 类型的变量互相交换值。如果一定要做，Swift 将报编译错误。

1. 泛型函数

泛型函数可以工作于任何类型，这里是一个上面 swapTwoInts 函数的泛型版本，用于交换两个值：

```
func swapTwoValues<T>(inout a: T, inout b: T) {
    let temporaryA = a
    a = b
    b = temporaryA
}
```

swapTwoValues 函数的主体和 swapTwoInts 函数是一样的，它只在第一行稍微有那么一点点不同于 swapTwoInts，如下所示：

```
func swapTwoInts(inout a: Int, inout b: Int)
func swapTwoValues<T>(inout a: T, inout b: T)
```

这个函数的泛型版本使用了占位类型名字（通常此情况下用字母 T 来表示）来代替实际类型名（如 In、String 或 Doubl）。占位类型名没有提示 T 必须是什么类型，但是它提示了 a 和 b 必须是同一类型 T，而不管 T 表示什么类型。只有 swapTwoValues 函数在每次调用时所传入的实际类型才能决定 T 所代表的类型。

另外一个不同之处在于，这个泛型函数名后面跟着的占位类型名字（T）是用尖括号括起来的。这个尖括号告诉 Swift 那个 T 是 swapTwoValues 函数所定义的一个类型。因为 T 是一个占位命名类型，Swift 不会去查找命名为 T 的实际类型。

swapTwoValues 函数除了要求传入的两个类型值是同一类型外，也可以作为 swapTwoInts 函数被调用。每次 swapTwoValues 被调用，T 所代表的类型值都会传给函数。

在下面的两个例子中，T 分别代表 Int 和 String。

```
var someInt = 3
var anotherInt = 107
swapTwoValues(&someInt, &anotherInt)
// someInt is now 107, and anotherInt is now 3
```

```
var someString = "hello"
var anotherString = "world"
swapTwoValues(&someString, &anotherString)
// someString is now "world", and anotherString is now "hello"
```

上面定义的函数 swapTwoValues 是受 swap 函数启发而实现的。swap 函数存在于 Swift 标准库,并可以在其他类中任意使用。如果在代码中需要类似 swapTwoValues 函数的功能,可以使用已存在的交换函数 swap 函数。

2. 类型参数

在上面的 swapTwoValues 例子中,占位类型 T 是一种类型参数的示例。类型参数指定并命名为一个占位类型,并且紧随在函数名后面,使用一对尖括号括起来。

一旦一个类型参数被指定,那么它就可以被使用来定义一个函数的参数类型(如 swapTwoValues 函数中的参数 a 和 b),或作为一个函数返回类型,或用作函数主体中的注释类型。在这种情况下,被类型参数所代表的占位类型不管函数任何时候被调用,都会被实际类型所替换(在上面的 swapTwoValues 例子中,当函数第一次被调用时,T 被 Int 替换,第二次调用时,被 String 替换)。

也可支持多个类型参数,命名在尖括号中,用逗号分开。

3. 命名类型参数

在简单的情况下,泛型函数或泛型类型需要指定一个占位类型(如上面的 swapTwoValues 泛型函数,或一个存储单一类型的泛型集,如数组),通常用一单个字母 T 来命名类型参数。不过,可以使用任何有效的标识符来作为类型参数名。

如果使用多个参数定义更复杂的泛型函数或泛型类型,那么使用更多的描述类型参数是非常有用的。例如,Swift 字典(Dictionary)类型有两个类型参数,一个是键,另一个是值。如果你自己写字典,或许会定义这两个类型参数为 KeyType 和 ValueType,用来记住它们在泛型代码中的作用。

请始终使用大写字母开头的驼峰式命名法(例如 T 和 KeyType)来给类型参数命名,以表明它们是类型的占位符,而非类型值。

11.4.2 泛型类型

通常,在泛型函数中,Swift 允许定义你自己的泛型类型。这些自定义类、结构体和枚举作用于任何类型,如同 Array 和 Dictionary 的用法。

这部分向你展示如何写一个泛型集类型——Stack(栈)。一个栈是一系列值域的集合,和 Array(数组)类似,但它是一个比 Swift 的 Array 类型更多限制的集合。一个数组可以允许其里面任何位置的插入/删除操作,而栈,只允许在集合的末端添加新的项(如同 push 一个新值进栈)。同样地,一个栈也只能从末端移除项(如同 pop 一个值出栈)。

注意，栈的概念已被 UINavigationController 类使用来模拟试图控制器的导航结构。可以通过调用 UINavigationController 的 pushViewController:animated:方法来为导航栈添加（add）新的试图控制器；而通过 popViewControllerAnimated:的方法来从导航栈中移除（pop）某个试图控制器。当需要一个严格的后进先出方式来管理集合时，堆栈都是最实用的模型。

图 11.1 展示了一个栈的进栈（push）/出栈（pop）的行为。

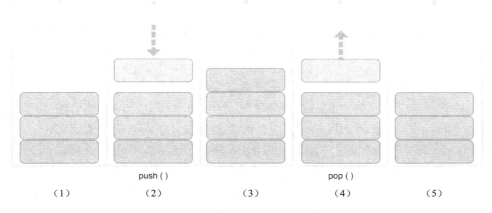

图 11.1　栈的进栈和出栈操作

- 图（1）表示现在有三个值在栈中。
- 图（2）表示第四个值压入栈顶，push 到栈的顶部。
- 图（3）表示现在有四个值在栈中，最近的那个在顶部。
- 图（4）表示栈顶数据被弹出，或称之为 pop。
- 图（5）表示移除掉一个值后，现在栈又重新只有三个值。

这里展示了如何写一个非泛型版本的栈，Int 值型的栈：

```
struct IntStack {
    var items = [Int]()
    mutating func push(item: Int) {
        items.append(item)
    }
    mutating func pop() -> Int {
        return items.removeLast()
    }
}
```

这个结构体在栈中使用一个 Array 性质的 items 存储值。Stack 提供了两个方法。push 和 pop，从栈中压进一个值和移除一个值。这些方法标记为可变的，因为它们需要修改（或转换）结构体的 items 数组。

上面所展现的 IntStack 类型只能用于 Int 值，不过，对于定义一个泛型 Stack 类（可以处理任何类型值的栈）是非常有用的。

这里是一个相同代码的泛型版本：

```
struct Stack<T> {
```

```
    var items = [T]()
    mutating func push(item: T) {
        items.append(item)
    }
    mutating func pop() -> T {
        return items.removeLast()
    }
}
```

注意，Stack 的泛型版本基本上和非泛型版本相同，但是泛型版本的占位类型参数为 T，代替了实际 Int 类型。这种类型参数包含在一对尖括号里（<T>），紧随在结构体名字后面。

T 定义了一个名为"某种类型 T"的节点，提供给后来用。这种将来类型可以在结构体定义里的任何地方表示为"T"。在这种情况下，T 在如下三个地方被用作节点。
- 创建一个名为 items 的属性，使用空的 T 类型值数组对其进行初始化。
- 指定一个包含一个参数名为 item 的 push 方法，该参数必须是 T 类型。
- 指定一个 pop 方法的返回值，该返回值将是一个 T 类型值。

当创建一个新单例并初始化时，通过用一对紧随在类型名后的尖括号，在其中写出实际指定栈用到的类型，创建一个 Stack 实例，同创建 Array 和 Dictionary 一样。

```
var stackOfStrings = Stack<String>()
stackOfStrings.push("uno")
stackOfStrings.push("dos")
stackOfStrings.push("tres")
stackOfStrings.push("cuatro")
// 现在栈已经有 4 个 string 了
```

图 11.2 展示了 stackOfStrings 如何 push 这四个值进栈的过程。

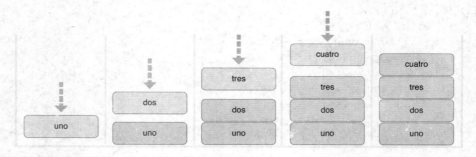

图 11.2　stack Ofstrings push 4 个值进栈的过程

从栈中 pop 并移除值 cuatro：

```
let fromTheTop = stackOfStrings.pop()
// fromTheTop 等于 "cuatro", stacks 上包含 3 个元素
```

图 11.3 展示了如何从栈中 pop 一个值的过程。

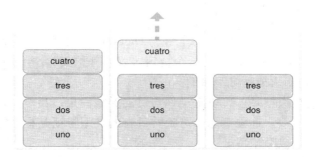

图 11.3　从栈中 pop 一个值

由于 Stack 是泛型类型，所以在 Swift 中其可以用来创建任何有效类型的栈，这种方式如同 Array 和 Dictionary。

1．扩展泛型类型

如果要扩展一个泛型，不需要额外提供类型参数。因为可以从原来的类中使用原来定义的泛型对象 T。

下面的例子将泛型 Stack 扩展了只读属性 topItem，topItem 返回栈顶的元素，注意这里不需要弹出栈顶元素，如果没有元素就返回 nil。

```
extension Stack {
    var topItem: T? {
        return items.isEmpty ? nil : items[items.count - 1]
    }
}
```

topItem 属性返回可选类型 T，如果 Stack 为空，那么 topItem 就返回 nil，如果 Stack 不为空，就返回 topItem 最后一项，也就是栈顶元素。

扩展没有定义参数列表，Stack 使用之前存在的参数类型名字 T。

```
if let topItem = stackOfStrings.topItem {
    println("The top item on the stack is \(topItem).")
}
// 打印 "The top item on the stack is tres."
```

2．类型约束

swapTwoValues 函数和 Stack 类型可以作用于任何类型，不过，有时对使用在泛型函数和泛型类型上的类型强制约束为某种特定类型是非常有用的。类型约束指定了一个必须继承自指定类的类型参数，或者实现一个特定的协议或协议构成。

例如，Swift 的 Dictionary 类型对作用于其键的类型做了一些限制。字典的键类型必须是可哈希的，也就是说，必须有一种方法可以使其是唯一的表示。Dictionary 之所以需要其键是可哈希的是为了便于检查其是否包含某个特定键的值。如无此需求，Dictionary 即不会告诉是否插入或替换了某个特定键的值，也不能查找到已经存储在字典里面的给定键值。

这个需求强制加上一个类型约束，作用于 Dictionary 的键上，当然其键类型必须实现 Hashable 协议（Swift 标准库中定义的一个特定协议）。所有的 Swift 基本类型（如 String、Int、Double 和 Bool）默认都是可哈希的。

当创建自定义泛型类型时，可以定义你自己的类型约束，当然，这些约束要支持泛型编程的强力特征中的多数。抽象概念如可哈希具有的类型特征是根据它们的概念特征来界定的，而不是它们的直接类型特征。

3. 类型约束语法

可以写一个在类型参数名后面的类型约束，通过冒号分割，来作为类型参数链的一部分。这种作用于泛型函数的类型约束的基础语法如下所示（和泛型类型的语法相同）：

```
class SomeClass {
}
class SomeProtocol {
}

func someFunction<T: SomeClass, U: SomeProtocol>
  (someT: T, someU: U)
{
   // function body goes here
}
```

上面这个假定函数有两个类型参数。第一个类型参数为 T，有一个需要 T 必须是 SomeClass 子类的类型约束；第二个类型参数为 U，有一个需要 U 必须实现 SomeProtocol 协议的类型约束。

4. 类型约束行为

这里有个名为 findStringIndex 的非泛型函数，该函数功能是去查找包含一个给定 String 值的数组。若查找到匹配的字符串，findStringIndex 函数返回该字符串在数组中的索引值（Int），反之则返回 nil：

```
func findStringIndex(array: [String], valueToFind: String) -> Int? {
   for (index, value) in enumerate(array) {
      if value == valueToFind {
         return index
      }
   }
   return nil
}
```

findStringIndex 函数可以用于查找一个字符串数组中的某个字符串：

```
let strings = ["cat", "dog", "llama", "parakeet", "terrapin"]
```

```
if let foundIndex = findStringIndex(strings, "llama") {
    println("The index of llama is \(foundIndex)")
}
// 输出 "The index of llama is 2"
```

如果只是针对字符串而言，查找在数组中的某个值的索引，用处不是很大，不过，你可以写出相同功能的泛型函数 findIndex，用某个类型 T 值替换掉提到的字符串。

这里展示了如何写一个 findStringIndex 的泛型版本 findIndex。注意，这个函数仍然返回 Int，而不是泛型类型，是不是有点迷惑呢？这是因为函数返回的是一个可选的索引数，而不是从数组中得到的一个可选值。需要提醒的是，这个函数不会编译，原因在例子后面会说明：

```
func findIndex<T>(array: [T], valueToFind: T) -> Int? {
    for (index, value) in enumerate(array) {
        if value == valueToFind {
            return index
        }
    }
    return nil
}
```

上面所写的函数不会编译。这个问题的原因在等式的检查上，"if value == valueToFind"。不是所有的 Swift 中的类型都可以用等式符（==）进行比较。例如，如果你创建一个你自己的类或结构体来表示一个复杂的数据模型，那么 Swift 没法猜到对于这个类或结构体而言"等于"的意思。正因如此，这部分代码不能保证工作于每个可能的类型 T，当试图编译这部分代码时，估计会出现相应的错误。

```
func findIndex<T>(array: [T], valueToFind: T) -> Int? {
    for (index, value) in enumerate(array) {
        if value == valueToFind {    ⓘ Cannot invoke '==' with an argument list of type '(T, T)'
            return index
        }
    }
    return nil
}
```

不过，这些并不会让我们无从下手。Swift 标准库中定义了一个 Equatable 协议，该协议要求任何实现的类型实现等式符（==）和不等符（!=）时，对任何两个该类型进行比较。所有的 Swift 标准类型自动支持 Equatable 协议。

任何 Equatable 类型都可以安全地使用在 findIndex 函数中，因为其保证支持等式操作。为了说明这个事实，当你定义一个函数时，可以写一个 Equatable 类型约束作为类型参数定义的一部分：

```
func findIndex<T: Equatable>(array: [T], valueToFind: T) -> Int? {
    for (index, value) in enumerate(array) {
        if value == valueToFind {
            return index
        }
    }
```

```
        return nil
}
```

findIndex 中的这个单个类型参数写作 T：Equatable，也就意味着"任何 T 类型都实现 Equatable 协议"。

findIndex 函数现在则可以成功地编译通过，并且作用于任何实现 Equatable 的类型，如 Double 或 String。

```
let doubleIndex = findIndex([3.14159, 0.1, 0.25], 9.3)
println("\(doubleIndex)")
// doubleIndex 是可选 nil 值，因为 9.3 不在数组中
let stringIndex = findIndex(
            ["Mike", "Malcolm", "Andrea"], "Andrea")
// stringIndex 是可选值 Optional(2)
println("\(stringIndex)")
```

11.4.3 关联类型

当定义一个协议时，声明一个或多个关联类型作为协议定义的一部分是非常有用的。一个关联类型给定作用于协议部分的类型一个节点名（或别名）。作用于关联类型上的实际类型是不需要指定的，直到该协议接受，关联类型被指定为 typealias 关键字。

1. 关联类型行为

这里是一个 Container 协议的例子，定义了一个 ItemType 关联类型：

```
protocol Container {
    typealias ItemType
    mutating func append(item: ItemType)
    var count: Int { get }
    subscript(i: Int) -> ItemType { get }
}
```

Container 协议定义了三个任何容器必须支持的兼容要求。
- 必须可通过 append 方法添加一个新 item 到容器里。
- 必须可通过使用 count 属性获取容器里 items 的数量，并返回一个 Int 值。
- 必须可通过容器的 Int 索引值下标检索到每一个 item。

这个协议没有指定容器里 item 是如何存储的，或何种类型是允许的。这个协议只指定三个任何实现 Container 类型所必须支持的功能点。一个实现的类型也可以提供其他额外的功能，只要满足这三个条件。

任何实现 Container 协议的类型必须指定存储在其里面的值类型，必须保证只有正确类型的 items 可以加进容器里，必须明确可以通过其下标返回 item 类型。

为了定义这三个条件，Container 协议需要一个方法指定容器里的元素将会保留，而不需要知道特定容器的类型。Container 协议需要指定任何通过 append 方法添加到容器里的

值和容器里元素是相同类型的,并且通过容器下标返回的容器元素类型的值的类型是相同类型。

为了达到此目的,Container 协议声明了一个 ItemType 的关联类型,写作 typealias ItemType。The protocol does not define what ItemType is an alias for—that information is left for any conforming type to provide（这个协议不会定义 ItemType 是实现类型所提供的何种信息的别名）。尽管如此,ItemType 别名支持一种方法识别在一个容器里的 items 类型,以及定义一种使用在 append 方法和下标中的类型,以便保证任何期望的 Container 的行为是强制性的。

下面是一个早前 IntStack 类型的非泛型版本,适用于实现 Container 协议:

```
struct IntStack: Container {
    // original IntStack implementation
    var items = [Int]()
    mutating func push(item: Int) {
        items.append(item)
    }
    mutating func pop() -> Int {
        return items.removeLast()
    }
    // conformance to the Container protocol
    typealias ItemType = Int
    mutating func append(item: Int) {
        self.push(item)
    }
    var count: Int {
        return items.count
    }
    subscript(i: Int) -> Int {
        return items[i]
    }
}
```

IntStack 类型实现了 Container 协议的所有三个要求,在 IntStack 类型的每个包含部分的功能都满足这些要求。

此外,IntStack 指定了 Container 的实现,适用的 ItemType 被用作 Int 类型。对于这个 Container 协议实现而言,定义 typealias ItemType = Int,将抽象的 ItemType 类型转换为具体的 Int 类型。

感谢 Swift 类型参考,你不用在 IntStack 定义部分声明一个具体的 Int 的 ItemType。由于 IntStack 实现 Container 协议的所有要求,只要通过简单的查找 append 方法的 item 参数类型和下标返回的类型,Swift 就可以推断出合适的 ItemType 来使用。确实,如果上面的代码中删除了 typealias ItemType = Int 这一行,一切仍旧可以工作,因为它清楚地知道 ItemType 使用的是何种类型。

也可以生成实现 Container 协议的泛型 Stack 类型:

```
struct Stack<T>: Container {
    // original Stack<T> implementation
    var items = [T]()
    mutating func push(item: T) {
        items.append(item)
    }
    mutating func pop() -> T {
        return items.removeLast()
    }
    // conformance to the Container protocol
    mutating func append(item: T) {
        self.push(item)
    }
    var count: Int {
        return items.count
    }
    subscript(i: Int) -> T {
        return items[i]
    }
}
```

这个时候，占位类型参数 T 被用作 append 方法的 item 参数和下标的返回类型。Swift 因此可以推断出被用作这个特定容器的 ItemType 的 T 的合适类型。

2. 扩展一个存在的类型为指定关联类型

在"使用扩展来添加协议兼容性"文档中有描述扩展一个存在的类型来添加实现的协议。这个类型包含一个关联类型的协议。

Swift 的 Array 已经提供了 append 方法，count 属性和通过下标来查找自己的元素。这三个功能都达到 Container 协议的要求，也就意味着你可以扩展 Array 去实现 Container 协议，只要通过简单声明 Array 适用于该协议即可。实现空扩展的行为如下：

```
extension Array: Container {}
```

如同上面的泛型 Stack 类型一样，Array 的 append 方法和下标保证 Swift 可以推断出 ItemType 所使用的适用类型。定义了这个扩展后，就可以将任何 Array 当作 Container 来使用。

3. Where 语句

描述的类型约束确保你定义关于类型参数的需求和泛型函数或类型有关联。

对于关联类型的定义需求也是非常有用的。可以通过这样去定义 where 语句作为一个类型参数队列的一部分。一个 where 语句使你能够要求一个关联类型实现一个特定的协议，以及（或）那个特定的类型参数和关联类型可以是相同的。也可写一个 where 语句，通过紧随放置 where 关键字在类型参数队列的后面，其后跟着一个或者多个针对关联类型的约束,以及(或)一个或多个类型和关联类型的等于关系。

下面的例子定义了一个名为 allItemsMatch 的泛型函数,用来检查是否两个 Container 单例包含具有相同顺序的相同元素。如果匹配到所有的元素,那么返回一个为 true 的 Boolean 值,反之,则相反。

这两个容器可以被检查出是否是相同类型的容器(虽然它们可以是),但它们确实拥有相同类型的元素。这个需求通过一个类型约束和 where 语句结合来表示:

```
func allItemsMatch<C1: Container, C2: Container
      where C1.ItemType == C2.ItemType, C1.ItemType: Equatable>
      (someContainer: C1, anotherContainer: C2) -> Bool
{
    // check that both containers contain the same number of items
    if someContainer.count != anotherContainer.count {
        return false
    }

    // check each pair of items to see if they are equivalent
    for i in 0..someContainer.count {
        if someContainer[i] != anotherContainer[i] {
            return false
        }
    }

    // all items match, so return true
    return true
}
```

这个函数用了两个参数 someContainer 和 anotherContainer。someContainer 参数是类型 C1,anotherContainer 参数是类型 C2。C1 和 C2 是容器的两个占位类型参数,决定了这个函数何时被调用。

这个函数的类型参数列紧随在两个类型参数需求的后面:
- C1 必须实现 Container 协议(写作 C1: Container)。
- C2 必须实现 Container 协议(写作 C2: Container)。
- C1 的 ItemType 同样是 C2 的 ItemType(写作 C1.ItemType == C2.ItemType)。
- C1 的 ItemType 必须实现 Equatable 协议(写作 C1.ItemType: Equatable)。

第三个和第四个要求被定义为 where 语句的一部分,写在关键字 where 的后面,作为函数类型参数链的一部分。

这些要求的意思是:

someContainer 是一个 C1 类型的容器。anotherContainer 是一个 C2 类型的容器。someContainer 和 anotherContainer 包含相同的元素类型。someContainer 中的元素可以通过不等于操作(!=)来检查它们是否彼此不同。

第三个和第四个要求结合起来的意思是 anotherContainer 中的元素也可以通过 != 操

作来检查,因为它们在 someContainer 中的元素确实是相同的类型。

这些要求能够使 allItemsMatch 函数比较两个容器,即便它们是不同的容器类型。

allItemsMatch 首先检查两个容器是否拥有同样数目的 items,如果它们的元素数目不同,没有办法进行匹配,函数就会返回 false。

检查完之后,函数通过 for-in 循环和半闭区间操作(..)来迭代 someContainer 中的所有元素。对于每个元素,函数检查 someContainer 中的元素是否不等于对应的 anotherContainer 中的元素,如果这两个元素不等,则这两个容器不匹配,返回 false。

如果循环体结束后未发现任何的不匹配,那表明两个容器匹配,函数返回 true。

这里演示了 allItemsMatch 函数运算的过程:

```
var stackOfStrings = Stack<String>()
stackOfStrings.push("uno")
stackOfStrings.push("dos")
stackOfStrings.push("tres")

var arrayOfStrings = ["uno", "dos", "tres"]

if allItemsMatch(stackOfStrings, arrayOfStrings) {
   println("All items match.")
} else {
   println("Not all items match.")
}
// 输出 "All items match."
```

上面的例子创建一个 Stack 单例来存储 String,然后压了三个字符串进栈。这个例子也创建了一个 Array 单例,并初始化包含三个同栈里一样的原始字符串。即便栈和数组是不同的类型,但它们都实现 Container 协议,而且它们都包含同样的类型值。因此可以调用 allItemsMatch 函数,用这两个容器作为它的参数。在上面的例子中,allItemsMatch 函数正确地显示了所有这两个容器的 items 匹配。

11.5 Swift 和 Objective-C 交互

根据苹果官方文档介绍,Swift 是对 Objective-C 的一个"优雅"的包装。所有的 Swift 底层库、框架都是使用 Objective-C 来实现的。所以 Swift 可以无缝地和 Cocoa、Objective-C 兼容调用。目前 iOS 开发需要的大量第三方 Objective-C 开发库。Swift 通过和 Obective-C 兼容调用,就可以在 Swift 程序中大量使用 Obective-C API 函数。同样,Objective-C 也可无缝地调用 Swift 程序。这样 Swift 和 Objective-C 可以相互调用,为开发者提供了很多开发便利。

11.5.1 Swift 调用 Objective-C 函数

尽管 Swift 和 Objective-C 可以相互调用,但是在真实项目中,Swift 调用 Objective-C

以及 C/C++要常见一些。因为如果项目采用 Swift 开发，必然需要调用各种稳定的第三方 Objective-C 的开源库。

创建一个 Swift 项目，名为 SwiftCallObjectiveC。该项目中会在 Objective-C 代码中创建一个 Student 对象，然后在 Swift 中调用该对象。

1. 添加 Student 类

在项目中创建一个新的 Objective-C 类 Student，注意选中 Objective-C 语言，如图 11.4 所示。

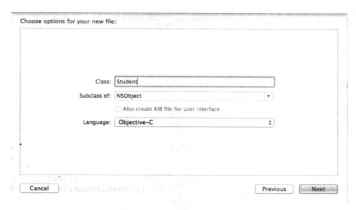

图 11.4　添加 student 类

单击 Next 按钮，弹出如图 11.5 所示的对话框。单击对话框中的 Yes 按钮，这样就产生了 Student.h 和 Student.m 文件。同时也会产生一个中间桥梁文件 SwiftCallObjectiveC-Bridging-Header.h，如图 11.6 所示。

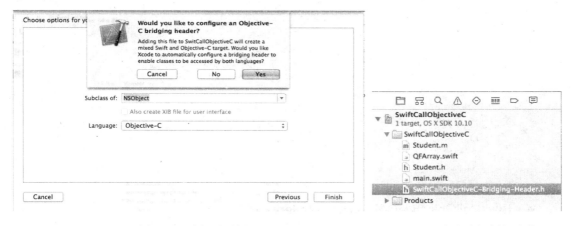

图 11.5　选择对话框　　　　　　　　　　图 11.6　产生中间桥梁文件

2. Student.h 代码

```
#import <Foundation/Foundation.h>
```

```objc
@interface Student : NSObject
@property (nonatomic, assign) NSUInteger id;
@property (nonatomic, copy) NSString *name;

- (id) initWithName:(NSString *)name;
- (id) initWithId:(NSUInteger)id andName:(NSString *)name;

- (NSString *) getName;
+ (NSUInteger) maxStudent;

@end
```

3. Student.m 代码

```objc
#import "Student.h"

@implementation Student

- (id) initWithName:(NSString *)name {
    self = [super init];
    return self;
}
- (id) initWithId:(NSUInteger)id andName:(NSString *)name {
    self = [super init];
    if (self) {
        self.name = name;
        self.id = id;
    }
    return self;
}
- (NSString *) getName {
    return self.name;
}
+ (NSUInteger) maxStudent {
    return 100;
}
@end
```

4. SwiftCallObjectiveC-Bridging-Header.h 代码

桥接文件是连接 Swift 和 Objective-C 的中间文件。在该文件中所有的内容都是可以在 Swift 中调用的。所以在该文件中只输入 Swift 需要的 Objective-C 头文件即可。

在文件 SwiftCallObjectiveC-Bridging-Header.h 中输入如下代码：

```objc
#import "Student.h"
```

5. main.swift 代码

在 main.swift 中创建 Student 对象,调用 Student 中的对象方法和类方法。

```
import Foundation

// 调用 Objective-C 的方法.
let s = Student();
let s2 = Student(id: 100, andName: "千锋");

println("name = \(s2.getName())");
println("max student = \(Student.maxStudent())");
```

执行上面的代码,输出如下所示:

```
name = 千锋
max student = 100
```

6. 设置 Bridging 桥接文件

Swift 和 Objective-C 之间的桥梁文件命名规则是"产品名字-Bridging-Header.h"。如果要改变缺省的命名规范,在如图 11.7 所示中重新填写即可。

图 11.7 设置桥接文件

11.5.2 Objective-C 调用 Swift 程序

Objective-C 也可以调用 Swift 中的方法。如果创建的 swift 类想要在 Objective-C 中使用,类必须继承于 NSObject 或者使用@objc 进行修饰。比如:

```
class QFArray : NSObject {
}
```

或者

```
@objc class QFArray2 {
}
```

1. 定义 Swift 类 QFArray

这里定义一个 QFArray，定义了方法和 subscript 下标。这些函数会在 Objective-C 中使用。

```swift
class QFArray : NSObject {
    var _arr = [String]();
    override init() {
    }
    init(cap : NSInteger) {
        _arr = Array<String>(count: cap, repeatedValue: "");
    }
    subscript(index : Int) -> String? {
        return _arr[index];
    }
    func getLength() -> Int {
        return _arr.count;
    }
    func addElem(elm : String) {
        _arr.append(elm);
    }
}
```

2. Objective-C 代码调用 QFArray 对象

```objc
#import "SwiftCallObjectiveC-Swift.h"

// 测试 Objective-C 调用 Swift 函数
- (void) testCallSwift {
    QFArray *arr = [[QFArray alloc] init];
    // 调用 Swift 中的 addElem 方法
    [arr addElem:@"hello"];
    [arr addElem:@"world"];
    // 调用 Swift 中的 getLength 方法
    NSInteger len = [arr getLength];
    // 调用 Swift 中的 subscript 方法
    NSString *elm = [arr objectAtIndexedSubscript:0];
}
```

注意，上述的 SwiftCallObjectiveC-Swift.h 是系统自动产生的文件。这个文件是所有 Swift 为了兼容 Objective-C 产生的.h 头文件。命名规范是：

产品名字-Swift.h

3. SwiftCallObjectiveC-Swift.h 文件规范

SwiftCallObjectiveC-Swift.h 文件是系统编译自动产生的文件，但是在项目中看不到。

可以通过鼠标单击下面这一行,切换到文件内部去查看内部代码。

```
#import "SwiftCallObjectiveC-Swift.h"
```

文件部分的内容如下所示:

```
SWIFT_CLASS("_TtC19SwiftCallObjectiveC7QFArray")
@interface QFArray : NSObject
@property (nonatomic, copy) NSArray * _arr;
- (instancetype)init;
- (instancetype)initWithCap:(NSInteger)cap;
- (NSString *)objectAtIndexedSubscript:(NSInteger)index;
- (NSInteger)getLength;
- (void)addElem:(NSString *)elm;
@end
```

可以看出,Xcode 编译器内部会把所有的 Swift 文件产生 Objective-C 的头文件,以便在 Objective-C 中调用。

下篇　Swift UI 设计篇

第 12 章 第一个 UI 项目

Swift 语言作为苹果公司推出的编程语言，最主要的作用就是用来进行 iOS 应用程序的开发，从这一章开始，将介绍如何使用 Swift 语言进行 iOS 开发。

12.1 创 建 工 程

要创建一个 iOS 应用开发的工程，有下列三种方式。
1. 如果系统中的 Xcode 没有打开，在打开 Xcode 时会出现如图 12.1 所示界面。

图 12.1　启动界面

单击左侧的列表中的 Create a new Xcode project，即可创建一个工程。
2. 如果已经打开了 Xcode，可以通过如下操作创建一个新的工程，如图 12.2 所示。
在菜单中选择 File->New->Project 命令。
3. 使用快捷键 Shift+command+N 创建一个工程。
使用以上三种方式中的任意一种创建一个工程后，即可看到如图 12.1 所示的界面。

第 12 章 第一个 UI 项目

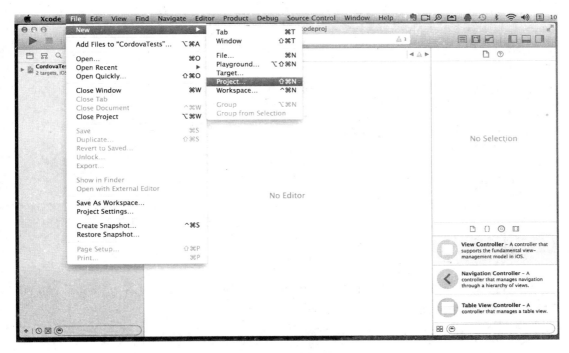

图 12.2 创建新工程

在弹出的窗口中（图 12.3），在左侧的菜单中选择 iOS 菜单列表中的 Application，然后在右侧的窗口中选择 Single View Application，单击 Next 按钮，弹出如图 12.4 所示对话框。

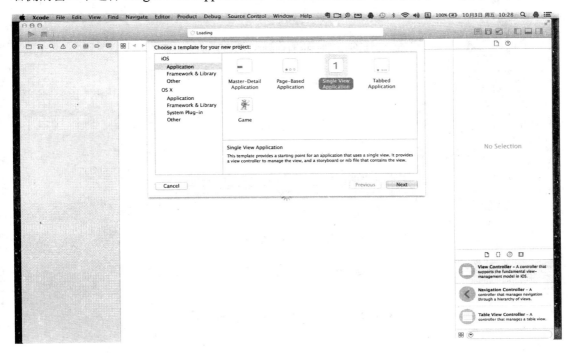

图 12.3 弹出窗口

图 12.4 设置对话框

按照图示，输入项目名称，选择语言为 Swift，选择开发的硬件设备为 Phone，然后单击 Next 按钮，弹出如图 12.5 所示的对话框。

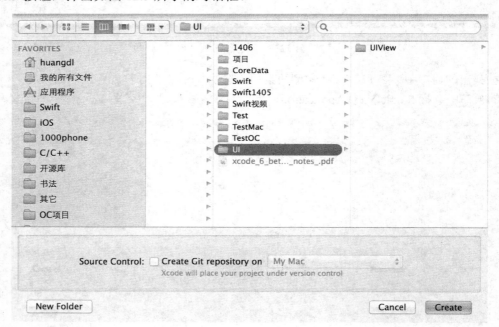

图 12.5 选择创建目录

选择好工程创建的目录，单击 Create 按钮创建工程。

12.2 Xcode 工程界面

工程创建完成，可看到如图 12.6 所示界面。

第 12 章　第一个 UI 项目

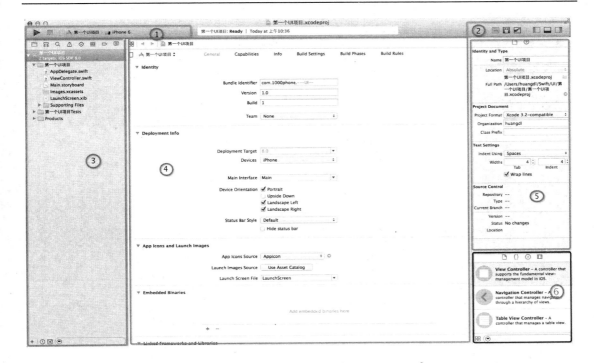

图 12.6　Xcode 工程界面

新创建的 Xcode 工程界面大体分为 6 个部分，如下所述。

1．控制程序的启动、停止、项目的选择及模拟器的选择。

2．这一部分分为左侧三个按钮和右侧三个按钮，左侧是控制文档编辑的模式，右侧三个按钮用来控制整个界面中其他内容的显示和隐藏。

3．文件管理部分，通过顶部的按钮切换显示内容，比如继承关系、搜索、警告、异常等信息。

4．这一部分是代码编辑的主要部分，在选择项目时，这一部分会显示与工程相关的信息，如项目的版本，项目开发对应的 iOS 系统的版本等。

5．用来查看和设置属性，在代码编写过程中，这一部分可以用来查看方法的说明文档。

6．这里是控件列表，也可以通过顶部的按钮切换到其他功能，如代码复用、创建文件等。

12.3　代码及运行

单击新创建的工程左侧文件列表中的 AppDelegate.swift，如图 12.7 所示。

此时，在中间区域显示的就是 AppDelegate.swift 文件的代码。

在前期学习过程中，可以不用理会其他方法，只要关心这个文件里面的第一个方法即可，AppDelegate.swift 文件中的代码如下：

图 12.7 工程文件列表

```
import UIKit

@UIApplicationMain
class AppDelegate: UIResponder, UIApplicationDelegate {

    var window: UIWindow?


    func application(application: UIApplication, didFinishLaunchingWithOptions launchOptions: [NSObject: AnyObject]?) -> Bool {
        // Override point for customization after application launch.
        return true
    }

}
```

这个方法是 AppDelegate 中的第一个方法，也是程序的入口方法，可以直接在这里给界面添加视图、处理逻辑、完成各种操作。

注意：
1. 如果在这个方法里面不写任何代码，其实设置了根视图控制器。
2. 同时也为 window 进行了初始化，所以完整的代码如下。

```
import UIKit

@UIApplicationMain
class AppDelegate: UIResponder, UIApplicationDelegate {
```

```
    var window: UIWindow?

    func application(application: UIApplication, didFinishLaunchingWithOptions
    launchOptions: [NSObject: AnyObject]?) -> Bool {
        //初始化 window
        window = UIWindow(frame: UIScreen.mainScreen().bounds)
        //显示 window
        window?.makeKeyAndVisible()

        //默认设置了根视图控制器
        self.window?.rootViewController = ViewController()
        //设置当前的 window 背景为白色
        self.window?.backgroundColor = UIColor.whiteColor()
        return true
    }
}
```

至于根视图控制器、window 及背景颜色等知识，会在后面的章节中涉及。

12.4 运 行

单击工程界面左上角的小三角①，运行工程，会启动④对应的模拟器并运行③这个项目，如图 12.8 所示。

另外，可以单击②按钮来停止工程的运行。

启动项目后的运行结果如图 12.9 所示。

图 12.8 运行

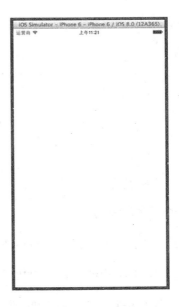

图 12.9 运行结果

第 13 章 UIView 视图

UIView 是所有 iOS 中的控件的父类，如按钮、标签、输入框等，也就是说，在 iOS 开发中，界面上显示的所有控件都是一个个的 UIView，所以说 UIView 是学习其他控件的基础。

13.1 UIView 的创建

打开工程中的 ViewController.swift 文件，如图 13.1 所示。

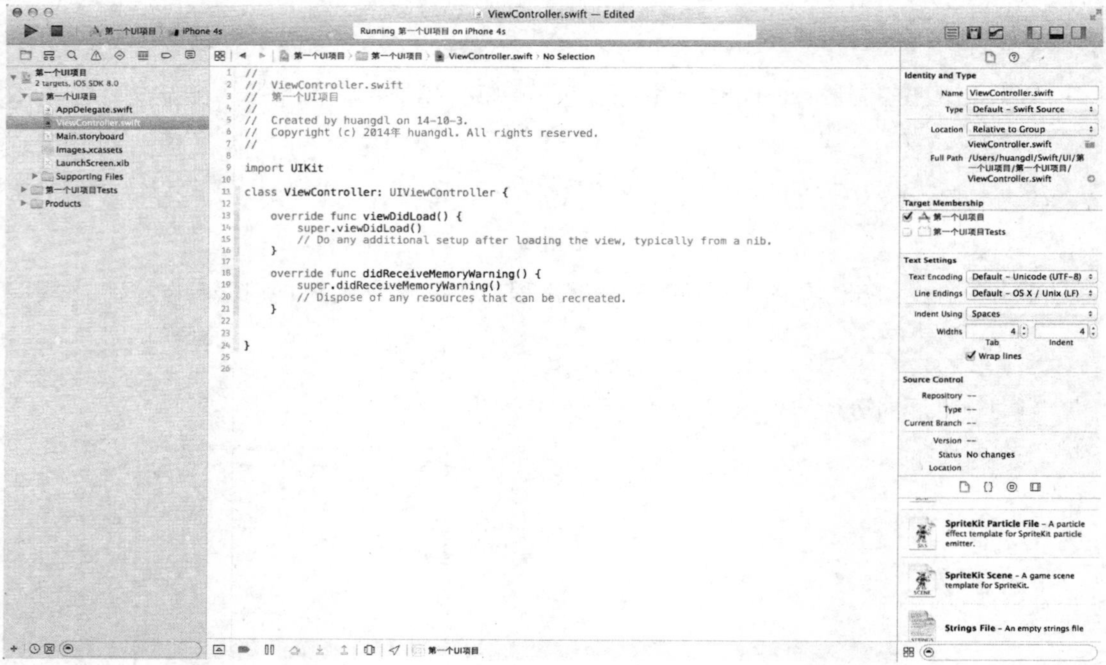

图 13.1 打开文件

在该类中默认有两个方法。

1．viewDidLoad()

此方法是当前的视图控制器 view 加载完成时调用的方法，详细内容参考视图控制器一章。

2．didReceiveMemoryWarning()

此方法是在接收到内存警告时调用的方法，在这个方法里可以对某些占用内存较大的对象进行释放操作。

在该文件的 viewDidLoad()方法中写入如下代码：

```
import UIKit

class ViewController: UIViewController {

    override func viewDidLoad() {
        super.viewDidLoad()

        let redView = UIView(frame: CGRectMake(100,200,110,150))
        redView.backgroundColor = UIColor.redColor()
        self.view.addSubview(redView)

    }

    override func didReceiveMemoryWarning() {
        super.didReceiveMemoryWarning()
        // Dispose of any resources that can be recreated.
    }
}
```

运行工程，效果如图 13.2 所示。

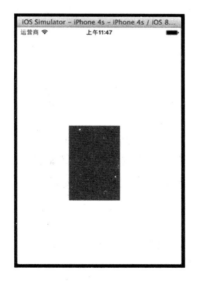

图 13.2　运行结果

13.2　CGRect 详解

要创建 UIView，是使用 UIView 类的构造方法进行创建。

```
init(frame: CGRect)
```

此构造方法中的参数 frame 是 CGRect 类型的,CGRect 是一个结构体,它的定义如下:

```
struct CGRect {
    var origin: CGPoint
    var size: CGSize
}
```

在这个结构体中有两个值 origin 和 size。origin 表示起始坐标,它也是一个结构体,也包含两个变量:表示 X 轴和 Y 轴坐标:

```
struct CGPoint {
    var x: CGFloat
    var y: CGFloat
}
```

size 表示视图的尺寸,它也是一个结构体,包含两个变量,分别表示宽度和长度。

```
struct CGSize {
    var width: CGFloat
    var height: CGFloat
}
```

生成一个 CGRect 类型的对象,可以使用以下方法快速生成:

```
func CGRectMake(x: CGFloat, y: CGFloat, width: CGFloat, height: CGFloat) -> CGRect
```

这个方法有四个参数,分别表示如下。

x:创建的视图的左上角距离屏幕的左边界的像素值。
y:创建的视图的左上角距离屏幕的上边界的像素值。
width:视图本身的宽度。
height:视图本身的高度。
使用 UIView 的构造方法,创建出一个 UIView 的对象。

```
let redView = UIView(frame:CGRectMake(100,200,110,150))
```

redView 的左侧距离屏幕的左侧距离为 100。
redView 的上侧距离屏幕的上侧距离为 200。
redView 本身的宽度为 110。
redView 本身的高度为 150。
具体如图 13.3 所示。

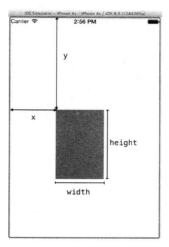

图 13.3 创建 UIView

13.3 UIColor 的使用

颜色的使用一般有以下几种方法。
1．使用系统自带的颜色创建方法。
2．使用三元色进行创建。
3．使用图片。

往项目中导入一张图片的方法如下。

在项目的文件列表中的图片存放位置右键单击"Add Files to 项目名",如图 13.4 所示。

图 13.4 选择图片

弹出一个选择图片的界面。找到相应的图片，单击 Add 按钮，如图 13.5 所示。

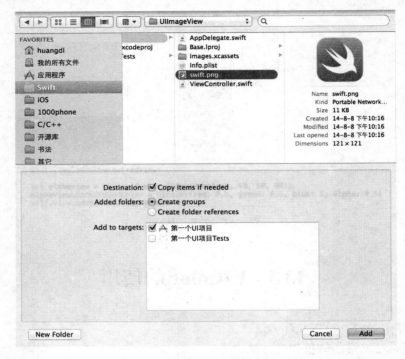

图 13.5　选择相应图片

这时，在工程中会出现这张图片，如图 13.6 所示。

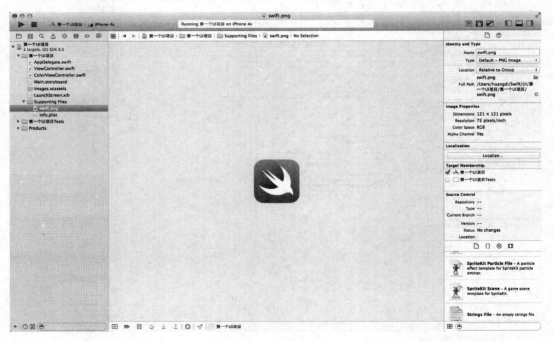

图 13.6　工程中出现图片

回到代码部分，输入如下代码：

```
import UIKit

class ViewController: UIViewController {

    override func viewDidLoad() {
        super.viewDidLoad()

        //使用系统自带的快速创建颜色的方法
        let redView = UIView(frame: CGRectMake(10, 60, 50, 50))
        redView.backgroundColor = UIColor.redColor()
        self.view.addSubview(redView)

        //使用指定红、绿、蓝及透明度的方法创建颜色
        let alphaView = UIView(frame: CGRectMake(100, 60, 50, 50))
        alphaView.backgroundColor = UIColor(red: 0.5, green: 0.5, blue: 1, alpha: 0.5)
        self.view.addSubview(alphaView)

        //使用图片创建颜色
        let picView = UIView(frame: CGRectMake(50, 140, 121, 121))
        picView.backgroundColor = UIColor(patternImage: UIImage(named: "swift.png"))
        self.view.addSubview(picView)

    }

}
```

在使用图片创建颜色并使用这个颜色的时候，该图片是平铺的，不会根据 view 的大小进行缩放。

显示效果如图 13.7 所示。

图 13.7　显示结果

13.4 UIView 的显示

要将创建出来的视图显示出来，需要将视图直接或者间接地添加到手机的屏幕视图上，当前创建的视图是在 ViewController.swift 中创建的，在该视图控制中自带了一个 redView，而这个 redView 已经显示在屏幕上了，所以要显示出自己创建的 redView，只需要将这个 redView 添加到 self.view 中即可。

可以使用 addSubview()方法将创建好的视图添加到屏幕上：

```
self.view.addSubview(redView)
```

在默认情况下，创建出一个新的 view，它的背景颜色是透明的，为了使创建的视图能显示出来，需要给视图添加一个背景颜色。

```
redView.backgroundColor = UIColor.redColor()
```

13.5 父视图与子视图

13.5.1 概念

注意，在添加视图时，即执行以下代码时，是将视图 redView 添加到视图 self.view 上，redView 作为 self.view 的子视图存在。

```
self.view.addSubview(redView)
```

这时我们称 self.view 是 redView 的父视图，redView 是 self.view 的子视图。

子视图中设置的 frame 值是相对父子视图而言的，即 x 是指从父视图的左侧起的像素值，y 是指从父视图的上边界起的像素值。比如，如果在视图 redView 上添加另外一个视图。

```
import UIKit

class ViewController: UIViewController {

    override func viewDidLoad() {
        super.viewDidLoad()

        let redView = UIView(frame: CGRectMake(100,200,110,150))
        redView.backgroundColor = UIColor.redColor()
        self.view.addSubview(redView)

        let blueView = UIView(frame: CGRectMake(10, 10, 50, 50))
```

```
        blueView.backgroundColor = UIColor.blueColor()
        redView.addSubview(blueView)

    }

}
```

新创建的视图 blueView 是添加到视图 redView 上面,作为 redView 的子视图存在的,所以它的位置是相对于 redView 的左边界和上边界而言的。

blueView 的左侧到 redView 的左边界的距离是 10。

blueView 的上侧到 redView 的上边界的距离是 10。

此时

redView 是 blueView 的父视图。

blueView 是 redView 的子视图。

效果如图 13.8 所示。

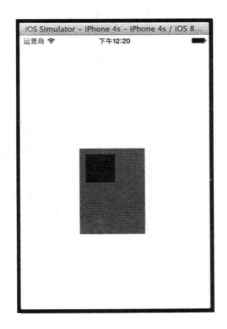

图 13.8　效果

13.5.2　多视图

视图的父子关系不是一对一的。

- 一个视图上面可以添加多个子视图。
- 子视图上面也可以添加子视图。

如果使用 addSubview 方法在一个视图上添加多个子视图,后添加的子视图会覆盖在前面添加的子视图上面,如以下代码:

```
let greenView = UIView(frame: CGRectMake(30, 30, 60, 60))
greenView.backgroundColor = UIColor.greenColor()
redView.addSubview(greenView)
```

效果如图 13.9 所示。

13.5.3 UIView 的透明度属性

在上面的代码中，给 greenView 添加一个透明度属性：

```
greenView.alpha = 0.5
```

透明度设置成功后，greenView 就变成透明了，就能看到在 greenView 的下面的 blueView 了。运行效果如图 13.10 所示。

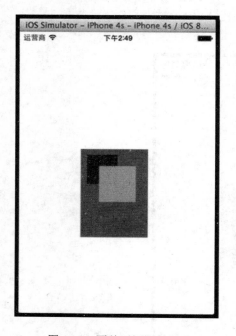 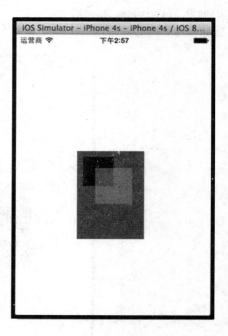

图 13.9　覆盖子视图效果　　　　　　图 13.10　运行效果

13.6　UIView 其他操作

13.6.1　子视图数组

可以通过视图的 subviews 属性来访问一个视图的所有子视图，subviews 中存放的是视图的子视图数组。

```
class ViewController: UIViewController {
```

```swift
override func viewDidLoad() {
    super.viewDidLoad()

    let redView = UIView(frame: CGRectMake(100,200,110,150))
    redView.backgroundColor = UIColor.redColor()
    self.view.addSubview(redView)

    let blueView = UIView(frame: CGRectMake(10, 10, 50, 50))
    blueView.backgroundColor = UIColor.blueColor()
    redView.addSubview(blueView)

    //这里的grayView是blueView的子视图
    let grayView = UIView(frame: CGRectMake(5, 5, 30, 30))
    grayView.backgroundColor = UIColor.lightGrayColor()
    blueView.addSubview(grayView)

    let greenView = UIView(frame: CGRectMake(30, 30, 60, 60))
    greenView.backgroundColor = UIColor.greenColor()
    redView.addSubview(greenView)
    greenView.alpha = 0.5

    println(redView.subviews)
    /*
    [<UIView: 0x7c9262f0; frame = (10 10; 50 50); layer = <CALayer: 0x7c926260>>,
    <UIView: 0x7c926530; frame = (30 30; 60 60); alpha = 0.5; layer = <CALayer: 0x7c926490>>]
    */

}
```

因为 grayView 是 blueView 的子视图，它并不是 redView 的子视图，所以在打印的结果中，并不包含 grayView。

另外，在子视图数组中出现的位置，决定了对应的子视图在屏幕上出现的层次，即，如果这个子视图是子视图数组的最后一个元素，那么这个子视图将覆盖住所有其他子视图，出现在最上面。

13.6.2 添加子视图的其他方法

在以上代码中，一直使用 addSubview 方法来给一个视图添加子视图，使用这个方法的结果是，新添加的子视图永远都是覆盖在其他子视图的上面，所以还需要其他的添加子视图的方法，来随意安排新子视图的层次。

这些方法有以下几种：

1. insertSubview(view: UIView，atIndex index: Int)

将视图 view 置于子视图数组的下标为 index 的位置。

2. insertSubview(view: UIView，belowSubview siblingSubview: UIView)

将视图 view 置于 siblingSubview 视图的下面。

3. insertSubview(view: UIView，aboveSubview siblingSubview: UIView)

将视图 view 置于 siblingSubview 视图的上面。

这三种添加子视图的方式使用方法如下：

```swift
class ViewController: UIViewController {

    override func viewDidLoad() {
        super.viewDidLoad()
        
        //最下面和最上面的两个 view
        let view1 = UIView(frame: CGRectMake(10, 50, 200, 200))
        let view2 = UIView(frame: CGRectMake(150, 170, 200, 200))
        view1.backgroundColor = UIColor.redColor()
        view2.backgroundColor = UIColor.greenColor()
        self.view.addSubview(view1)
        self.view.addSubview(view2)
        
        //将 blueView 置于下标为 1 的位置，即置于 view1 和 view2 之间
        let blueView = UIView(frame: CGRectMake(80, 110, 200, 200))
        blueView.backgroundColor = UIColor.blueColor()
        self.view.insertSubview(blueView, atIndex: 1)
        
        //将 orangeView 置于 blueView 的下面
        let orangeView = UIView(frame: CGRectMake(35, 80, 200, 200))
        orangeView.backgroundColor = UIColor.orangeColor()
        self.view.insertSubview(orangeView, belowSubview: blueView)
        
        //将 purpleView 置于 blueView 的上面
        let purpleView = UIView(frame: CGRectMake(120, 145, 200, 200))
        purpleView.backgroundColor = UIColor.purpleColor()
        self.view.insertSubview(purpleView, aboveSubview: blueView)
        
    }

}
```

上述三种方式使用起来比较灵活，可以根据需要适当使用。

上述代码的运行效果如图 13.11 所示。

图 13.11 运行效果

13.6.3 子视图的层次的改变方法

在进行项目开发的过程中，经常需要动态地调整视图的层次，比如将某一个视图移动到最上面，或者将某一个视图移动最下面。这个时候，就需要使用到调整子视图的层次的方法。

常用的调整视图层次的方法如下。

1．bringSubviewToFront(view: UIView)

将 view 移动到所有子视图的最上面。

2．sendSubviewToBack(view: UIView)

将 view 移动到所有子视图的最下面。

3．exchangeSubviewAtIndex(index1: Int，withSubviewAtIndex index2: Int)

将下标为 index1 的子视图和下标为 index2 的子视图交换位置。

使用方法如下：

```
//将 purpleView 移动到最上面
self.view.bringSubviewToFront(purpleView)

//将 orangeView 移动到最下面
```

```
self.view.sendSubviewToBack(orangeView)

//交换下标为 1 和下标为 2 的两个视图的层次
//此时下标为 1 的子视图是 view1
//此时下标为 2 的子视图是 blueView
self.view.exchangeSubviewAtIndex(1, withSubviewAtIndex: 2)
```

再次运行程序，效果如图 13.2 所示。

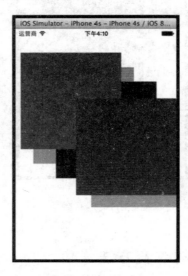

图 13.12　运行效果

13.6.4　UIView 的简单动画

在 iOS 开发中，动画是必不可少的，而在 UIView 这个类中，提供了如下一些简单的制作动画的方法。

1．animateWithDuration(duration: NSTimeInterval, delay: NSTimeInterval, options：UIViewAnimationOptions, animations: () -> Void, completion: ((Bool) -> Void)?)

duration：整个动画持续时间，该值越大，动画进行得越慢。

delay：延迟，即在等待 delay 秒后开始动画。

options：相关的动画运行参数，如设置为 Repeat，则该动画会一直重复执行。

animations：这是一个闭包，在这个闭包体内，所有的参数都是动画的最终状态。

completion：这也是一个闭包，表示在整个动画发生完成后会执行这个动画。

2．animateWithDuration(duration: NSTimeInterval，animations: () -> Void，completion: ((Bool) -> Void)?)

与上一个方法一样，只是 delay 默认是 0.0，options 默认是 0。

3．animateWithDuration(duration: NSTimeInterval, animations: () -> Void)

此方法为简化方法，只有一个持续时间和动画最终状态的闭包。

需要注意的是，在动画的闭包体内设置的所有状态都应该是可以连续改变的，这些属

性包括:
1. 位置
2. 大小
3. 颜色（纯色）
4. 透明度

如果将 view 的颜色设置为图片颜色,那么不能实现从一个图片渐变到另外一张图片。因为图片的转变是不连续的。

具体的使用方法如下:

```swift
class ViewController: UIViewController {

    override func viewDidLoad() {
        super.viewDidLoad()

        let view = UIView(frame: CGRectMake(10, 40, 100, 100))
        view.backgroundColor = UIColor.blueColor()
        self.view.addSubview(view)

        UIView.animateWithDuration(2, delay: 2.0, options: UIViewAnimation-
        Options.CurveEaseOut, animations: { () -> Void in
            view.frame = CGRectMake(10, 40, 300, 300)
            view.backgroundColor = UIColor.orangeColor()
        }) { (finished) -> Void in

        }
    }
}
```

运行的结果如图 13.13 所示。

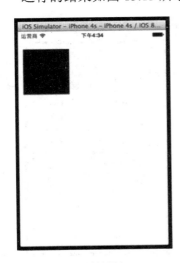 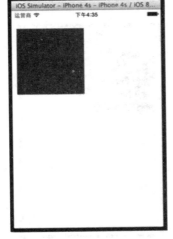 

开始运行　　　　　　2 秒后 view 开始变化　　　　　　4 秒后，终止状态

图 13.13　运行结果

当然，利用这个方法，可以实现动画的连续进行，比如在动画结束后的闭包方法里，开始一个新的动画。

```
class AnimateViewController: UIViewController {

    override func viewDidLoad() {
        super.viewDidLoad()

        let view = UIView(frame: CGRectMake(10, 40, 100, 100))
        view.backgroundColor = UIColor.blueColor()
        self.view.addSubview(view)

        let view2 = UIView(frame: CGRectMake(100, 50, 100, 100))
        view2.backgroundColor = UIColor.yellowColor()
        self.view.addSubview(view2)

        UIView.animateWithDuration(2, delay: 2.0, options: UIViewAnimation-
Options.CurveEaseOut, animations: { () -> Void in
            view.frame = CGRectMake(10, 40, 300, 300)
            view.backgroundColor = UIColor.orangeColor()
        }) { (finished) -> Void in

            //在前一个动画结束后，开始新的动画
            UIView.animateWithDuration(2.0, animations: { () -> Void in
                view2.center = CGPointMake(150, 400)
                view2.backgroundColor = UIColor.blackColor()
            })

        }
    }
}
```

运行效果如图 13.4 所示。

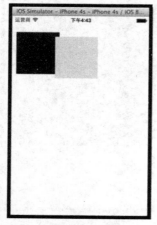
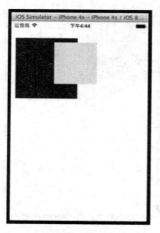

开始运行　　　　2 秒后第一个动画开始　　　　4 秒后前一个动画结束
　　　　　　　　　　　　　　　　　　　　　　第二个动画开始

第 13 章　UIView 视图

第二个动画运行过程中　　　　　　　　最终状态

图 13.14　动画运行效果

13.7　UIView 的 tag 属性

为了方便管理所有的 view，可以为每一个 view 设置 tag 属性：

```
class RemoveViewController: UIViewController {

    override func viewDidLoad() {
        super.viewDidLoad()

        let view = UIView(frame: CGRectMake(100, 100, 100, 100))
        view.backgroundColor = UIColor.redColor()
        view.tag = 100
        self.view.addSubview(view)

        let view2 = UIView(frame: CGRectMake(150, 150, 100, 100))
        view2.backgroundColor = UIColor.greenColor()
        view2.tag = 101
        self.view.addSubview(view2)

        println(self.view.subviews)
        /*
        [<UIView: 0x7bf88270; frame = (100 100; 100 100); tag = 100; layer
        = <CALayer: 0x7bf99e70>>,
        <UIView: 0x7bfb5910; frame = (150 150; 100 100); tag = 101; layer =
```

```
            <CALayer: 0x7bfac110>>]
        */
    }
}
```

为了在程序运行的过程中不出错,一个界面内的所有子视图的 tag 值不能相同。

13.8　UIView 的移除

如果需要将某一个视图从它的父视图中移除掉,可以使用 removeFromSuperview 方法进行。

```
class RemoveViewController: UIViewController {
    
    override func viewDidLoad() {
        super.viewDidLoad()
        
        let view = UIView(frame: CGRectMake(100, 100, 100, 100))
        view.backgroundColor = UIColor.redColor()
        view.tag = 100
        self.view.addSubview(view)
        
        let view2 = UIView(frame: CGRectMake(150, 150, 100, 100))
        view2.backgroundColor = UIColor.greenColor()
        view2.tag = 101
        self.view.addSubview(view2)
        
    }
    
    //这个方法会在手指接触屏幕后触发
    override func touchesEnded(touches: NSSet, withEvent event: UIEvent) {
        //通过 tag 值查找 view
        var view = self.view.viewWithTag(100)
        view?.removeFromSuperview()
    }
}
```

运行的效果如图 13.15 所示。

在这个程序中,在单击屏幕后,会触发 touchesEnded 方法,在该方法里,通过 tag 值查找 self.view 的子视图,直到找到 tag 值为 100 的子视图,然后将这个子视图删除。

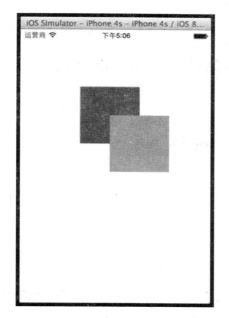 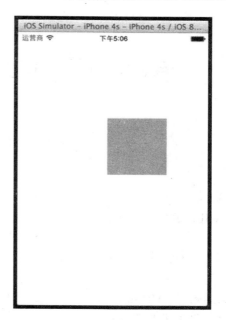

开始运行程序后　　　　　　　　　单击屏幕后

图 13.15　运行效果

第 14 章 iOS 中的各种控件

14.1 UILabel 标签

UILabel 控件主要用来显示文字说明,在 iOS 界面中是最常用的控件之一。本章将详细说明 UILabel 的使用方法。

14.1.1 UILabel 的创建

UILabel 是 UIView 的子类,它的创建方式和 UIView 类似,以下代码用来创建一个 UILabel,并在其上显示文字。

```swift
class ViewController: UIViewController {

    override func viewDidLoad() {
        super.viewDidLoad()

        let label = UILabel(frame: CGRectMake(10, 50, 300, 100))
        //设置 text 属性即可设置标签上显示的文字
        label.text = "swift\nOC"
        self.view.addSubview(label)

    }

}
```

以上这段代码是 UILabel 最简单的使用方法。对于 UILabel 来说,它的核心功能就是显示文字,所以必要属性就是设置 text 属性。

运行上述代码可看到如图 14.1 所示的效果。

由运行的效果来看,UILabel 有一些默认的设置:
1. 背景颜色为透明。
2. 文字的对齐方式为左对齐。
3. 文字只显示一行。

14.1.2 UILabel 的背景颜色和文字颜色

通过设置 UILabel 的 backgroundColor 属性可以设置它的背景颜色。

设置 UILabel 的 textColor 属性可以设置它的文字颜色。
代码如下：

```
label.backgroundColor = UIColor.blueColor()
label.textColor = UIColor.yellowColor()
```

运行效果如图 14.2 所示。

图 14.1　运行效果

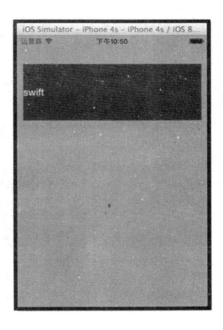

图 14.2　运行效果

14.1.3　设置文本对齐方式

UILabel 的文本常用的对齐方式有左（默认）、中、右三种。

```
class AlignmentViewController: UIViewController {

    override func viewDidLoad() {
        super.viewDidLoad()

        let label1 = UILabel(frame: CGRectMake(10, 50, 300, 40))
        label1.text = "swift"
        label1.backgroundColor = UIColor.grayColor()
        self.view.addSubview(label1)

        let label2 = UILabel(frame: CGRectMake(10, 100, 300, 40))
        label2.text = "swift"
        label2.backgroundColor = UIColor.grayColor()
```

```
            label2.textAlignment = NSTextAlignment.Center
            self.view.addSubview(label2)
            
            let label3 = UILabel(frame: CGRectMake(10, 150, 300, 40))
            label3.text = "swift"
            label3.backgroundColor = UIColor.grayColor()
            label3.textAlignment = NSTextAlignment.Right
            self.view.addSubview(label3)
            
        }
    }
```

运行的结果如图 14.3 所示。

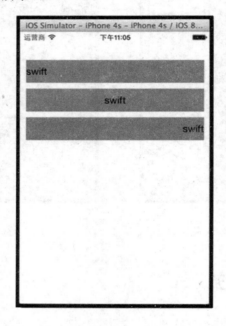

图 14.3　运行效果

14.1.4　文字大小与标签宽度的自适应

使标签的文字大小和标签本身的宽度进行自适应，在开发的过程中是很有用的，这样就不需要使用固定大小的文字，从而方便了软件的开发和维护。

```
class FontSizeViewController: UIViewController {
    
    override func viewDidLoad() {
        super.viewDidLoad()
        
        //默认状态下
```

```swift
        let label = UILabel(frame: CGRectMake(10, 50, 300, 40))
        label.text = "千锋教育 — 中国最大的移动互联网人才服务提供商"
        label.backgroundColor = UIColor.lightGrayColor()
        self.view.addSubview(label)
        
        let label1 = UILabel(frame: CGRectMake(10, 100, 300, 40))
        //设置自适应宽度为 true
        label1.adjustsFontSizeToFitWidth = true
        label1.text = "1 千锋教育 — 中国最大的移动互联网人才服务提供商"
        label1.backgroundColor = UIColor.lightGrayColor()
        self.view.addSubview(label1)
        
        let label2 = UILabel(frame: CGRectMake(10, 150, 300, 40))
        //设置自适应宽度为 true
        label2.adjustsFontSizeToFitWidth = true
        //设置最小能接受的缩放比例
        //0.8 表示在进行宽度自适应的过程中,标签的最小允许的缩放比例为 0.8
        label2.minimumScaleFactor = 0.8
        label2.text = "2 千锋教育 — 中国最大的移动互联网人才服务提供商"
        label2.backgroundColor = UIColor.lightGrayColor()
        self.view.addSubview(label2)
        
    }

}
```

运行效果如图 14.4 所示。

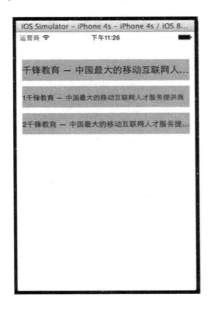

图 14.4　运行效果

14.1.5 行数与换行设置

可以通过 UILabel 的属性 numberOfLines 设置标签的行数。

通过 UILabel 的属性可设置标签的换行模式，UILabel 的换行的模式有如下几种。
1. ByWordWrapping 在换行时，按单词进行分隔，可以保持一个单词的完整性。
2. ByCharWrapping 按字母进行换行，会将一个单词分两行显示。
3. ByClipping 在换行时按单词分隔，但是遇到文字过多时，不会显示相应信息。
4. ByTruncatingHead 在文字过多时，会省略文字前面的部分内容并以…代替。
5. ByTruncatingTail 在文字过多时，会省略文字中间的部分内容并以…代替。
6. ByTruncatingMiddle 在文字过多时，会省略文字后面的部分内容并以…代替。

以下是各种效果的实现代码：

```swift
class LineViewController: UIViewController {
    
    override func viewDidLoad() {
        super.viewDidLoad()
        
        let label = UILabel(frame: CGRectMake(10, 30, 300, 60))
        label.text = "The NSString class declares the programmatic interface for an object that manages immutable strings."
        //设置 numberOfLines 可以限制 label 显示的文字的行数
        //如果设置为 0,则表示长度不限
        //默认 label 的行数为 1,即单行标签
        label.numberOfLines = 0
        //按单词进行分隔换行
        label.lineBreakMode = .ByWordWrapping
        label.backgroundColor = UIColor.lightGrayColor()
        self.view.addSubview(label)
        
        
        let label1 = UILabel(frame: CGRectMake(10, 100, 300, 60))
        label1.text = "The NSString class declares the programmatic interface for an object that manages immutable strings."
        label1.numberOfLines = 0
        //按字母进行分隔换行
        label1.lineBreakMode = .ByCharWrapping
        label1.backgroundColor = UIColor.lightGrayColor()
        self.view.addSubview(label1)
        
        
        let label2 = UILabel(frame: CGRectMake(10, 170, 300, 60))
        label2.text = "The NSString class declares the programmatic interface for an object that manages immutable strings. "
        label2.numberOfLines = 0
        //没有附加效果
        label2.lineBreakMode = .ByClipping
        label2.backgroundColor = UIColor.lightGrayColor()
```

```
        self.view.addSubview(label2)

        let label3 = UILabel(frame: CGRectMake(10, 240, 300, 60))
        label3.text = "The NSString class declares the programmatic interface for an object that manages immutable strings."
        label3.numberOfLines = 0
        label3.lineBreakMode = .ByTruncatingHead
        label3.backgroundColor = UIColor.lightGrayColor()
        self.view.addSubview(label3)

        let label4 = UILabel(frame: CGRectMake(10, 310, 300, 60))
        label4.text = "The NSString class declares the programmatic interface for an object that manages immutable strings."
        label4.numberOfLines = 0
        label4.lineBreakMode = .ByTruncatingTail
        label4.backgroundColor = UIColor.lightGrayColor()
        self.view.addSubview(label4)

        let label5 = UILabel(frame: CGRectMake(10, 380, 300, 60))
        label5.text = "The NSString class declares the programmatic interface for an object that manages immutable strings."
        label5.numberOfLines = 0
        label5.lineBreakMode = .ByTruncatingMiddle
        label5.backgroundColor = UIColor.lightGrayColor()
        self.view.addSubview(label5)

    }

}
```

从如图 14.5 所示的运行效果上能明显看出这几种换行效果的区别。

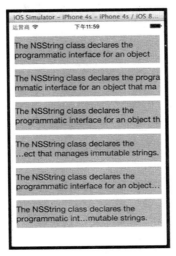

图 14.5　换行效果

14.1.6 UIFont 字体的使用

字体的使用有两种，即系统自带的字体和自己的字体文件。

1. 使用系统自带的字体

```
class FontViewController: UIViewController {

    override func viewDidLoad() {
        super.viewDidLoad()

        let label = UILabel(frame: CGRectMake(10, 120, 300, 40))
        label.text = "千锋教育--Swift"
        label.numberOfLines = 0
        //使用30号大小的系统字体
        label.font = UIFont.systemFontOfSize(30)
        self.view.addSubview(label)

        let label1 = UILabel(frame: CGRectMake(10, 200, 300, 40))
        label1.text = "千锋教育--Swift"
        label1.numberOfLines = 0
        //使用30号大小的加粗的系统字体
        label1.font = UIFont.boldSystemFontOfSize(30)
        self.view.addSubview(label1)

        let label2 = UILabel(frame: CGRectMake(10, 280, 300, 40))
        label2.text = "千锋教育--Swift"
        label2.numberOfLines = 0
        //使用30号大小的加粗的系统字体
        //注意,斜体对中文文字无效
        label2.font = UIFont.italicSystemFontOfSize(30)
        self.view.addSubview(label2)
    }

}
```

上述三种系统字体的效果如图 14.6 所示。

图 14.6 字体效果

2. 指定字体名称创建字体

```
class FontViewController: UIViewController {

    override func viewDidLoad() {
        super.viewDidLoad()

        let label = UILabel(frame: CGRectMake(10, 50, 300, 300))
        label.text = "千锋教育--The NSString class declares the programmatic"
        label.numberOfLines = 0
        //指定字体的名称
        label.font = UIFont(name: "Zapfino", size: 20)
        self.view.addSubview(label)


    }

}
```

运行效果如图 14.7 所示。

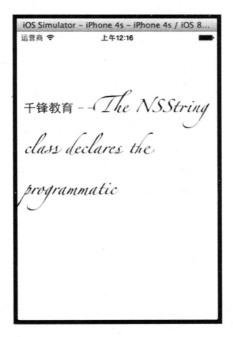

图 14.7 运行效果

另外，可通过如下的方式获取所有系统中能够支持的字体名称。

```
let arr = UIFont.familyNames()
println(arr)
```

```
/*
[Thonburi, Khmer Sangam MN, Snell Roundhand, Academy Engraved LET, Marker
Felt, Avenir, Geeza Pro, Arial Rounded MT Bold, Trebuchet MS, Arial, Marion,
Menlo, Malayalam Sangam MN, Kannada Sangam MN, Gurmukhi MN, Bodoni 72 Oldstyle,
Bradley Hand, Cochin, Sinhala Sangam MN, Hiragino Kaku Gothic ProN, Iowan Old
Style, Damascus, Al Nile, Farah, Papyrus, Verdana, Zapf Dingbats, DIN Condensed,
Avenir Next Condensed, Courier, Hoefler Text, Euphemia UCAS, Helvetica, Lao
Sangam MN, Hiragino Mincho ProN, Bodoni Ornaments, Superclarendon, Mishafi,
Optima, Gujarati Sangam MN, Devanagari Sangam MN, Apple Color Emoji, Savoye LET,
Kailasa, Times New Roman, Telugu Sangam MN, Heiti SC, Apple SD Gothic Neo, Futura,
Bodoni 72, Baskerville, Symbol, Heiti TC, Copperplate, Party LET, American
Typewriter, Chalkboard SE, Avenir Next, Bangla Sangam MN, Noteworthy, Zapfino,
Tamil Sangam MN, Chalkduster, Arial Hebrew, Georgia, Helvetica Neue, Gill Sans,
Kohinoor Devanagari, Palatino, Courier New, Oriya Sangam MN, Didot, DIN Alternate,
Bodoni 72 Smallcaps]
*/
```

3．使用字体文件创建字体

首先准备好 ttf 字体文件，并导入到工程中，如图 14.8 所示。

图 14.8　各种字体

打开 Info.plist 文件，如图 14.9 所示。

第 14 章 iOS 中的各种控件　　235

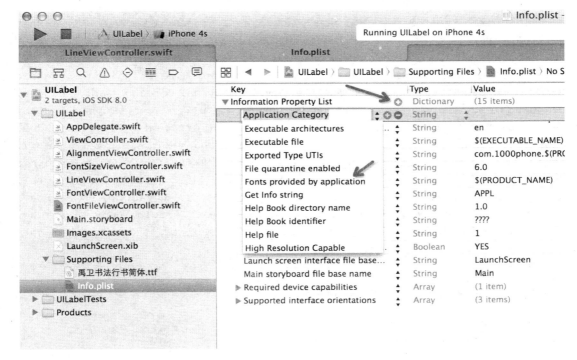

图 14.9　打开文件

单击 Information Property List 后面的⊕号，然后在下面的列表中会多出一项，在新增加的属性列表中选择 Fonts provided by application。

单击这一行属性前面的三角形，在 Item 0 后面的输入框中输入导入的文件名称（包括后缀名）如图 14.10 所示。

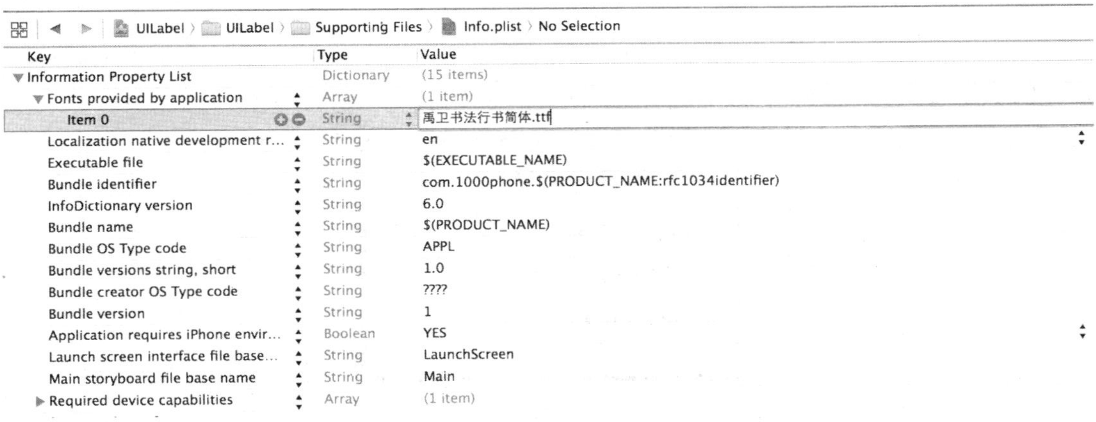

图 14.10　输入文件名

此时运行程序。

```
println(UIFont.familyNames())
/*
```

```
[Thonburi, Khmer Sangam MN, Snell Roundhand, Academy Engraved LET, Marker
Felt, Avenir, Geeza Pro, Arial Rounded MT Bold, yuweij(新增加的字体), Trebuchet
MS, Arial, Marion, Menlo, Malayalam Sangam MN, Kannada Sangam MN, Gurmukhi MN,
Bodoni 72 Oldstyle, Bradley Hand, Cochin, Sinhala Sangam MN, Hiragino Kaku Gothic
ProN, Iowan Old Style, Damascus, Al Nile, Farah, Papyrus, Verdana, Zapf Dingbats,
DIN Condensed, Avenir Next Condensed, Courier, Hoefler Text, Euphemia UCAS,
Helvetica, Lao Sangam MN, Hiragino Mincho ProN, Bodoni Ornaments, Superclarendon,
Mishafi, Optima, Gujarati Sangam MN, Devanagari Sangam MN, Apple Color Emoji,
Savoye LET, Kailasa, Times New Roman, Telugu Sangam MN, Heiti SC, Apple SD Gothic
Neo, Futura, Bodoni 72, Baskerville, Symbol, Heiti TC, Copperplate, Party LET,
American Typewriter, Chalkboard SE, Avenir Next, Bangla Sangam MN, Noteworthy,
Zapfino, Tamil Sangam MN, Chalkduster, Arial Hebrew, Georgia, Helvetica Neue,
Gill Sans, Kohinoor Devanagari, Palatino, Courier New, Oriya Sangam MN, Didot,
DIN Alternate, Bodoni 72 Smallcaps]
*/
```

此时使用此字体，进行标签字体的设置：

```
override func viewDidLoad() {
    super.viewDidLoad()

    let label = UILabel(frame: CGRectMake(10, 50, 300, 300))
    label.text = "千锋教育--The NSString class declares the programmatic"
    label.numberOfLines = 0
    //指定字体的名称
    label.font = UIFont(name: "yuweij", size: 30)
    self.view.addSubview(label)

}
```

效果如图 14.11 所示。

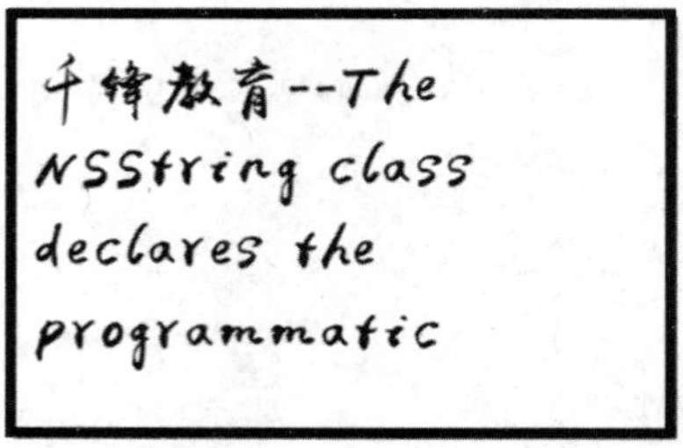

图 14.11　运行效果

注意，字体名称和字体文件的名称不一样，在这里字体文件的名称是：禹卫书法行书简体，而字体的名称是：yuweij。

在对字体进行设置时，使用的一定要是字体名称，具体字体是什么可以通过上述方法进行查找。

14.1.7 文字阴影的设置

```
override func viewDidLoad() {
    super.viewDidLoad()

    let label = UILabel(frame: CGRectMake(10, 100, 300, 100))
    label.text = "千锋教育 — 中国最大的移动互联网人才服务提供商"
    label.numberOfLines = 0;
     //阴影的颜色
    label.shadowColor = UIColor.lightGrayColor()
     //阴影与原label位置的偏移量
    label.shadowOffset = CGSizeMake(3, 3)
    self.view.addSubview(label)
}
```

效果如图 14.12 所示。

图 14.12　阴影效果

14.2　UIButton 按钮控件

按钮作为事件驱动型控件可以响应用户的操作，并作出相应的回应，成为 iOS 开发中最主要的控件。

14.2.1　按钮的创建

按钮的创建方式如下：

```
import UIKit

class ViewController: UIViewController {

    override func viewDidLoad() {
        super.viewDidLoad()
```

```
        let button = UIButton.buttonWithType(UIButtonType.System) as UIButton
        button.frame = CGRectMake(10, 50, 300, 44)
        button.backgroundColor = UIColor.lightGrayColor()
        self.view.addSubview(button)
    }

}
```

按钮的创建方式和 UIView 的创建方式不同，是因为按钮本身是由类簇实现的，也就是说，在 UIButton 类的内部，隐式地创建了多个子类，而使用类方法 buttonWithType 创建的每一种按钮都是 UIButton 的子类的实例，而方法 buttonWithType 返回的是 AnyObject 类型的，所以需要进行类型转换，然后才能正常使用。

以上的代码运行结果如图 14.13 所示。

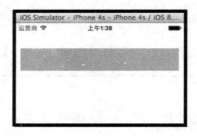

图 14.13　代码运行结果

14.2.2　UIButton 的文字及颜色设置

通过以下代码可以给按钮设置显示的文字、文字的颜色以及背景的颜色。

```
//设置文字的颜色,并指定是在普通状态下的文字
        button.setTitleColor(UIColor.greenColor(), forState: UIControlState.
        Normal)
        //设置文字,并指定是在普通状态下的文字
        button.setTitle("一个按钮", forState: UIControlState.Normal)
        //设置背景颜色
        button.backgroundColor = UIColor.lightGrayColor()
```

效果如图 14.14 所示。

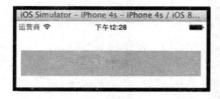

图 14.14　颜色效果

在以上的代码中，设置的颜色和文字都是指定在普通状态下的，其实还可以设置其他状态下的信息。

设置按钮的字体和行数：

```
class FontLinesViewController: UIViewController {

    override func viewDidLoad() {
        super.viewDidLoad()

        let btn = UIButton.buttonWithType(UIButtonType.System) as UIButton
        btn.frame = CGRectMake(10, 140, 300, 244)
        btn.backgroundColor = UIColor.lightGrayColor()
        btn.setTitle("按钮Button swift 1000phone", forState: UIControlState.Normal)

        //通过设置按钮的titleLabel属性可以设置按钮的字体
        btn.titleLabel?.font = UIFont(name: "Zapfino", size: 30)
        //设置按钮上的文字的行数
        btn.titleLabel?.numberOfLines = 0
        self.view.addSubview(btn)

    }
}
```

运行效果如图 14.5 所示。

图 14.5　运行效果

14.2.3 State 按钮的状态

在不同状态下可以设置按钮不同的显示信息，如文字、文字颜色、背景图片等。常用的状态有：

1. Normal：普通状态，没有与按钮进行任何交互。
2. Highlighted：高亮状态，触摸按钮，但是没有离开按钮。
3. Disabled：按钮无效时。
4. Selected：按钮选中时，这里是指按钮的 selected 属性设置成 true。

下面通过设置按钮的标题，演示这几种状态的使用：

```swift
class StateViewController: UIViewController {

    override func viewDidLoad() {
        super.viewDidLoad()

        let btn1 = UIButton.buttonWithType(UIButtonType.System) as UIButton
        btn1.setTitle("普通状态下的按钮", forState: UIControlState.Normal)
        btn1.frame = CGRectMake(10, 50, 300, 44)
        btn1.backgroundColor = UIColor.lightGrayColor()
        btn1.setTitleColor(UIColor.blackColor(), forState: UIControlState.Normal)
        self.view.addSubview(btn1)

        let btn2 = UIButton.buttonWithType(UIButtonType.System) as UIButton
        btn2.setTitle("普通状态下的按钮", forState: UIControlState.Normal)
        btn2.setTitle("正在触摸按钮", forState: .Highlighted)
        btn2.frame = CGRectMake(10, 100, 300, 44)
        btn2.backgroundColor = UIColor.lightGrayColor()
        btn2.setTitleColor(UIColor.blackColor(), forState: UIControlState.Normal)
        self.view.addSubview(btn2)

        let btn3 = UIButton.buttonWithType(UIButtonType.System) as UIButton
        btn3.setTitle("普通状态下的按钮", forState: UIControlState.Normal)
        btn3.setTitle("这个按钮无效", forState: UIControlState.Disabled)
        //设置按钮不能点击
        btn3.enabled = false
        btn3.frame = CGRectMake(10, 150, 300, 44)
        btn3.backgroundColor = UIColor.lightGrayColor()
        btn3.setTitleColor(UIColor.blackColor(), forState: UIControlState.Normal)
        self.view.addSubview(btn3)

        let btn4 = UIButton.buttonWithType(UIButtonType.System) as UIButton
        btn4.setTitle("普通状态下的按钮", forState: UIControlState.Normal)
        btn4.setTitle("这个按钮已经被选择", forState: UIControlState.Selected)
```

```
        //设置按钮已经被选择
        btn4.selected = true
        btn4.frame = CGRectMake(10, 200, 300, 44)
        btn4.backgroundColor = UIColor.lightGrayColor()
        btn4.setTitleColor(UIColor.blackColor(), forState: UIControlState.Normal)
        self.view.addSubview(btn4)

    }

}
```

运行结果如图 14.16 所示。

程序运行时　　　　　　　　点击第一个按钮　　　　　　　点击第二个按钮

点击第三个按钮（没有回应）　　　　点击第四个按钮

图 14.16　按钮状态

14.2.4 Type 按钮的类型

在前文提到过，UIButton 是使用它的类方法 buttonWithType 创建的，实际创建出来的对象是 UIButton 的子类对象，即每一种指定的 Type 都有一个对应的 UIButton 的子类，通过这些子类创建出来的按钮是不能互相转变的，也就是说，创建出来的按钮在使用过程中不能动态转换成另一种类型。

下面通过实例来看看这几种类型的按钮。

```
class TypeViewController: UIViewController {

    override func viewDidLoad() {
        super.viewDidLoad()

        let btn1 = UIButton.buttonWithType(UIButtonType.System) as UIButton
        btn1.frame = CGRectMake(10, 50, 300, 44)
        btn1.setTitle("System 按钮", forState: UIControlState.Normal)
        self.view.addSubview(btn1)

        //Custom 是完全自定义的按钮
        let btn2 = UIButton.buttonWithType(UIButtonType.Custom) as UIButton
        btn2.frame = CGRectMake(10, 100, 300, 44)
        btn2.setTitle("Custom 按钮", forState: UIControlState.Normal)
        btn2.setTitleColor(UIColor.blackColor(), forState: UIControlState.Normal)
        btn2.setTitleColor(UIColor.blueColor(),forState: UIControlState.Highlighted)
        self.view.addSubview(btn2)

        let btn3 = UIButton.buttonWithType(UIButtonType.DetailDisclosure) as UIButton
        btn3.frame = CGRectMake(10, 150, 300, 44)
        btn3.setTitle("DetailDisclosure 按钮", forState: UIControlState.Normal)
        self.view.addSubview(btn3)

        let btn4 = UIButton.buttonWithType(UIButtonType.InfoLight) as UIButton
        btn4.frame = CGRectMake(10, 200, 300, 44)
        btn4.setTitle("InfoLight 按钮", forState: UIControlState.Normal)
        self.view.addSubview(btn4)

        let btn5 = UIButton.buttonWithType(UIButtonType.ContactAdd) as UIButton
        btn5.frame = CGRectMake(10, 250, 300, 44)
        btn5.setTitle("ContactAdd 按钮", forState: UIControlState.Normal)
```

```
        self.view.addSubview(btn5)

    }

}
```

运行效果如图 14.17 所示。

图 14.17 按钮类型

在所有这些类型里面，除了 System 和 Custom 以外都是带有图标的按钮。

System 类型的按钮，它使用的是系统自带的风格，比如在点击按钮的时候，整个按钮的颜色都发生淡化。

Custom 类型的按钮是完全自定义的按钮，如果不设置文字的颜色，它会是白色的，在设置这种类型的按钮时，所有与按钮相关的信息都需要设置，虽然很麻烦，但是能满足所有设计的要求。

14.2.5 UIImage 类的使用及给按钮添加图片

1. 图片的加载方式

要在项目中使用图片，需要先将图片导入到工程中，然后在程序中使用代码加载图片，加载图片的方法有两种。

1. UIImage(contentsOfFile: 图片路径)

这种方法加载的图片不会一直保留在程序运行的活跃内存中，多用来加载大图。

2. UIImage(named: "图片名称")

这种方法加载的图片会一直存在于内存中，多用于加载常用的小图标。

示例代码如下：

```swift
class ImageViewController: UIViewController {

    override func viewDidLoad() {
        super.viewDidLoad()

        //这种方式加载的图片适用于大图
        //图片加载并使用之后,图片并不会占用系统的活跃内存
        //适用于程序第一次使用时出现的引导页图片等
        let path = NSBundle.mainBundle().pathForResource("swift", ofType: "png")!
        let imgNomal = UIImage(contentsOfFile: path)

        //这种方式加载图片,适用于小图,或者在程序中经常需要使用的图片
        //加载的图片会一直保存于系统的内存中
        let imgHighlighted = UIImage(named: "1000phone.png")

        let btn = UIButton.buttonWithType(UIButtonType.Custom) as UIButton

        //设置普通状态下的背景图片
        btn.setBackgroundImage(imgNomal, forState: UIControlState.Normal)

        //设置高亮状态下的背景图片
        btn.setBackgroundImage(imgHighlighted, forState: UIControlState.Highlighted)

        btn.frame = CGRectMake(10, 50, 300, 300)
        self.view.addSubview(btn)

    }

}
```

运行结果如图 14.18 所示。

第 14 章　iOS 中的各种控件　　245

程序运行后　　　　　　　　　　　　　按下按钮后

图 14.18　按钮添加图片

2．给按钮设置图片的三种方式

将一张图片设置到按钮上，有三个方式。
1．图标：效果类似于居中。
2．背景图片：效果类似于拉伸。
3．背景颜色：效果类似于平铺。
以下的代码用来分别演示这三种方式。

```swift
class ImageThreeViewController: UIViewController {

    override func viewDidLoad() {
        super.viewDidLoad()

        let btn = UIButton.buttonWithType(UIButtonType.Custom) as UIButton
        btn.frame = CGRectMake(10, 30, 300, 200)

        //给按钮设置背景颜色
        btn.backgroundColor = UIColor.lightGrayColor()

        //将图片加载成为颜色,并设置到按钮的背景上
```

```swift
        //效果类似于图片的平铺
        btn.backgroundColor = UIColor(patternImage: UIImage(named: "pagesicon.png")!)
        
        //给按钮设置图标
        //显示效果类似于居中
        btn.setImage(UIImage(named: "swift.png"), forState: UIControlState.Normal)
        
        //给按钮设置文字标题
        btn.setTitle("swift 按钮", forState: UIControlState.Normal)
        btn.setTitleColor(UIColor.blackColor(), forState: UIControlState.Normal)
        
        self.view.addSubview(btn)
        //////////////////////////////////////////////
        
        let btn1 = UIButton.buttonWithType(UIButtonType.Custom) as UIButton
        btn1.frame = CGRectMake(10, 260, 300, 200)
        
        //将图片加载成为颜色,并设置到按钮的背景上
        //效果类似于图片的平铺
        btn1.backgroundColor = UIColor(patternImage: UIImage(named: "pagesicon.png")!)
        
        //设置背景图片,这种方式图片会被拉伸,以适应按钮的大小
        btn1.setBackgroundImage(UIImage(named: "pagesicon.png"), forState: UIControlState.Normal)
        //给按钮设置图标
        //显示效果类似于居中
        btn1.setImage(UIImage(named:"swift.png"), forState: UIControlState.Normal)
        self.view.addSubview(btn1)
        
    }

}
```

运行效果如图 14.19 所示。

从运行效果能够看出:

1. 在同时设置了图标和标题时,图标会在标题的左侧,图标和标题的组合将位于整个按钮的中间。

图 14.19　图片按钮

2．通过将图片加载成颜色，可以实现图片的平铺。

3．设置按钮的背景图片，会使图片拉伸。

4．这三种方式设置的图片的叠放层次是：图标位于最上面，背景颜色位于最下面，而背景图片位于中间。

3．保留图片的颜色

如果使用 System 类型创建一个按钮，在设置按钮图标时，图片会被纯色代替。

```
class SystemImageViewController: UIViewController {

    override func viewDidLoad() {
        super.viewDidLoad()

        let btn = UIButton.buttonWithType(UIButtonType.System) as UIButton
        var img = UIImage(named: "DOVE 1.png")
        //给按钮设置图标
        btn.setImage(img, forState: UIControlState.Normal)
        btn.frame = CGRectMake(10, 30, 300, 100)
        btn.backgroundColor = UIColor.lightGrayColor()
        self.view.addSubview(btn)

    }

}
```

运行效果如图 14.20 所示。

图 14.20 图片颜色

这个时候,如果想保留图片本身的颜色,则需要使用如下的方法:

```
let btn = UIButton.buttonWithType(UIButtonType.System) as UIButton
var img = UIImage(named: "DOVE 1.png")

//保留图片本身的颜色属性
img = img!.imageWithRenderingMode(
        UIImageRenderingMode.AlwaysOriginal)

//给按钮设置图标
btn.setImage(img, forState: UIControlState.Normal)
btn.backgroundColor = UIColor.lightGrayColor()
btn.frame = CGRectMake(10, 30, 300, 100)
self.view.addSubview(btn)
```

运行效果如图 14.21 所示。

图 14.21 保留图片颜色

图片的显示模式有三种:

1. Automatic:自动,会根据系统显示样式的需要进行选择,如果给系统样式的按钮设置图标,图片会只保留模板,以纯色喷涂,如果给自定义的按钮设置图片则会以原图的样式显示。

2. AlwaysOriginal:总是保留图片本身的颜色,即原图。

3．AlwaysTemplate：总是以模板的方式显示，即以纯色喷涂不透明区域。

4．动态图片的加载

现有如图 14.22 所示的图片。

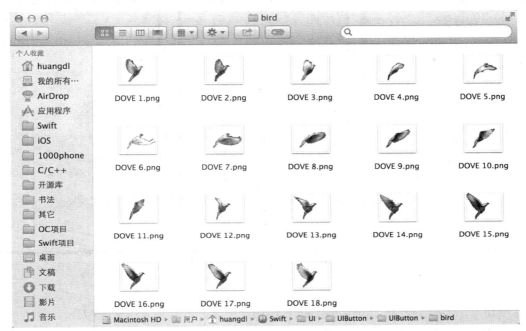

图 14.22　现有图片

所有这些图片如果连续变化的话，会是一个完整的动画。
UIImage 类提供了能加载连续图片并产生动画的功能。
代码如下：

```swift
class AnimateViewController: UIViewController {
    
    override func viewDidLoad() {
        super.viewDidLoad()
        
        var img = UIImage.animatedImageNamed("DOVE ", duration: 2.0)
        
        let btn = UIButton.buttonWithType(UIButtonType.Custom) as UIButton
        btn.frame = CGRectMake(10, 50, 300, 300)
        btn.backgroundColor = UIColor.yellowColor()
        btn.setImage(img, forState: UIControlState.Normal)
        self.view.addSubview(btn)
        
    }
}
```

}

运行效果如图 14.23 所示。

图 14.23　加载连续图片

使用 UIImage.animatedImageNamed("DOVE ", duration: 2.0)方法加载图片,可以加载文件名以 DOVE 开头的图片,并在后面补全文件名为 DOVE 1、DOVE 2、DOVE 3…

注意,这里要求图片以这样的格式进行命名,并且以 0 或者 1 开始。

参数 duration:2.0,是指显示完成这 18 张图片所持续的时间。

5．UIImage 拉伸方式

在很多时候,对图片的拉伸不能用最简单的按比例拉伸的方式,比如,如图 14.24 所示图片。

在使用这张图片做聊天界面时,如果直接进行拉伸,结果会是下面这样的结果,如图 14.25 所示。

图 14.24　图片原形　　　　图 14.25　拉伸图片

这个时候,就需要使用另外的方式进行拉伸。

对图片进行拉伸的设置有两种方式：

1. stretchableImageWithLeftCapWidth(30，topCapHeight: 30)

以这种方式拉伸，就像藕断丝连一样，中间缝隙处都是以分割的位置的颜色进行纯色填充。

2. resizableImageWithCapInsets(UIEdgeInsetsMake(30,30,30,30),resizingMode: UIImageResizingMode.Tile)

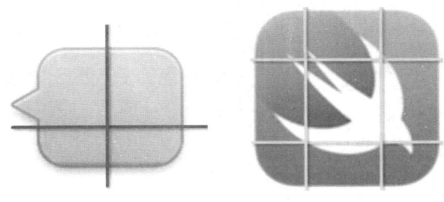

图 14.26　拉伸方式 1　　　　　图 14.27　拉伸方式 2

这种方式进行拉伸，有两种选择，取决于拉伸模式参数 resizingMode 的设置。

Tile 表示平铺。

Stretch 表示拉伸。

```
class StretchViewController: UIViewController {
    
    override func viewDidLoad() {
        super.viewDidLoad()
        
        var img = UIImage(named: "ReceiverTextNodeBkg.png")
        
        //在从左侧开始30像素的竖线和从上侧往下30像素的横线进行图片的切割
        //中间的颜色以切割点的颜色填充
        img = img!.stretchableImageWithLeftCapWidth(30, topCapHeight: 30)
        let btn1 = UIButton.buttonWithType(UIButtonType.Custom) as UIButton
        btn1.frame = CGRectMake(10, 30, 300, 100)
        btn1.setBackgroundImage(img, forState: UIControlState.Normal)
        self.view.addSubview(btn1)
        
        //以这种方式进行拉伸,是在四个方向分别进行切割,中间部分以中间的部分进行平铺填充
        var img2 = UIImage(named: "swift2.png")
        img2 = img2!.resizableImageWithCapInsets(
                UIEdgeInsetsMake(30, 30, 30, 30),
                resizingMode: UIImageResizingMode.Tile)
        let btn2 = UIButton.buttonWithType(UIButtonType.Custom) as UIButton
```

```
        btn2.frame = CGRectMake(10, 150, 300, 150)
        btn2.setBackgroundImage(img2, forState: UIControlState.Normal)
        self.view.addSubview(btn2)
        
        //以这种方式进行拉伸,是在四个方向分别进行切割,中间部分以中间的部分进行拉伸填充
        var img3 = UIImage(named: "swift2.png")
        img3 = img3!.resizableImageWithCapInsets(
                UIEdgeInsetsMake(30, 30, 30, 30),
                resizingMode: UIImageResizingMode.Stretch)
        let btn3 = UIButton.buttonWithType(UIButtonType.Custom) as UIButton
        btn3.frame = CGRectMake(10, 320, 300, 150)
        btn3.setBackgroundImage(img3, forState: UIControlState.Normal)
        self.view.addSubview(btn3)
        
    }
}
```

运行效果如图 14.28 所示。

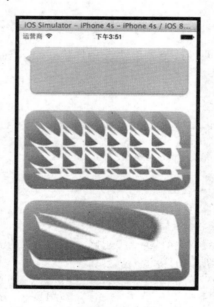

图 14.28 运行效果

14.2.6 给按钮添加事件响应

1. 简单的事件添加

对于按钮来说,它的核心功能是接收用户的操作并作出相应的回应。
可以使用方法 addTarget(target: AnyObject?, action: Selector, forControlEvents control

Events: UIControlEvents)给按钮添加点击事件。

```
class ActionViewController: UIViewController {

    override func viewDidLoad() {
        super.viewDidLoad()

        let btn = UIButton.buttonWithType(UIButtonType.System) as UIButton
        btn.frame = CGRectMake(10, 50, 300, 44)
        btn.setTitle("点击按钮", forState: UIControlState.Normal)
        btn.backgroundColor = UIColor.lightGrayColor()
        self.view.addSubview(btn)

        //给按钮添加点击事件
        btn.addTarget(self, action: "click", forControlEvents: UIControlEvents.TouchUpInside)
    }

    func click()
    {
        self.view.backgroundColor = UIColor.redColor()
    }

}
```

运行效果如图 14.29 所示。

程序启动时　　　　　　　　　点击按钮后

图 14.29　点击按钮

添加点击事件的方法：

```
btn.addTarget(self, action: "click", forControlEvents: UIControlEvents.TouchUpInside)
```

在添加点击事件的方法中有三个参数。
1. self:表示当接收到对应的事件后执行哪个对象中定义的方法。
2. action:表示执行的方法的名称。
3. forControlEvents:表示接收的是哪种类型的事件。

这行代码的完整意思是:当用户的手指在 btn 按钮上发生了 TouchUpInside（点击并抬起）事件后，执行 self 对象（当前的类对象）中的 click 方法。

2．多按钮事件响应

当多个按钮在点击时所执行的方法相似时，可以在所响应的方法中添加一个参数，用来传递按钮本身。比如，有三个按钮，点击这三个按钮，分别改变屏幕的背景颜色为红、绿、蓝，它们的功能是相似的，只是颜色值不一样，所以三个按钮可以同时将点击事件指向同一个方法，而在触发的方法里，将屏幕背景的颜色设置成什么，取决于传递进来的按钮是哪一个。

代码如下：

```
class Action2ViewController: UIViewController {

    override func viewDidLoad() {
        super.viewDidLoad()

        //红按钮
        let redButton = UIButton.buttonWithType(UIButtonType.System) as UIButton
        redButton.frame = CGRectMake(10, 50, 300, 44)
        redButton.setTitle("将背景设置成红色", forState: UIControlState.Normal)
        redButton.setTitleColor(UIColor.redColor(), forState: UIControlState.Normal)
        redButton.backgroundColor = UIColor.whiteColor()
        redButton.tag = 100
        self.view.addSubview(redButton)

        //绿按钮
        let greenButton = UIButton.buttonWithType(UIButtonType.System) as UIButton
        greenButton.frame = CGRectMake(10, 120, 300, 44)
        greenButton.setTitle("将背景设置成绿色", forState: UIControlState.Normal)
        greenButton.setTitleColor(UIColor.greenColor(), forState: UIControl
```

```
                State.Normal)
                greenButton.backgroundColor = UIColor.whiteColor()
                greenButton.tag = 101
                self.view.addSubview(greenButton)

                //蓝按钮
                let blueButton = UIButton.buttonWithType(UIButtonType.System) as
                UIButton
                blueButton.frame = CGRectMake(10, 190, 300, 44)
                blueButton.setTitle("将背景设置成蓝色", forState: UIControl State.
                Normal)
                blueButton.setTitleColor(UIColor.blueColor(), forState: UIControlState.
                Normal)
                blueButton.backgroundColor = UIColor.whiteColor()
                blueButton.tag = 102
                self.view.addSubview(blueButton)

                //三个按钮同时将点击事件指向 click:
                redButton.addTarget(self, action: "click:", forControlEvents: UIControl
                Events.TouchUpInside)
                greenButton.addTarget(self, action: "click:", forControlEvents: UIControl
                Events..TouchUpInside)
                blueButton.addTarget(self, action: "click:", forControlEvents: UIControl
                Events.TouchUpInside)

        }

        func click(btn:UIButton)
        {
                //在点击事件中,通过按钮的 tag 值来区分当前点击的按钮是哪一个
                switch btn.tag
                {
                case 100:
                        self.view.backgroundColor = UIColor.redColor()
                case 101:
                        self.view.backgroundColor = UIColor.greenColor()
                case 102:
                        self.view.backgroundColor = UIColor.blueColor()
                default:
                        break;
                }
        }
}
```

运行效果如图 14.30 所示。

程序运行

点击第一个按钮

点击第二个按钮

点击第三个按钮

图 14.30　运行效果

3. 常用事件类型

常用的按钮能够响应的事件类型有如下几种。

1. TouchDown：在按钮的范围内按下。

2. TouchDownRepeat：在按钮上连按两下。
3. TouchDragInside：在按钮的响应范围内滑动。
4. TouchDragOutside：在按钮的响应范围之外滑动（前提是滑动的起始点在按钮的范围内）。
5. TouchDragEnter：从按钮的响应范围内滑出按钮，再次进入按钮的响应范围。
6. TouchDragExit：从按钮的响应范围内滑出按钮。
7. TouchUpInside：在按钮的响应范围内抬起手指。
8. TouchUpOutside：在按钮的响应范围外抬起手指。

注意：所有的响应事件类型要想触发都有一个前提，那就是能够被响应，即手指对于按钮的起始作用点一定要在按钮的响应范围内。

可以通过以下程序对这几种事件类型进行验证：

```swift
class ActionTypeViewController: UIViewController {
    
    override func viewDidLoad() {
        super.viewDidLoad()
        
        let btn = UIButton.buttonWithType(UIButtonType.System) as UIButton
        btn.frame = CGRectMake(10, 80, 300, 44)
        btn.backgroundColor = UIColor.lightGrayColor()
        btn.setTitle("按钮", forState: UIControlState.Normal)
        self.view.addSubview(btn)
        
        btn.addTarget(self, action: "touchActionTouchDown", forControlEvents: UIControlEvents.TouchDown)
        btn.addTarget(self, action: "touchActionTouchDownRepeat", forControlEvents: UIControlEvents.TouchDownRepeat)
        btn.addTarget(self, action: "touchActionTouchDragInside", forControlEvents: UIControlEvents.TouchDragInside)
        btn.addTarget(self, action: "touchActionTouchDragOutside", forControlEvents: UIControlEvents.TouchDragOutside)
        btn.addTarget(self, action: "touchActionTouchDragEnter", forControlEvents: UIControlEvents.TouchDragEnter)
        btn.addTarget(self, action: "touchActionTouchDragExit", forControlEvents: UIControlEvents.TouchDragExit)
        btn.addTarget(self, action: "touchActionTouchUpInside", forControlEvents: UIControlEvents.TouchUpInside)
        btn.addTarget(self, action: "touchActionTouchUpOutside", forControlEvents: UIControlEvents.TouchUpOutside)
    }
    
    func touchActionTouchDown()
    {
```

```
        println("touchActionTouchDown")
    }
    func touchActionTouchDownRepeat()
    {
        println("touchActionTouchDownRepeat")
    }
    func touchActionTouchDragInside()
    {
        println("touchActionTouchDragInside")
    }
    func touchActionTouchDragOutside()
    {
        println("touchActionTouchDragOutside")
    }
    func touchActionTouchDragEnter()
    {
        println("touchActionTouchDragEnter")
    }
    func touchActionTouchDragExit()
    {
        println("touchActionTouchDragExit")
    }
    func touchActionTouchUpInside()
    {
        println("touchActionTouchUpInside")
    }
    func touchActionTouchUpOutside()
    {
        println("touchActionTouchUpOutside")
    }
}
```

14.3 UIImageView 图片视图

14.3.1 UIImageView 的创建并显示图片

UIImageView 是在 iOS 中专门用来显示图片的控件。它有三种创建方式,对应的分别是它的三个构造方法。

1. init(frame: CGRect)

继承自 UIView 的构造方法。

2. init(image: UIImage!)

这种方法创建出来的 UIImageView 的大小是图片的大小。

3. init(image: UIImage!, highlightedImage: UIImage?)

第一个参数是正常模式下的图片。
第二个参数是高亮状态下的图片（一般出现在 UITableView 中）。
以下使用代码，分别展示这三种方式创建的 UIImageView。
方法一：

```swift
class ViewController: UIViewController {

    override func viewDidLoad() {
        super.viewDidLoad()

        //创建 UIImageView
        let imgv = UIImageView(frame: CGRectMake(10, 50, 300, 300))
        let img = UIImage(named: "swift")
        imgv.image = img;
        self.view.addSubview(imgv)

    }

}
```

方法二：

```swift
class ViewController: UIViewController {

    override func viewDidLoad() {
        super.viewDidLoad()

        let img = UIImage(named: "swift")
        let imgv = UIImageView(image: img)
        imgv.frame = CGRectMake(10, 50, 300, 300)
        self.view.addSubview(imgv)

    }
}
```

方法三：

```swift
class ViewController: UIViewController {

    override func viewDidLoad() {
```

```
        super.viewDidLoad()
        
        let img = UIImage(named: "swift")
        let img2 = UIImage(named: "1000phone")
        let imgv = UIImageView(image: img, highlightedImage: img2)
        imgv.frame = CGRectMake(10, 50, 300, 300)
        self.view.addSubview(imgv)
    }
}
```

以上三种方法创建出来的 UIImageView 运行效果一样，如图 14.31 所示。

图 14.31　运行效果

对于上面的第三种方法: init(image: UIImage!, highlightedImage: UIImage?)

第二个参数是高亮状态下的图片，以表格视图中点击一个 cell 时，图片可以处于高亮状态，在这里也可以进行手动设置：

```
imgv.highlighted = true
```

运行效果如图 14.32 所示。

第 14 章 iOS 中的各种控件　　261

图 14.32　运行效果

14.3.2　UIImageView 显示图片的拉伸设置

在默认情况下，UIImageView 在显示图片的时候，会把图片按比例拉伸，这在很多场合都是不能满足要求的。对于图片的拉伸设置，在 UIButton 一章的 UIImage 一节已经详细讲解了，这里就不再详解，只做一个示范：

```
class StretchViewController: UIViewController {

    override func viewDidLoad() {
        super.viewDidLoad()

        let imgv = UIImageView(frame: CGRectMake(10, 50, 300, 300))
        var img = UIImage(named: "swift.png")
        img = img.stretchableImageWithLeftCapWidth(50, topCapHeight: 50)
        imgv.image = img
        self.view.addSubview(imgv)

    }

}
```

运行效果如图 14.33 所示。

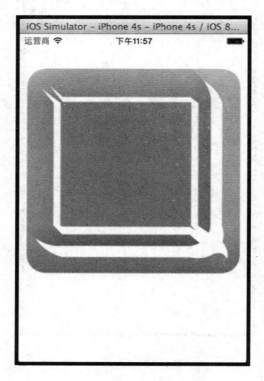

图 14.33　运行效果

14.3.3　使用 UIImageView 实现动画

使用 UIImageView 实现动画有两种方法。

1. 使用 UIImage 的动画属性

这个方法在 UIButton 章节中已经讲解过：

```
class AnimateViewController: UIViewController {
    
    override func viewDidLoad() {
        super.viewDidLoad()
        
        let img = UIImage.animatedImageNamed("DOVE ", duration: 2.0)
        let imgv = UIImageView(frame: CGRectMake(50, 100, 220, 220))
        imgv.image = img
        self.view.addSubview(imgv)
    }
}
```

2. 使用 UIImageView 本身的动画实现方法

现在要实现一个功能：点击屏幕上的按钮，动画开始，再次点击按钮动画停止。
代码如下：

```swift
class AnimateViewController: UIViewController {

    override func viewDidLoad() {
        super.viewDidLoad()

        let btn = UIButton.buttonWithType(UIButtonType.System) as UIButton
        btn.frame = CGRectMake(10, 50, 300, 44)
        btn.setTitle("开始/停止", forState: UIControlState.Normal)
        btn.backgroundColor = UIColor.lightGrayColor()
        btn.addTarget(self, action: "click", forControlEvents: UIControlEvents.TouchUpInside)
        self.view.addSubview(btn)

        let imgv = UIImageView(frame: CGRectMake(50, 100, 220, 220))
        imgv.tag = 100
        //一次循环动画持续的时间
        imgv.animationDuration = 2.0

        //创建图片数组
        var images = [UIImage]()
        for i in 1...18
        {
            let img = UIImage(named: "DOVE \(i)")
            images.append(img!)
        }

        //动画循环中使用的图片数组
        imgv.animationImages = images
        //动画循环次数,0表示无限循环
        imgv.animationRepeatCount = 0
        //开始动画
        imgv.startAnimating()

        self.view.addSubview(imgv)

    }

    func click()
    {
        let imgv = self.view.viewWithTag(100) as UIImageView
        if imgv.isAnimating()
```

```
        {
            imgv.stopAnimating()
        }
        else
        {
            imgv.startAnimating()
        }
    }
}
```

运行效果如图 14.34 所示。

图 14.34　运行效果

开始运行后,动画会发生,如图 14.35 所示。

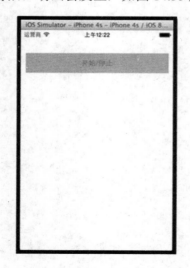

点击按钮后　　　　　　　　　　　　再次点击按钮

图 14.35　运行效果

第 14 章 iOS 中的各种控件　　265

在这里需要注意，如果动画停止，整个 UIImageView 上的图片会消失，而不会停留在当前的动画图片上。

如果想让 UIImageView 在停止动画后，仍然显示图片，可以同时设置 UIImageView 的 image 属性：

```
imgv.image = UIImage(named: "DOVE 1")
```

这时，在点击按钮的时候，第一张图片会显示在界面上，如图 14.36 所示。

图 14.36　运行效果

14.3.4　UIImageView 的用户响应

默认情况下，UIImageView 的子视图是无法接收用户响应的：

```
class UserInteractionViewController: UIViewController {
    
    override func viewDidLoad() {
        super.viewDidLoad()
        
        let imgv = UIImageView(frame: CGRectMake(10, 50, 300, 300))
        imgv.image = UIImage(named: "swift")
        self.view.addSubview(imgv)
        
        let btn = UIButton.buttonWithType(UIButtonType.System) as UIButton
        btn.frame = CGRectMake(10, 50, 280, 44)
```

```
        btn.setTitle("按钮", forState: UIControlState.Normal)
        btn.setTitleColor(UIColor.blackColor(), forState: UIControlState.
        Normal)
        imgv.addSubview(btn)
        btn.backgroundColor = UIColor.lightGrayColor()
        btn.addTarget(self, action: "click", forControlEvents: UIControl
        Events.TouchUpInside)

    }

    func click()
    {
        println("clicked")
    }

}
```

运行并点击按钮，不能打印出信息，这是因为 UIImageView 不能响应用户事件。它的子视图也不能响应事件，如果需要响应用户事件，需要修改 UIImageView 的属性：

```
imgv.userInteractionEnabled = true
```

运行程序，效果如图 14.37 所示。

图 14.37　运行效果

14.4 UITextField 单行文本框

14.4.1 UITextField 创建

UITextField 是用来生成单行文本框的类，单行文本框的使用场景很多，比如，在登录注册页面，用户名和密码的输入框都是单行文本框。

单行文本框的创建方法如下：

```
class ViewController: UIViewController {

    override func viewDidLoad() {
        super.viewDidLoad()

        let tf = UITextField(frame: CGRectMake(10, 50, 300, 44))
        self.view.addSubview(tf)

    }

}
```

在默认状态下，输入框的背景是透明的，而且没有边框，所以运行效果如图 14.38 所示。

图 14.38　运行效果

当单击文本框设置的区域时，可以弹出键盘，并可以单击键盘进行文本输入。

14.4.2 UITextField 属性设置

1. 边框

为了显示出输入框的范围，可以为输入框设置边框：

```swift
class ViewController: UIViewController {

    override func viewDidLoad() {
        super.viewDidLoad()

        let tf = UITextField(frame: CGRectMake(10, 50, 300, 44))
        //设置边框样式
        tf.borderStyle = UITextBorderStyle.Bezel
        self.view.addSubview(tf)

        let tf1 = UITextField(frame: CGRectMake(10, 120, 300, 44))
        tf1.borderStyle = UITextBorderStyle.Line
        self.view.addSubview(tf1)

        let tf2 = UITextField(frame: CGRectMake(10, 190, 300, 44))
        tf2.borderStyle = UITextBorderStyle.None
        self.view.addSubview(tf2)

        let tf3 = UITextField(frame: CGRectMake(10, 260, 300, 44))
        tf3.borderStyle = UITextBorderStyle.RoundedRect
        self.view.addSubview(tf3)

    }
}
```

运行结果如图 14.39 所示。

2. 字体及颜色

可以自定义输入框的字体、文字的颜色以及背景的颜色。

第 14 章 iOS 中的各种控件

图 14.39 运行效果

```
class FontViewController: UIViewController {

    override func viewDidLoad() {
        super.viewDidLoad()

        let tf = UITextField(frame: CGRectMake(10, 50, 300, 100))
        //设置输入框的背景颜色
        tf.backgroundColor = UIColor.lightGrayColor()
        //设置输入框中的文字颜色
        tf.textColor = UIColor.blueColor()
        //设置输入框的字体
        tf.font = UIFont(name: "Zapfino", size: 20)
        tf.borderStyle = UITextBorderStyle.RoundedRect
        self.view.addSubview(tf)
    }
}
```

运行效果如图 14.40 所示。

图 14.40　运行效果

3. 提示文字及密码输入框

```
class ViewController: UIViewController {

    override func viewDidLoad() {
        super.viewDidLoad()

        let username = UITextField(frame: CGRectMake(10, 50, 300, 44))
        username.borderStyle = UITextBorderStyle.RoundedRect
        //设置提示信息
        username.placeholder = "请输入用户名"
        self.view.addSubview(username)


        let password = UITextField(frame: CGRectMake(10, 110, 300, 44))
        password.borderStyle = UITextBorderStyle.RoundedRect
        password.placeholder = "请输入密码"
        //将该输入框设置成密码输入框
        password.secureTextEntry = true
        self.view.addSubview(password)


    }
```

}

运行效果如图 14.41 所示。

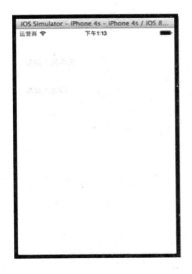

图 14.41　运行效果

4．文字的对齐方式

输入框的文字对齐方式分为以下几种。
- 内容水平对齐 contentHorizontalAlignment。
- 文字水平对齐 textAlignment。
- 内容垂直对齐 contentVerticalAlignment。

内容水平对齐包括以下三种：
1．左对齐 Left。
2．水平居中对齐 Center。
3．右对齐 Right。

文字水平对齐包括以下三种：
1．左对齐 Left。
2．水平居中对齐 Center。
3．右对齐 Right。

内容垂直对齐包括以下三种：
1．上对齐。
2．垂直居中对齐。
3．下对齐。

这里需要注意的是，内容水平对齐方式和文字水平对齐方式的不同。

内容对齐是指整个输入文字的区域是一个整体,它占据了整个输入框,不管设置它是居中对齐还是靠右对齐,在效果上是看不出来的。

文字水平对齐是指在内容区域中,文字的对齐方式,可以通过设置这个属性来实现相应的显示效果。

```swift
class AlignmentViewController: UIViewController {
    
    override func viewDidLoad() {
        super.viewDidLoad()
        
        let tf = UITextField(frame: CGRectMake(10, 50, 300, 44))
        tf.borderStyle = UITextBorderStyle.RoundedRect
        //内容靠上对齐
        tf.contentVerticalAlignment = .Top
        //文字居左对齐
        tf.textAlignment = NSTextAlignment.Left
        tf.text = "swift"
        self.view.addSubview(tf)
        
        let tf1 = UITextField(frame: CGRectMake(10, 100, 300, 44))
        tf1.borderStyle = UITextBorderStyle.RoundedRect
        //内容垂直居中对齐
        tf1.contentVerticalAlignment = .Center
        //文字水平居中对齐
        tf1.textAlignment = NSTextAlignment.Center
        tf1.text = "swift"
        self.view.addSubview(tf1)
        
        let tf2 = UITextField(frame: CGRectMake(10, 150, 300, 44))
        tf2.borderStyle = UITextBorderStyle.RoundedRect
        //内容垂直靠下对齐
        tf2.contentVerticalAlignment = .Bottom
        //文字水平靠右对齐
        tf2.textAlignment = NSTextAlignment.Right
        tf2.text = "swift"
        self.view.addSubview(tf2)
        
    }
    
}
```

运行效果如图 14.42 所示。

第 14 章　iOS 中的各种控件

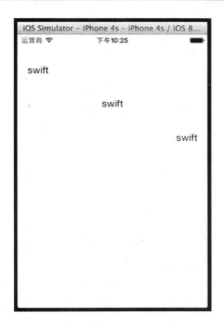

图 14.42　运行效果

5．第一响应者

有时候，需要在界面一出现的时候，就将光标定位到某一个输入框中，可以将对应的输入框设置成第一响应者。

```
class ViewController: UIViewController {

    override func viewDidLoad() {
        super.viewDidLoad()

        let tf1 = UITextField(frame: CGRectMake(10, 50, 300, 44))
        tf1.borderStyle = UITextBorderStyle.RoundedRect
        tf1.placeholder = "输入框1"
        self.view.addSubview(tf1)

        let tf2 = UITextField(frame: CGRectMake(10, 110, 300, 44))
        tf2.borderStyle = UITextBorderStyle.RoundedRect
        tf2.placeholder = "输入框2"
        //将这个输入框设成第一响应者,即在程序开始运行时,就将光标定位到这个输入框中,并
          弹出键盘
        tf2.becomeFirstResponder()
        self.view.addSubview(tf2)

}
```

}
```

程序启动后,效果如图 14.43 所示。

图 14.43 运行效果

还可以通过以下方法使一个输入框失去第一响应者:

```
tf.resignFirstResponder()
```

也可以使用以下方法,将一个视图内所有的输入框都失去第一响应者:

```
self.view.endEditing(true)
```

6. 文字的清除模式

在对输入框进行输入的时候,输入框的右侧可以显示一个清除按钮。
在输入框中显示清除按钮有四种时机:

```
enum UITextFieldViewMode : Int {
    case Never               //一直不显示
    case WhileEditing        //只有当输入框处于第一响应者的时候才显示
    case UnlessEditing       //只有当输入框处于第一响应者的时候隐藏
    case Always              //一直显示
}
```

演示代码如下:

```
class ClearViewController: UIViewController {
    var tf:UITextField?
```
```

```
override func viewDidLoad() {
    super.viewDidLoad()

    tf = UITextField(frame: CGRectMake(10, 50, 300, 44))
    tf!.clearButtonMode = UITextFieldViewMode.WhileEditing
    tf!.borderStyle = UITextBorderStyle.RoundedRect
    self.view.addSubview(tf!)

}

override func touchesEnded(touches: NSSet, withEvent event: UIEvent) {
    tf?.resignFirstResponder()
}

}
```

运行效果如图 14.44 所示。

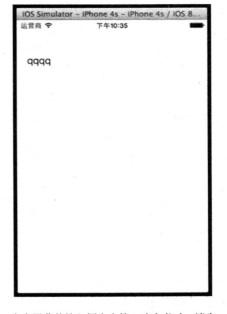

开始编辑时显示　　　　　　　　　点击屏幕使输入框失去第一响应者时，消失

图 14.44　运行效果

14.4.3　键盘

1. 键盘显示风格

在使用输入框时，经常要对键盘进行个性化设置，比如在输入电话号码的时候，只需

要输入数字,在输入邮箱地址的时候,键盘也有专门的风格。

在 iOS 系统中自带了以下几种键盘风格:

```
enum UIKeyboardType : Int {
    case Default
    case ASCIICapable
    case NumbersAndPunctuation
    case URL
    case NumberPad
    case PhonePad
    case NamePhonePad
    case EmailAddress
    case DecimalPad
    case Twitter
    case WebSearch
}
```

下面的代码是几个示例,包括各种键盘的设置。

```
class KeyboardViewController: UIViewController {
    
    override func viewDidLoad() {
        super.viewDidLoad()
        
        let tf = UITextField(frame: CGRectMake(10, 30, 300, 44))
        tf.borderStyle = UITextBorderStyle.RoundedRect
        //设置键盘的样式
        tf.keyboardType = UIKeyboardType.EmailAddress
        self.view.addSubview(tf)
        
        let tf2 = UITextField(frame: CGRectMake(10, 80, 300, 44))
        tf2.borderStyle = UITextBorderStyle.RoundedRect
        tf2.keyboardType = UIKeyboardType.PhonePad
        self.view.addSubview(tf2)
        
        let tf3 = UITextField(frame: CGRectMake(10, 130, 300, 44))
        tf3.borderStyle = UITextBorderStyle.RoundedRect
        tf3.keyboardType = UIKeyboardType.URL
        self.view.addSubview(tf3)
        
        let tf4 = UITextField(frame: CGRectMake(10, 180, 300, 44))
        tf4.borderStyle = UITextBorderStyle.RoundedRect
        tf4.keyboardType = UIKeyboardType.NumbersAndPunctuation
        self.view.addSubview(tf4)
        
    }
    
}
```

运行效果如图 14.45 所示。

图 14.45　运行效果

2．键盘右下角 return 键的显示风格

键盘右下角的 return 键可以定义成其他风格：

```
enum UIReturnKeyType : Int {
```

```
        case Default
        case Go
        case Google
        case Join
        case Next
        case Route
        case Search
        case Send
        case Yahoo
        case Done
        case EmergencyCall
}
```

可以通过以下代码修改 return 键的风格：

```
tf4.returnKeyType = UIReturnKeyType.Search
```

运行效果如图 14.46 所示。

如果当前的输入环境是中文的话，可以看到，右下角显示的文字是"搜索"，如图 14.47 所示。

图 14.46　运行效果

图 14.47　运行效果

14.4.4　UITextField 响应用户事件

UITextField 和 UIButton 一样，也是属性事件驱动型控件，所以它也可以响应用户的事件，方法如下：

```
class ActionViewController: UIViewController {
    
    override func viewDidLoad() {
        super.viewDidLoad()
        
        let tf = UITextField(frame: CGRectMake(10, 50, 300, 44))
        tf.borderStyle = UITextBorderStyle.RoundedRect
        //添加事件响应,每当输入框的内容发生变化的时候,都会调用"changed:"方法
        tf.addTarget(self, action: "changed:", forControlEvents: UIControlEvents.EditingChanged)
        self.view.addSubview(tf)
    }
    
    func changed(tf:UITextField)
    {
        println(tf.text)
    }
}
```

运行结果如图 14.48 所示。

图 14.48　运行效果

在输入框内输入内容的同时,控制台上也在输出相应的信息:

```
a
ab
abc
```

```
abcd
abcde
abcdef
abcdefg
```

从运行的过程来看,输入框中的内容每改变一次,就会有一次输出。

14.4.5　UITextField 监控输入内容

1. UITextField 代理方法

如果需要监控输入的内容,需要通过使用 UITextField 的代理方法来实现。

以下代码罗列了 UITextField 的所有代理方法,每一个代理方法的调用时机和返回值的意义在代码中都有注释:

```
//需要使当前的视图控制器遵守 UITextFieldDelegate 协议
class DelegateViewController: UIViewController,UITextFieldDelegate{

    override func viewDidLoad() {
        super.viewDidLoad()

        let tf = UITextField(frame: CGRectMake(10, 50, 300, 44))
        tf.borderStyle = UITextBorderStyle.RoundedRect
        tf.clearButtonMode = UITextFieldViewMode.WhileEditing
        //设置输入的代理为当前的视图控制器实例
        tf.delegate = self
        self.view.addSubview(tf)


    }
    /**
    *参数 textField:表示当前的输入框对象
    *参数 shouldChangeCharactersInRange:表示当前的输入框中将要被修改的字符串的位
      置和长度
    *参数 replacementString:表示即将替换的字符串
    **/
    func textField(textField: UITextField, shouldChangeCharactersInRange
    range: NSRange, replacementString string: String) -> Bool {
        //返回值表示即将输入的内容是否可以输入到输入框内,如果返回 false,则输入对应的
          字符将不会出现
        //可以通过这个方法来对输入的内容进行筛选
      return true
    }

    //在输入框即将成为第一响应者时,调用此方法
```

```swift
func textFieldShouldBeginEditing(textField: UITextField) -> Bool {
    //返回值表示当前的输入框能否成为第一响应者,如果返回 false,则该输入框将不能输
      入内容
    return true
}

//在输入框已经成为第一响应者时,调用此方法
func textFieldDidBeginEditing(textField: UITextField) {

}

//在输入框即将失去第一响应者时,调用此方法
func textFieldShouldEndEditing(textField: UITextField) -> Bool {
    //返回值表示当前的输入框能否放弃第一响应者,可以在这个方法里强制用户停留在当前
      输入框
    return true
}

//在输入框已经失去第一响应者时,调用此方法
func textFieldDidEndEditing(textField: UITextField) {

}

//在输入框右侧的清除按钮被点击的时候,调用此方法
func textFieldShouldClear(textField: UITextField) -> Bool {
    //返回值表示可否删除输入框中的内容
    return true
}

//点击了键盘右下角的 return 键时,调用此方法
func textFieldShouldReturn(textField: UITextField) -> Bool {
    //返回值表示点击 return 按钮是否有效
    return true
}
}
```

2. 监控输入内容

对于以下这个方法,需要详细说明:

```
/**
*参数 textField:表示当前的输入框对象
*参数 shouldChangeCharactersInRange:表示当前的输入框中将要被修改的字符串的位置和
  长度
*参数 replacementString:表示即将替换的字符串
**/
```

```
func textField(textField: UITextField, shouldChangeCharactersInRange range:
NSRange, replacementString string: String) -> Bool {
    //返回值表示即将输入的内容是否可以输入到输入框内,如果返回 false,则输入对应的字符
      将不会出现
    //可以通过这个方法来对输入的内容进行筛选
    return true
}
```

在一般情况下,内容的输入都是一个字符一个字符地输入,所以这个代理方法里的第二个参数和第三个参数不太好理解。

为了理解好这个方法,可以看以下这个示例:

```
class ChangeWordsViewController: UIViewController,UITextFieldDelegate {

    override func viewDidLoad() {
        super.viewDidLoad()

        let tf = UITextField(frame: CGRectMake(10, 50, 300, 44))
        tf.borderStyle = UITextBorderStyle.RoundedRect
        tf.text = "1000phone iOS"
        tf.delegate = self
        self.view.addSubview(tf)

        let tf2 = UITextField(frame: CGRectMake(10, 100, 300, 44))
        tf2.borderStyle = UITextBorderStyle.RoundedRect
        tf2.text = "hello swift"
        self.view.addSubview(tf2)

    }

    func textField(textField: UITextField, shouldChangeCharactersInRange
     range: NSRange, replacementString string: String) -> Bool {

        println("range.location = \(range.location) range.length = \(range.
        length)")
        println(string)

        return true
    }

}
```

运行该程序,并做如图 14.49 所示的操作。

在程序运行成功后,在第二个输入框中的 swift 字符串上长按,并在弹出的菜单上选

择 select，然后点击 copy，如图 14.50 所示。

图 14.49　运行程序　　　　　　　　　　图 14.50　运行效果

在第一个输入框内用同样的方法，选中 iOS 三个字母，然后，点击弹出菜单上的 Paste（粘贴），如图 14.51 所示。

图 14.51　运行效果

这个时候，在控制台中输入以下信息：

```
range.location = 10 range.length = 3
swift
```

这个信息表示：
1. 被修改的数据的长度是 3。
2. 被修改的数据的位置在下标为 10 的字符处。

3. 这三个字符被替换成了 swift 这个字符串。

3. 回车按钮

现在越来越多的聊天软件使用键盘的 return 键来代替普通的按钮实现发送消息的功能。所以这个代码方法也是很常用的:

```swift
//点击了键盘的右下角的 return 键时,调用此方法
func textFieldShouldReturn(textField: UITextField) -> Bool {
    //返回值表示点击 return 按钮是否有效
    return true
}
```

第 15 章　UIViewControler 视图控制器

在上一章中提到过视图控制器,在新创建的工程里会自动创建一个视图控制器 ViewController.swift。每个视图控制器都有一个 UIView 的对象 view,而这个 view 是真正展示各种控件的视图,而视图控制器本身则负责对这个 view 所呈现的内容进行控制。

15.1　创建视图控制器

要创建一个新的视图控制器,可以使用快捷键 Command+N 创建,也可以使用菜单 "File" -> "New" -> "File…" 命令进行创建,如图 15.1 所示。

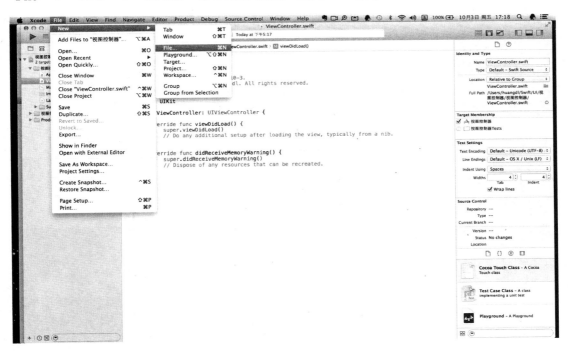

图 15.1　创建视图控制器

随后会弹出如图 15.2 所示的界面。
在该界面的左侧选择 Source,然后在右侧选择 Cocoa Touch Class,单击 Next 按钮,如图 15.3 所示。

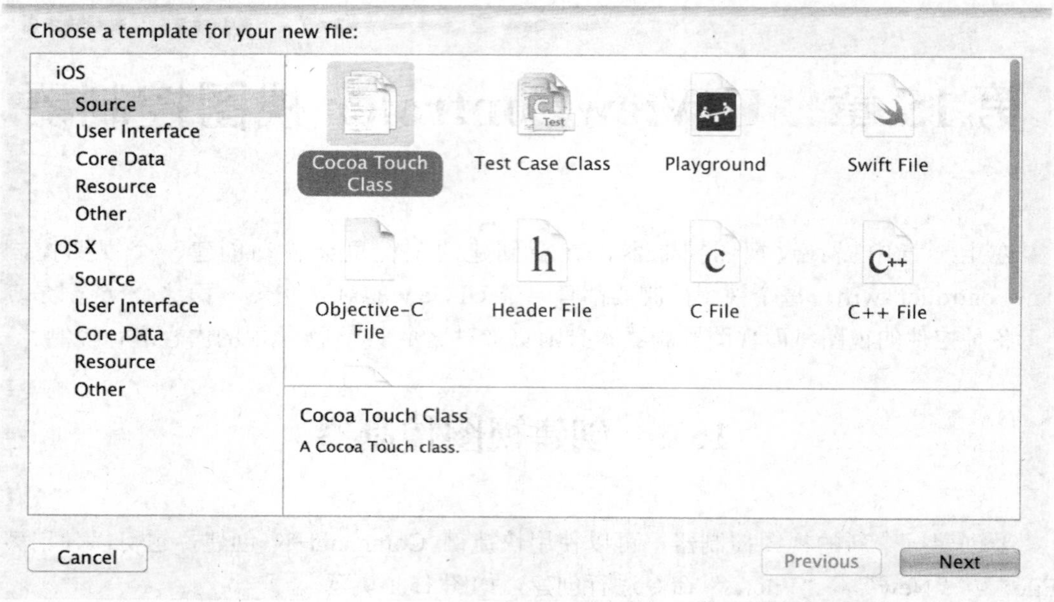

图 15.2　设置对话框

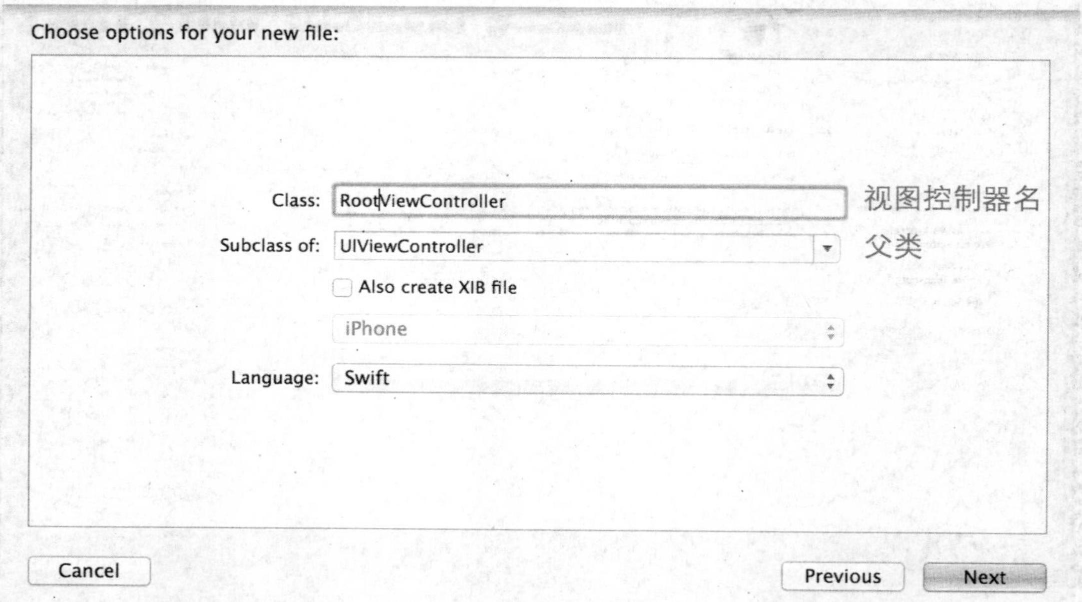

图 15.3　设置对话框

在这里需要键入一个视图控制器的名称，根据需要给当前这个视图控制器指定名称，父类选择 UIViewController。单击"Next"按钮，如图 15.4 所示。

单击 Create 按钮，创建完成，如图 15.5 所示。

第 15 章 UIViewControler 视图控制器

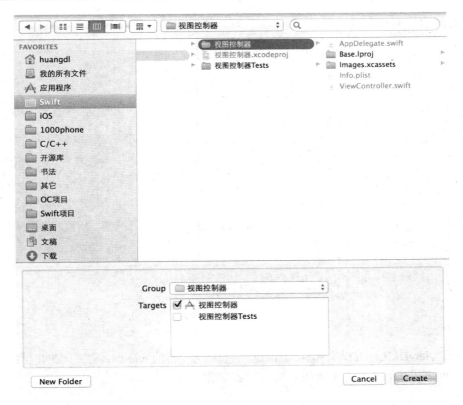

图 15.4 设置对话框

图 15.5 设置完成

随着新的视图控制器被创建出来，它自带了如下代码：

```
import UIKit

class ViewController: UIViewController {

    override func viewDidLoad() {
        super.viewDidLoad()
        // Do any additional setup after loading the view, typically from a nib.
        //在这里书写正式的代码
    }

    override func didReceiveMemoryWarning() {
        super.didReceiveMemoryWarning()
        // Dispose of any resources that can be recreated.
        // 发出内存警告时,调用这个方法
    }

}
```

其中，viewDidLoad()方法是在当前这个视图控制器的 view 加载完成的时候调用的，在该方法里可以进行 UI 的布局和数据的加载操作。

```
override func viewDidLoad() {
    super.viewDidLoad()
    //设置当前视图控制自带的视图的背景颜色
    self.view.backgroundColor = UIColor.grayColor()
    let view = UIView(frame: CGRectMake(10, 100, 100, 100))
    view.backgroundColor = UIColor.yellowColor()
    //将 view 显示到当前的视图上
    self.view.addSubview(view)
}
```

15.2　视图控制器的产生过程

除了 viewDidLoad()方法以外，还有几个方法，分别是在不同的时机调用的。如下：

```
class RootViewController: UIViewController {

    //加载当前的视图控制器中的视图
    override func loadView() {

    }

    //当前的视图控制器的视图加载完成,调用这个方法
```

```swift
//一般在这个方法里进行视图控制器功能的代码的编写
override func viewDidLoad() {
    super.viewDidLoad()

}

//视图将要出现的时候,调用这个方法
override func viewWillAppear(animated: Bool) {

}

//视图已经出现的时候,调用这个方法
override func viewDidAppear(animated: Bool) {

}

//视图即将消失的时候,调用这个方法
override func viewWillDisappear(animated: Bool) {

}

//视图已经消失的时候,调用这个方法
override func viewDidDisappear(animated: Bool) {

}

//系统内存吃紧的时候,调用这个方法
override func didReceiveMemoryWarning() {
    super.didReceiveMemoryWarning()
}
}
```

所有的这些方法构成了视图控制器的生命周期。在这些方法里面,最常用的是 viewDidLoad 方法。

而对于第一个方法 viewDidLoad(),有两种使用情况:

1. 使用系统创建的 view

```swift
override func loadView() {
    //如果使用系统自动创建的 view,则需要调用父类的 loadView()方法
    super.loadView()

}
```

2. 自定义 view

```
override func loadView() {
    //如果使用自定义的view,比如视图控制器的背景是一张图片
    //则可以把当前的view设置成一个UIImageView
    let imgv = UIImageView(frame: UIScreen.mainScreen().bounds)
    self.view = imgv
}

//当前的视图控制器的视图加载完成,调用这个方法
//一般在这个方法里进行视图控制器的功能代码的编写
override func viewDidLoad() {
    super.viewDidLoad()
    println(self.view)
}
```

运行后,在控制台输入:

```
<UIImageView: 0x7fdc22814d40; frame = (0 0; 320 568); userInteractionEnabled
= NO; layer = <CALayer: 0x7fdc22815080>>
```

从运行结果可以看出,如果使用自定义 view,则在 viewDidLoad()方法中使用的 self.view 就是在 loadView()方法中自定义的 view。

15.3 视图控制器的切换

视图控制器用来控制界面的切换很方便,这也是视图控制器的一个重要作用。视图控制器的切换分为弹出界面和回收界面两种,下面看一下这两种功能的实现方法。

首先创建一个视图控制器 SubViewController.swift。

15.3.1 弹出界面

实现一个功能:在第一个界面(ViewController)上添加一个按钮,点击这个按钮,弹出另外一个界面(SubViewController)。

ViewController.swift 代码如下:

```
class ViewController: UIViewController {

    override func viewDidLoad() {
        super.viewDidLoad()

        let btn = UIButton.buttonWithType(UIButtonType.System) as UIButton
        btn.frame = CGRectMake(10, 50, 300, 44)
```

```swift
    btn.setTitle("点击弹出下一个页面", forState: UIControlState.Normal)
    btn.setTitleColor(UIColor.blackColor(), forState: UIControlState.Normal)
    btn.backgroundColor = UIColor.lightGrayColor()
    btn.addTarget(self, action: "click", forControlEvents: UIControlEvents.TouchUpInside)
    
    self.view.addSubview(btn)
}

func click()
{
    let subVc = SubViewController()
    //以模态化的方式弹出一个新的界面
    self.presentViewController(rootVc, animated: true, completion: nil)
}
```

为了弹出的界面效果明显,给 SubViewController 设置一个背景颜色。

```swift
class SubViewController: UIViewController {
    
    override func viewDidLoad() {
        super.viewDidLoad()
        self.view.backgroundColor = UIColor.redColor()
    }
    
}
```

运行效果如图 15.6 所示。

运行程序

点击按钮

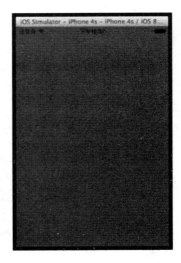
弹出新的页面

图 15.6 运行效果

15.3.2 回收界面

在弹出一个界面做完相应的操作后，需要将弹出的页面退回，以便接着之前的操作使用程序。这个时候可以使用如下代码回收界面。

SubViewController.swift 的代码如下：

```swift
class SubViewController: UIViewController {
    
    override func viewDidLoad() {
        super.viewDidLoad()
        
        self.view.backgroundColor = UIColor.redColor()
        
        let btn = UIButton.buttonWithType(UIButtonType.System) as UIButton
        btn.frame = CGRectMake(10, 50, 300, 44)
        btn.setTitle("点击返回上一个页面", forState: UIControlState.Normal)
        btn.setTitleColor(UIColor.blackColor(), forState: UIControlState.Normal)
        btn.backgroundColor = UIColor.whiteColor()
        btn.addTarget(self, action: "click", forControlEvents: UIControlEvents.TouchUpInside)
        
        self.view.addSubview(btn)
    }
    
    func click()
    {
        //以模态化的方式将弹出的界面回收
        self.dismissViewControllerAnimated(true, completion: nil)
    }
}
```

运行效果如图 15.7 所示。

运行程序并点击　　　　　　　弹出新界面　　　　　　在新页面点击按钮

第 15 章　UIViewControler 视图控制器

退出新页面

回到原界面

图 15.7　运行效果

15.4　视图控制器的生命周期

在上一个示例中，第二个界面的弹出和消失的过程构成了一个视图控制器的生命周期，现在修改 SubViewController.swift 的代码如下：

```
class SubViewController: UIViewController {

    override func loadView() {
        super.loadView()
        println("loadView")
    }

    override func viewDidLoad() {
        super.viewDidLoad()
        println("viewDidLoad")
        self.view.backgroundColor = UIColor.redColor()

        let btn = UIButton.buttonWithType(UIButtonType.System) as UIButton
        btn.frame = CGRectMake(10, 50, 300, 44)
        btn.setTitle("点击返回上一个页面", forState: UIControlState.Normal)
        btn.setTitleColor(UIColor.blackColor(), forState: UIControlState.Normal)
        btn.backgroundColor = UIColor.whiteColor()
        btn.addTarget(self, action: "click", forControlEvents: UIControlEvents.
```

```
        TouchUpInside)
    
        self.view.addSubview(btn)
    }
    func click()
    {
        self.dismissViewControllerAnimated(true, completion: nil)
    }
    
    override func viewWillAppear(animated: Bool) {
        println("viewWillAppear")
    }
    
    override func viewDidAppear(animated: Bool) {
        println("viewDidAppear")
    }
    
    override func viewWillDisappear(animated: Bool) {
        println("viewWillDisappear")
    }
    
    override func viewDidDisappear(animated: Bool) {
        println("viewDidDisappear")
    }

}
```

再运行程序，打开第二个界面，然后返回第一个界面，命令行输出如下：

```
loadView
viewDidLoad
viewWillAppear
viewDidAppear
viewWillDisappear
viewDidDisappear
```

从以上的输出可以看出，在视图控制器的出现和消失的过程中这些方法调用的顺序。

15.5 视图控制器的切换动画

在从第一个界面切换到第二个界面的过程中，切换的动画效果可以通过以下方式进行设置。

修改 ViewController.swift 类中的按钮点击事件。

1. 翻转效果

```
func click()
{
    let subVc = SubViewController()
    //设置切换动画效果
    subVc.modalTransitionStyle = .FlipHorizontal
    self.presentViewController(subVc, animated: true, completion: nil)
}
```

运行效果如图 15.8 所示。

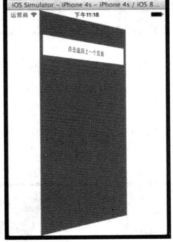

图 15.8　翻转切换效果

另外的三种切换分别如下要求：

2. 垂直切换效果

```
subVc.modalTransitionStyle = .CoverVertical
```

运行效果如图 15.9 所示。

3. 淡入淡出

```
subVc.modalTransitionStyle = .CrossDissolve
```

运行效果如图 15.10 所示。

图 15.9　垂直切换运行效果　　　　图 15.10　淡入淡出运行效果

4. 翻页效果

```
subVc.modalTransitionStyle = .PartialCurl
```

运行效果如图 15.11 所示。

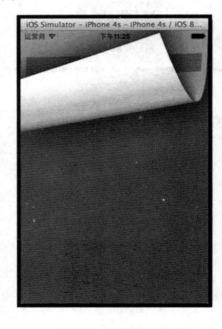

图 15.11　翻页运行效果

第 16 章　UINavigationController 导航栏控制器

16.1　导航栏控制器概述

导航栏控制器是 iOS 开发中的重要控件，也是一个架构级控制，很多 APP 都是使用导航栏控制器进行架构的。

导航栏控制器不仅可以管理视图控制器，并方便地实现视图控制器之间的切换，而且可以很好地组织整个应用程序功能的逻辑。

首先了解一下什么是导航栏，打开系统中的设置界面，如图 16.1 所示。

图 16.1　设置界面

在设置界面时，所有界面都是被一个导航栏控制器管理着的，在界面的上面，有一个显示当前界面标题的横栏，它是导航栏控制器中的导航栏。它下面的显示内容部分是独立的视图控制器。导航栏的结构可以通过如图 16.2 所示的这张图来理解：

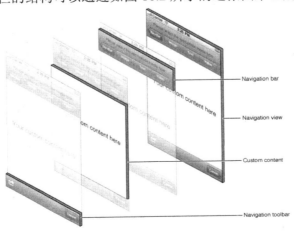

图 16.2　导航栏的结构

16.2 导航栏控制器的创建

将导航栏控制器作为程序的主框架，需要在 AppDelegate.swift 文件中进行设置。
AppDelegate.swift 代码如下：

```
@UIApplicationMain
class AppDelegate: UIResponder, UIApplicationDelegate {

  var window: UIWindow?

  funcapplication(application:UIApplication, didFinishLaunchingWithOptions
  launchOptions: [NSObject: AnyObject]?) -> Bool {

      //创建视图控制器
      let vc = ViewController()
      //创建一个导航栏控制器，并将视图控制器 vc 作为该导航栏的根视图控制器
      let navi = UINavigationController(rootViewController: vc)
      //将导航栏控制器设置成为当前的窗口 window 的根视图控制器
      self.window?.rootViewController = navi

      self.window?.backgroundColor = UIColor.whiteColor()
      return true
  }

}
```

运行该程序的效果如图 16.3 所示。

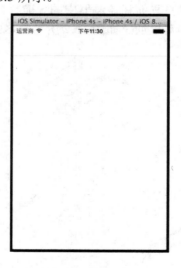

图 16.3　运行效果

从运行的效果上可以看出，导航栏已经创建出来了。

16.3 导 航 栏

导航栏是 UIView 的子类，它的高度是 44 像素，在 iOS7 之后的系统中，状态栏和导航栏已经合二为一。所以可以理解为导航栏的高度是 64 像素。

16.3.1 导航栏的标题

导航栏上显示的标题即视图控制器的标题，用来提示用户当前的视图控制器的主要内容。可以通过修改视图控制器的 title 来修改导航栏的标题。

ViewController.swift 代码如下：

```
class ViewController: UIViewController {

    override func viewDidLoad() {
        super.viewDidLoad()
        self.title = "主页"
    }

}
```

运行效果如图 16.4 所示。

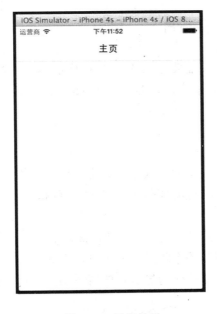

图 16.4　运行效果

16.3.2 导航栏的背景颜色

可以通过以下方式对导航栏的颜色进行设置。

```
self.navigationController?.navigationBar.barTintColor =
UIColor.grayColor()
```

运行效果如图 16.5 所示。

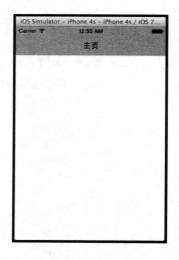

图 16.5 运行效果

16.3.3 导航栏的背景图片

设置导航栏的背景图片，需要注意图片的尺寸问题，一般分为两种尺寸。
1. 640 像素× 88 像素，图片的命名方式为 aaa@2x.png.
2. 其他

1. iOS6 风格的导航栏

如果是第一种图片，在使用的时候，默认会留出状态栏的空白，并将状态栏设置成黑色，文字是白色。而这种导航栏的风格正是 iOS6 的风格。

图片如图 16.6 所示。

从图片中可以看到，图片的名称是 nav18@2x.png。

从图的右侧也能看到图片的像素是 "640 × 88 pixels"。

在视图控制器中使用该图片作为导航栏的背景图片，代码如下：

```
class ViewController: UIViewController {
```

```
    override func viewDidLoad() {
        super.viewDidLoad()
        self.title = "主页"

self.navigationController?.navigationBar.setBackgroundImage(UIImage(named:
"nav18"), forBarMetrics: UIBarMetrics.Default)

    }

}
```

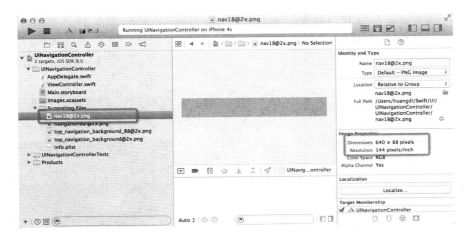

图 16.6 背景图片

运行效果如图 16.7 所示。

这种风格并不是 iOS7 之后的风格，这也是苹果为之前系统风格所作的兼容方式。
对于其他类型的图片，运行的风格如图 16.8 所示。

   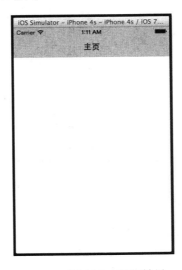

图 16.7 运行效果   图 16.8 运行效果

可以看到，其他图片的设置会布满导航栏和状态栏的整个区域，并且状态栏的背景是透明的，文字的颜色是黑色。

2．横屏模式下的导航栏背景图片设置

前面设置导航栏背景的方式都是手机竖屏模式（人像模式）下的，如果要设置手机横屏模式下的导航栏背景图片，可以使用以下方式：

```
class ViewController: UIViewController {

  override func viewDidLoad() {
     super.viewDidLoad()
     self.title = "主页"
     //设置竖屏模式下的图片
    self.navigationController?.navigationBar.setBackgroundImage(UIImage  (
    named :"nav18"), forBarMetrics: UIBarMetrics.Default)
     //设置横屏模式下的图片
    self.navigationController?.navigationBar.setBackgroundImage (UIImage
    (named: "top_navigation_background"), forBarPosition: UIBarPosition.Top,
    barMetrics:  UIBarMetrics.DefaultPrompt);

  }
}
```

运行效果如图 16.9 所示。

 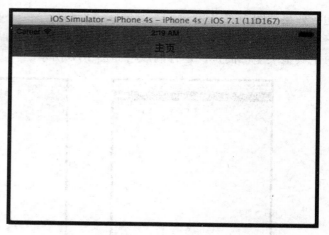

图 16.9　运行效果

16.3.4　导航栏的透明

在默认情况下，如果使用导航栏控制器来管理视图控制器，那么在视图控制器上添加

的视图的位置是按照屏幕的左上角为原点来放置的,如下面的代码:

```
class TransluentViewController: UIViewController {

    override func viewDidLoad() {
        super.viewDidLoad()

        let view = UIView(frame: CGRectMake(100, 0, 100, 100))
        view.backgroundColor = UIColor.redColor()
        self.view.addSubview(view)

    }

}
```

运行效果如图 16.10 所示。

从运行效果可以看出,在视图控制器上添加的视图会被导航栏遮住一部分,而导航栏也呈现毛玻璃的效果。之所以有这样的效果,是因为默认情况下导航栏是半透明的。

如果希望在视图控制器上添加视图时,坐标系统的原点是导航栏的下边缘,可以使用以下的代码来使导航栏变得不透明。

```
self.navigationController?.navigationBar.translucent = false
```

这时运行效果如图 16.11 所示。

图 16.10　运行效果

图 16.11　运行效果

16.3.5　导航栏的隐藏

如果需要隐藏导航栏,可以使用如下的代码实现:

```
self.navigationController?.navigationBarHidden = true
```

运行效果如图 16.12 所示。

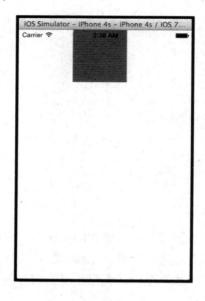

图 16.12　运行效果

如果导航栏是隐藏状态，那么自然添加视图的起始点就变成了屏幕的左上角。

16.4　视图控制器之间的切换

16.4.1　push

如果要实现本章开头所看到的设置页面中的视图之间的切换功能，可以通过以下的代码实现。

首先在根视图控制器上添加一个按钮，点击这个按钮，触发相应的点击事件。
RootViewController.swift 的代码如下：

```
class RootViewController: UIViewController {

    override func viewDidLoad() {
        super.viewDidLoad()

        let btn = UIButton.buttonWithType(UIButtonType.System) as UIButton
        btn.frame = CGRectMake(10, 100, 300, 44);
        btn.backgroundColor = UIColor.lightGrayColor()
        btn.setTitle("弹出新页面", forState: UIControlState.Normal);
```

```
    btn.addTarget(self, action: "click", forControlEvents:
    UIControlEvents .TouchUpInside)
    self.view.addSubview(btn)
}

func click()
{
    let sub = SubViewController()
    self.navigationController?.pushViewController(sub, animated: true)
}
}
```

创建一个新的视图控制器 SubViewController.swift。

```
class SubViewController: UIViewController {

    override func viewDidLoad() {
        super.viewDidLoad()
        
        self.view.backgroundColor = UIColor.blueColor()
        
    }
    
}
```

之所以设置背景颜色，是为了在视图切换的时候能有明显的效果，如图 16.13 所示。

图 16.13　设置背景颜色效果

在第二个界面的导航栏中，自带有一个返回按钮，点击这个按钮，可以返回到第一个界面，如图 16.14 所示。

图 16.14　运行效果

16.4.2　pop

1. 返回上一界面

在弹出的视图控制器中，也可以手动实现点击按钮返回前一界面的效果，而这样的操作也是 pop 操作，下面的代码是在 SubViewController.swift 中添加一个按钮，并在点击事件中，将这个界面收回。

```
class SubViewController: UIViewController {

    override func viewDidLoad() {
        super.viewDidLoad()

        self.view.backgroundColor = UIColor.blueColor()

        let btn = UIButton.buttonWithType(UIButtonType.System) as UIButton
        btn.frame = CGRectMake(10, 100, 300, 44);
        btn.backgroundColor = UIColor.lightGrayColor()
        btn.setTitle("返回上一个页面", forState: UIControlState.Normal);
        btn.addTarget(self, action: "click", forControlEvents:
        UIControlEvents.TouchUpInside)
        self.view.addSubview(btn)
    }

    func click()
    {
        self.navigationController?.popViewControllerAnimated(true)
    }
```

}

运行效果如图 16.15 所示。

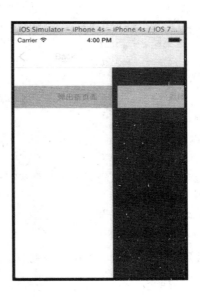

图 16.15 运行效果

从运行效果来看,点击自定义的按钮和点击导航栏上自带的返回按钮效果是一样的。

2.视图控制器栈的访问

在导航栏控制器中,视图控制器实际上是以栈的形式进行管理的。可以使用 self.navigationController?.viewControllers 对当前的导航栏控制器的视图控制器栈进行查看。

比如,有下面四个视图控制器。

1. FirstViewController.swift
2. SecondViewController.swift
3. ThirdViewController.swift
4. ForthViewController.swift

按顺序在前一个视图控制器上添加一个按钮,并在按钮的点击事件中弹出下一个视图控制器。比如,在 SecondViewController.swift 中实现如下代码:

```
class SecondViewController: UIViewController {

    override func viewDidLoad() {
        super.viewDidLoad()

        self.title = "第二个页面"
        self.view.backgroundColor = UIColor.whiteColor()
```

```swift
        let btn = UIButton.buttonWithType(UIButtonType.System) as UIButton
        btn.frame = CGRectMake(10, 100, 300, 44);
        btn.backgroundColor = UIColor.lightGrayColor()
        btn.setTitle("弹出第三个页面", forState: UIControlState.Normal);
        btn.addTarget(self, action: "click", forControlEvents:
        UIControlEvents.TouchUpInside)
        self.view.addSubview(btn)
    }
    
    func click()
    {
        let third = ThirdViewController()
      self.navigationController?.pushViewController(third, animated: true)
    }
}
```

在第四个界面中添加一个按钮,打印出当前的视图控制器栈:

```swift
class ForthViewController: UIViewController {
    
    override func viewDidLoad() {
        super.viewDidLoad()
        
        self.title = "第四个页面"
        self.view.backgroundColor = UIColor.whiteColor()
        let btn = UIButton.buttonWithType(UIButtonType.System) as UIButton
        btn.frame = CGRectMake(10, 100, 300, 44);
        btn.backgroundColor = UIColor.lightGrayColor()
        btn.setTitle("查看视图控制器栈", forState: UIControlState.Normal);
        btn.addTarget(self, action: "click", forControlEvents:
        UIControlEvents.TouchUpInside)
        self.view.addSubview(btn)
    }
    
    func click()
    {
        println(self.navigationController?.viewControllers)
    }
}
```

此时运行程序,并点击每个视图控制器上的按钮,运行效果如图16.16所示。

图 16.16　运行效果

点击第四个界面上的按钮，并输出当前视图控制器栈中的内容：

```
Optional(
[<UINavigationController.FirstViewController: 0x79a85de0>,
<UINavigationController.SecondViewController: 0x79a5acf0>,
<UINavigationController.ThirdViewController: 0x78e4a720>,
<UINavigationController.ForthViewController: 0x79a8f740>])
```

可以看到，当前的视图控制器栈中存放的就是之前显示的四个界面。

3．多级跳转

在点击按钮时，不仅可以跳转到当前页面的上一级页面，实际上还可以跳转到整个视图控制器栈中任何一个页面。

pop 有三种情况：

1．返回到上一界面。

popViewControllerAnimated(animated: Bool)

2．返回到根视图控制器。

popToRootViewControllerAnimated(animated: Bool)

3．返回到指定的视图控制器。

popToViewController(viewController: UIViewController, animated: Bool)

为了演示这三个跳转，在第 4 个视图控制器 ForthViewController.swift 中添加 3 个按钮，分别用来跳转到前三个页面：

```swift
class ForthViewController: UIViewController {

    override func viewDidLoad() {
        super.viewDidLoad()

        self.title = "第四个页面"
        self.view.backgroundColor = UIColor.whiteColor()
        let btn = UIButton.buttonWithType(UIButtonType.System) as UIButton
        btn.frame = CGRectMake(10, 100, 300, 44);
        btn.backgroundColor = UIColor.lightGrayColor()
        btn.setTitle("跳转到首页", forState: UIControlState.Normal);
        btn.addTarget(self, action: "popToRoot", forControlEvents: UIControlEvents.TouchUpInside)
        self.view.addSubview(btn)

        let btn1 = UIButton.buttonWithType(UIButtonType.System) as UIButton
        btn1.frame = CGRectMake(10, 160, 300, 44);
        btn1.backgroundColor = UIColor.lightGrayColor()
        btn1.setTitle("跳转到页面二", forState: UIControlState.Normal);
        btn1.addTarget(self, action: "popToSecond", forControlEvents: UIControlEvents.TouchUpInside)
        self.view.addSubview(btn1)

        let btn2 = UIButton.buttonWithType(UIButtonType.System) as UIButton
        btn2.frame = CGRectMake(10, 220, 300, 44);
        btn2.backgroundColor = UIColor.lightGrayColor()
        btn2.setTitle("跳转到前一个页面", forState: UIControlState.Normal);
        btn2.addTarget(self, action: "popToThird", forControlEvents: UIControlEvents.TouchUpInside)
        self.view.addSubview(btn2)

    }

    func popToRoot()
    {
        self.navigationController?.popToRootViewControllerAnimated(true)
```

```
}

func popToSecond()
{
    //可能通过视图控制器栈获取想要跳转到的视图控制器
    let vc = self.navigationController?.viewControllers[1] as
    UIViewController
    self.navigationController?.popToViewController(vc, animated: true)
}

func popToThird()
{
    self.navigationController?.popViewControllerAnimated(true)
}

}
```

运行效果如图 16.17 所示。

图 16.17　运行效果

从运行效果可以看出，点击不同的按钮会跳转到相应的界面。

16.5　navigationItem 属性详解

当不同的视图控制器处在导航栏控制器的视图控制器栈的栈顶时，它就会被显示出来，而不同的视图控制器显示的时候，导航栏上显示的内容是不一样的。

在导航栏控制器中，不管哪个视图控制器排在视图控制器栈的栈顶，导航栏本身只有一个，也就是说，导航栏是所有视图控制器共用的。

在不同的视图控制器显示的时候，导航栏上显示的内容不同，这种不同就是由 navigationItem 属性决定的。

navigationItem 是视图控制器的属性，当它的内部属性决定了这个视图控制器显示的时候，就会显示导航栏的内容。

可以通过图 16.18 看到导航栏上可以使用的 4 个区域。

下面分别就这四个区域进行详细说明。

16.5.1　提示区域

```
self.navigationItem.prompt = "提示区域"
```

通过设置这个属性，可以在导航栏中上部添加一个提示信息，如图 16.19 所示。

需要注意，如果设置了提示属性，那么导航栏的区域总高度会变成 94 像素。

16.5.2　标题区域

标题区域是指导航栏中间显示标题的区域。之所以说是标题区域，是因为这个区域不仅可以用来设置文字，也可以放一个普通的视图，可以是按钮，也可以是分段选择器。

 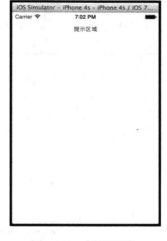

图 16.18　导航栏　　　　　　　图 16.19　提示区域

1．直接设置普通的标题

可以通过下面的代码直接设置一个标题：

```
self.navigationItem.title = "主页"
```

运行效果如图 16.20 所示。

图 16.20　运行效果

2．设置视图

除了可以设置一个标题外，还可以设置搜索框、分段选择器或者按钮等。
下面的代码可以在导航栏中间设置一个搜索框：

```
class TitleViewViewController: UIViewController {

    override func viewDidLoad() {
        super.viewDidLoad()

        let bar = UISearchBar(frame: CGRectMake(0, 0, 200, 30))
        bar.barStyle = UIBarStyle.BlackTranslucent
        self.navigationItem.titleView = bar

    }

}
```

运行效果如图 16.21 所示。

图 16.21 运行效果

也可以通过下面的代码设置分段选择器：

```
class TitleViewViewController: UIViewController {

    override func viewDidLoad() {
        super.viewDidLoad()

        let seg = UISegmentedControl(items: ["聊天记录","联系人"])
        seg.selectedSegmentIndex = 0
        self.navigationItem.titleView = seg
    }

}
```

运行效果如图 16.22 所示。

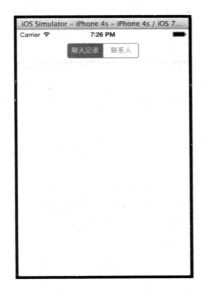

图 16.22　运行效果

除了设置以上两种视图控件之外，一般的普通控件都是可以设置到导航栏上的。

16.5.3　设置右侧按钮

在导航栏的右侧可以使用 UIBarButtonItem 设置一个普通的视图控件，系统自带的图标或者文字。

1. 使用自定义文字

```
class BarButtonItemViewController: UIViewController {

    override func viewDidLoad() {
        super.viewDidLoad()

        self.navigationItem.title = "首页"

      let item = UIBarButtonItem(title: "分享", style: UIBarButtonItemStyle.Plain,
        target: self, action: nil)
        self.navigationItem.rightBarButtonItem = item

    }

}
```

运行效果如图 16.23 所示。

2. 使用系统图标

```
class BarButtonItemViewController: UIViewController {

    override func viewDidLoad() {
        super.viewDidLoad()

        self.navigationItem.title = "首页"

        let item = UIBarButtonItem(barButtonSystemItem: UIBarButton System
        Item.Action, target: self, action: nil)
        self.navigationItem.rightBarButtonItem = item

    }

}
```

运行效果如图 16.24 所示。

图 16.23　运行效果

图 16.24　运行效果

3. 使用自定义的控件

可以使用自定义的普通控件作为栏按钮。

```
class BarButtonItemViewController: UIViewController {

    override func viewDidLoad() {
        super.viewDidLoad()
```

```
        self.navigationItem.title = "首页"

        let btn = UIButton.buttonWithType(UIButtonType.System) as UIButton
        btn.frame = CGRectMake(0, 0, 50, 30)
        btn.setTitle("分享", forState: UIControlState.Normal)
        let item2 = UIBarButtonItem(customView: btn)
        self.navigationItem.rightBarButtonItem = item2
    }

}
```

运行效果如图 16.25 所示。

图 16.25　运行效果

4．使用自定义的图片

可以使用图片生成图标按钮，方法如下：

```
class BarButtonItemViewController: UIViewController {

    override func viewDidLoad() {
        super.viewDidLoad()

        self.navigationItem.title = "首页"

        var img = UIImage(named: "downloadbutton")
        letitem=UIBarButtonItem(image:img,style:UIBarButtonItemStyle.Plain,
         target: self, action: nil)
        self.navigationItem.rightBarButtonItem = item
```

运行结果如图 16.26 所示。

需要注意的是，使用这种方式进行按钮的设置时，图片本身的颜色会被纯色代替，以符合扁平化的设计风格。

如果想使图片带有颜色，可以让图片保持原图。

```
var img = UIImage(named: "bobo_pink_flower")
img=img.imageWithRenderingMode(UIImageRenderingMode.AlwaysOriginal)
let item = UIBarButtonItem(
    image: img,
    style: UIBarButtonItemStyle.Plain,
    target: self, action: nil)
  self.navigationItem.rightBarButtonItem = item
```

运行效果如图 16.27 所示。

图 16.26　运行效果　　　　　　　　图 16.27　运行效果

另外，对于这种使用图片的方式，还有另外一种可能，就是同时设置横屏模式下的图片：

```
var img = UIImage(named: "bobo_pink_flower")
img=img.imageWithRenderingMode(UIImageRenderingMode.AlwaysOriginal)
let item2 = UIBarButtonItem(image: UIImage(named: "downloadbutton"),
 landscapeImagePhone: img, style: UIBarButtonItemStyle.Plain, target:
 self, action: nil)
. self.navigationItem.rightBarButtonItem = item2
```

运行效果如图 16.28 所示。

 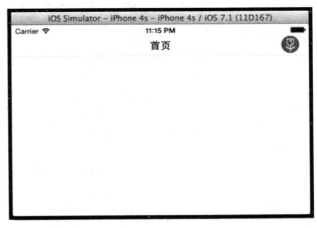

图 16.28 运行效果

16.5.4 设置左侧按钮

设置左侧按钮使用 navigationItem.leftBarButtonItem 属性，设置的方式和右侧按钮的设置方式是一样的：

```
let item = UIBarButtonItem(barButtonSystemItem: UIBarButtonSystemItem.Undo,
target: self, action: nil)
        letitem2=UIBarButtonItem(barButtonSystemItem:
    UIBarButtonSystemItem.Trash, target: self, action: nil)
        self.navigationItem.leftBarButtonItem = item
self.navigationItem.rightBarButtonItem = item2
```

运行效果如图 16.29 所示。

图 16.29 运行效果

下面主要列出，系统自带的风格按钮的样式，以供参考，如表 16.1 所示。

表 16.1 系统自带按钮样式

左侧	图示	右侧
Action	 Carrier 🗢　　　11:24 PM　　　　🔋 　　↑　　　　首页　　　　　+	Add
Bookmarks	 Carrier 🗢　　　11:25 PM　　　　🔋 　　📖　　　　首页　　　　　📷	Camera
Cancel	 Carrier 🗢　　　11:26 PM　　　　🔋 　Cancel　　　首页　　　　　✎	Compose
Done	 Carrier 🗢　　　11:26 PM　　　　🔋 　Done　　　　首页　　　　Edit	Edit
FastForward	 Carrier 🗢　　　11:29 PM　　　　🔋 　　▶▶　　　首页　　　　　📁	Organize
Play	 Carrier 🗢　　　11:30 PM　　　　🔋 　　▶　　　　首页　　　　　‖	Pause
Redo	 Carrier 🗢　　　11:31 PM　　　　🔋 　Redo　　　　首页　　　　　↻	Refresh
Reply	 Carrier 🗢　　　11:31 PM　　　　🔋 　　↩　　　　首页　　　　　◀◀	Rewind
Save	 Carrier 🗢　　　11:32 PM　　　　🔋 　Save　　　　首页　　　　　🔍	Search
Stop	 Carrier 🗢　　　11:33 PM　　　　🔋 　　✕　　　　首页　　　　　🗑	Trash
Undo	 Carrier 🗢　　　11:34 PM　　　　🔋 　Undo　　　　首页　　　　　🗑	Trash

16.5.5 设置一组按钮

除了设置左侧或者右侧的按钮以外，还可以通过以下方式给左侧或者右侧设置一组按钮。

BarButtonArrayViewController.swift 代码如下：

```
class BarButtonArrayViewController: UIViewController {

  override func viewDidLoad() {
     super.viewDidLoad()

     self.title = "首页"

    letitem1=UIBarButtonItem(barButtonSystemItem:UIBarButton SystemItem.Pause,
    target: self, action: nil)
      let item2 = UIBarButtonItem(image: UIImage(named: "downloadbutton"),
      style: UIBarButtonItemStyle.Plain, target: self, action: nil)
      self.navigationItem.leftBarButtonItems = [item1,item2]

    letitem3=UIBarButtonItem(barButtonSystemItem: UIBarButtonSystemItem.
    Camera, target: self, action: nil)
      let item4 = UIBarButtonItem(image: UIImage(named: "openbutton"),
      style: UIBarButtonItemStyle.Plain, target: self, action: nil)
      self.navigationItem.rightBarButtonItems = [item3,item4]

  }

}
```

运行效果如图 16.30 所示。

图 16.30 运行效果

从运行效果可以看出,在设置右侧的一组按钮时,数组中按钮的顺序和导航栏中显示的顺序是相反的。

16.5.6 设置返回按钮

1. 重写返回按钮

在界面返回之前,有时需要对当前界面中的数据进行保存,而如果直接返回会使数据丢失,这时候,需要在返回之前给用户提示,这就需要重写返回按钮。

重写返回按钮实际就是设置 leftBarButtonItem 属性。
BackButtonViewController.swift 代码如下:

```swift
class BackButtonViewController: UIViewController {

    override func viewDidLoad() {
        super.viewDidLoad()

        let btn = UIButton.buttonWithType(UIButtonType.System) as UIButton
        btn.frame = CGRectMake(10, 100, 300, 44)
        btn.setTitle("弹出新界面", forState: UIControlState.Normal)
        btn.backgroundColor = UIColor.lightGrayColor()
        self.view.addSubview(btn)
      btn.addTarget(self,action:"click",forControlEvents: UIControlEvents.TouchUpInside)

    }

    func click()
    {
        let backsub = BackSubViewController()
      self.navigationController?.pushViewController(backsub, animated: true)
    }

}
```

BackSubViewController.swift 代码如下:

```swift
class BackSubViewController: UIViewController,UIAlertViewDelegate {

    override func viewDidLoad() {
        super.viewDidLoad()
        self.view.backgroundColor = UIColor.whiteColor()
        letitem=UIBarButtonItem(title:"返回",style: UIBarButtonItemStyle.
```

```
        Plain, target: self, action: "backAction")
        self.navigationItem.leftBarButtonItem = item
}

func backAction()
{
    //做相应的用户提示
    let alert = UIAlertView(title: "提示", message: "您确定退出吗",
        delegate: self, cancelButtonTitle: "确定" )
    alert.show()

}

funcalertView(alertView: UIAlertView, clickedButtonAtIndex buttonIndex: Int) {
    if buttonIndex == 0
    {
        self.navigationController?.popViewControllerAnimated(true)
    }
}
}
```

运行效果如图 16.31 所示，在点击返回按钮的时候，弹出一个对话框，提示用户。

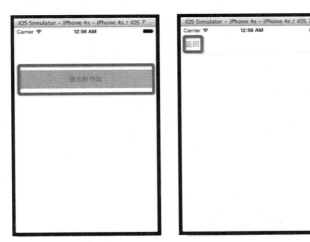

图 16.31 运行效果

2．仅修改返回按钮的文字

在默认情况下，返回按钮的文字是前一个界面的标题，如图 16.32 所示。
有时候，需要保留系统自带的返回按钮的风格，但是需要改变其中的文字。
这时候，可以在前一个界面中使用 backBarButtonItem 进行设置。

图 16.32　运行效果

```
class FirstViewController: UIViewController {

    override func viewDidLoad() {
        super.viewDidLoad()

        self.title = "第一个页面"
        self.view.backgroundColor = UIColor.whiteColor()
        let btn = UIButton.buttonWithType(UIButtonType.System) as UIButton
        btn.frame = CGRectMake(10, 100, 300, 44);
        btn.backgroundColor = UIColor.lightGrayColor()
        btn.setTitle("弹出第二个页面", forState: UIControlState.Normal);
        btn.addTarget(self,action:"click",forControlEvents:
        UIControlEvents.TouchUpInside)
        self.view.addSubview(btn)

        //设置新输出界面的返回按钮上的文字
        letbackItem=UIBarButtonItem(title:"首页",style:UIBarButtonItemStyle.
        Plain,target:self,action: nil)
        self.navigationItem.backBarButtonItem = backItem

    }

    func click()
    {
        let second = SecondViewController()
        self.navigationController?.pushViewController(second,animated: true)
    }
```

}

运行效果如图 16.33 所示。

图 16.33 运行效果

16.6 UIToolBar 的使用详解

16.6.1 系统自带的工具栏

在默认情况下，导航栏控制器中的工具栏是隐藏状态的，可以使用以下方式将系统自带的工具栏显示出来：

```
class ToolBarViewController: UIViewController {

    override func viewDidLoad() {
        super.viewDidLoad()

        self.title = "首页"
        self.navigationController?.toolbarHidden = false
    }

}
```

运行效果如图 16.34 所示。

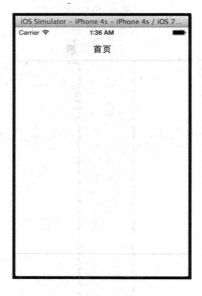

图 16.34　运行效果

16.6.2　使用工具栏

可以通过以下方式在工具栏上添加按钮：

```
class ToolBarViewController: UIViewController {

    override func viewDidLoad() {
        super.viewDidLoad()

        self.title = "首页"
        self.navigationController?.toolbarHidden = false

        //创建三个按钮
        let item1 = UIBarButtonItem(title: "分享", style:
         UIBarButtonItemStyle.Plain, target: self, action: nil)
        letitem2=UIBarButtonItem(barButtonSystemItem:
         UIBarButtonSystemItem.Pause, target: self, action: nil)
        let item3 = UIBarButtonItem(image: UIImage(named: "downloadbutton"),
         style: UIBarButtonItemStyle.Plain, target: self, action: nil)
        //设置 toolBar 上面的按钮数组
        self.setToolbarItems([item1,item2,item3], animated: true)
    }

}
```

运行效果如图 16.35 所示。

图 16.35　运行效果

另外，可以通过在按钮数组中添加自适应宽度按钮，让工具栏上的按钮平均分配距离：

```
class ToolBarViewController: UIViewController {

    override func viewDidLoad() {
        super.viewDidLoad()

        self.title = "首页"
        self.navigationController?.toolbarHidden = false

        //创建三个按钮
        let item1 = UIBarButtonItem(title: "分享", style:
        UIBarButtonItemStyle.Plain, target: self, action: nil)
        letitem2=UIBarButtonItem(barButtonSystemItem:
        UIBarButtonSystemItem.Pause, target: self, action: nil)
        let item3 = UIBarButtonItem(image: UIImage(named: "downloadbutton"),
        style: UIBarButtonItemStyle.Plain, target: self, action: nil)

        letspace=UIBarButtonItem(barButtonSystemItem:
        UIBarButtonSystemItem.FlexibleSpace, target: self, action: nil)
        //设置toolBar上面的按钮数组
        self.setToolbarItems([item1,space,item2,space,item3], animated: true)
    }

}
```

运行效果如图 16.36 所示。

图 16.36 运行效果

16.6.3 自定义工具栏

除了使用系统自带的工具栏，还可以通过创建 UIToolBar 对象自定义工具栏。
CustomToolBarViewController.swift 代码如下：

```swift
class CustomToolBarViewController: UIViewController {

    override func viewDidLoad() {
        super.viewDidLoad()
        
        self.title = "首页"
        
        letitem1=UIBarButtonItem(title:"分享",style: UIBarButtonItemStyle.Plain, target: self, action: nil)
        letitem2=UIBarButtonItem(barButtonSystemItem: UIBarButton SystemItem.Pause, target: self, action: nil)
        let item3 = UIBarButtonItem(image: UIImage(named: "downloadbutton"), style: UIBarButtonItemStyle.Plain, target: self, action: nil)
        letspace=UIBarButtonItem(barButtonSystemItem: UIBarButtonSystemItem.FlexibleSpace, target: self, action: nil)
        
        //自定义工具栏
        let customToolBar = UIToolbar(frame: CGRectMake(0, 300, 320, 44))
```

```
        customToolBar.setItems([item1,space,item2,space,item3], animated: true)
        self.view.addSubview(customToolBar)
    }

}
```

运行效果如图 16.37 所示。

图 16.37　运行效果

第 17 章 界面之间的传值

17.1 正向传值

正向传值是指在前一个页面向弹出的新页面传递一个值,供后一个页面使用。
ViewController.swift 代码如下:

```swift
class ViewController: UIViewController {
    
    override func viewDidLoad() {
        super.viewDidLoad()
        
        self.title = "界面一"
        let btn = UIButton.buttonWithType(UIButtonType.System) as UIButton
        btn.frame = CGRectMake(10, 100, 300, 44)
        btn.backgroundColor = UIColor.lightGrayColor()
        btn.setTitle("弹出界面二", forState: UIControlState.Normal)
        self.view.addSubview(btn)
        btn.addTarget(self,action:"click",forControlEvents: UIControlEvents.TouchUpInside)
        
    }
    
    func click()
    {
        let sub = SubViewController()
        //向新界面传值
        sub.titleText = "界面二"
        sub.color = UIColor.blueColor()
        self.navigationController?.pushViewController(sub, animated: true)
    }
    
}
```

SubViewController.swift 代码如下:

```swift
class SubViewController: UIViewController {
```

```
//定义类属性
var color:UIColor?
var titleText:String?
override func viewDidLoad() {
    super.viewDidLoad()
    self.title = titleText!
    self.view.backgroundColor = color!
}
```

运行结果如图 17.1 所示。

图 17.1　运行效果

17.2　反 向 传 值

反向传值是指在使用导航栏控制器的过程中，后弹出的界面在返回时，需要向前一级界面传递值或者让前一个界面执行某些方法。

反向传值与普通的正向传值不同，不能使用直接赋值的方法进行传递。在 iOS 中，要实现反向传值，方法可以有多种，在这里主要介绍两种。

1．协议代理。
2．闭包。

下面针对这两种方式进行讲解。

17.2.1 协议代理

比如,有两个界面,第一个界面通过导航栏控制器弹出第二个界面,在第二个界面中,点击一个按钮,返回第一个界面,同时给第一个界面传递一个字符串,用来改变第一个界面的标题。

SecondViewController.swift 代码如下:

```swift
//在委托类中定义协议
protocol SecondDelegate : NSObjectProtocol
{
    //在该协议中定义一系列方法
    func changeTitle(title:String)
    func changeBackgroundColor(color:UIColor)
}

class SecondViewController: UIViewController {
    
    //定义一个遵守 SecondDelegate 协议的代理属性
    var delegate:SecondDelegate?
    
    override func viewDidLoad() {
        super.viewDidLoad()
        self.view.backgroundColor = UIColor.whiteColor()
        
        let tf = UITextField(frame: CGRectMake(10, 100, 300, 44))
        tf.borderStyle = UITextBorderStyle.RoundedRect
        tf.tag = 100
        self.view.addSubview(tf)
        
        let btn = UIButton.buttonWithType(UIButtonType.System) as UIButton
        btn.frame = CGRectMake(10, 160, 300, 44)
        btn.setTitle("返回界面一并传值", forState: UIControlState.Normal)
        btn.backgroundColor = UIColor.lightGrayColor()
        btn.addTarget(self,  action:  "clickAction",  forControlEvents:
            UIControlEvents.TouchUpInside)
        self.view.addSubview(btn)
        
    }
    
    func clickAction()
    {
```

```swift
        let tf = self.view.viewWithTag(100) as? UITextField
        //调用代理执行相应的方法
        delegate?.changeTitle(tf!.text)
        delegate?.changeBackgroundColor(UIColor.blueColor())
        self.navigationController?.popViewControllerAnimated(true)
    }
}
```

在 FirstViewController.swift 中,类名后面需要添加遵守的协议 SecondDelegate:

```swift
class FirstViewController: UIViewController,SecondDelegate {

    override func viewDidLoad() {
        super.viewDidLoad()

        let btn = UIButton.buttonWithType(UIButtonType.System) as UIButton
        btn.frame = CGRectMake(10, 150, 300, 44)
        btn.setTitle("弹出界面二", forState: UIControlState.Normal)
        btn.backgroundColor = UIColor.lightGrayColor()
        btn.addTarget(self, action: "clickAction", forControlEvents:
                UIControlEvents.TouchUpInside)
        self.view.addSubview(btn)

    }

    func clickAction()
    {
        let second = SecondViewController()
        //将当前的视图控制器设置成为下一个视图控制器的代理
        second.delegate = self
      self.navigationController?.pushViewController(second, animated: true)
    }

    func changeTitle(title: String) {
        self.title = title
    }

    func changeBackgroundColor(color: UIColor) {
        self.view.backgroundColor = color
    }

}
```

运行效果如图 17.2 所示。

图 17.2 运行效果

17.2.2 闭包

使用闭包可以避免定义协议，方便使用。

SecondClosureViewController.swift 代码如下：

```
class SecondClosureViewController: UIViewController {

    //定义一个闭包,包括两个参数:标题和背景颜色
    var changeTitleClosuer:((title:String, color:UIColor) -> Void)?

    override func viewDidLoad() {
        super.viewDidLoad()
        self.view.backgroundColor = UIColor.whiteColor()

        let tf = UITextField(frame: CGRectMake(10, 100, 300, 44))
        tf.borderStyle = UITextBorderStyle.RoundedRect
        tf.tag = 100
        self.view.addSubview(tf)

        let btn = UIButton.buttonWithType(UIButtonType.System) as UIButton
        btn.frame = CGRectMake(10, 160, 300, 44)
        btn.setTitle("返回界面一并传值", forState: UIControlState.Normal)
        btn.backgroundColor = UIColor.lightGrayColor()
        btn.addTarget(self, action: "clickAction", forControlEvents:
         UIControlEvents.TouchUpInside)
```

第 17 章　界面之间的传值

```swift
        self.view.addSubview(btn)
    }

    func clickAction()
    {
        let tf = self.view.viewWithTag(100) as? UITextField
        //使用闭包传递标题和颜色两个值
        changeTitleClosuer?(title:tf!.text ,color:UIColor.blueColor())
        self.navigationController?.popViewControllerAnimated(true)
    }
}
```

FirstClosuerViewController.swift 代码如下：

```swift
class FirstClosuerViewController: UIViewController {
    
    override func viewDidLoad() {
        super.viewDidLoad()
        
        let btn = UIButton.buttonWithType(UIButtonType.System) as UIButton
        btn.frame = CGRectMake(10, 150, 300, 44)
        btn.setTitle("弹出界面二", forState: UIControlState.Normal)
        btn.backgroundColor = UIColor.lightGrayColor()
        btn.addTarget(self, action: "clickAction", forControlEvents:
         UIControlEvents.TouchUpInside)
        self.view.addSubview(btn)
        
    }
    
    func clickAction()
    {
        let second = SecondClosureViewController()
        //设置值的接收方式
        second.changeTitleClosuer = {
            (title:String, color:UIColor) in
            self.title = title
            self.view.backgroundColor = color
        }
      self.navigationController?.pushViewController(second, animated: true)
    }
    
}
```

运行效果如图 17.3 所示。

图 17.3 运行效果

第 18 章 UITabBarController 标签栏控制器

18.1 标签栏控制器概述

标签栏控制器是继导航栏控制器之后的又一个架构级控件，也是目前市场上 APP 主流的一种架构方式。

标签栏的显示效果如图 18.1 所示。

图 18.1 标签栏效果

标签栏控制器是用来管理视图控制器的，如图 18.1 所示，整个 APP 由 4 个视图控制器组成，其中前两个视图控制器是导航栏控制器。

在标签栏控制器的下面，有一个标签栏，用来标识所对应的视图控制器。要切换到对应的视图控制器界面，可通过直接单击对应的标签来完成。

标签栏控制器所管理的所有视图控制器都是独立的，也就是说，在单击标签进行切换的时候，切换前显示的界面不会受到切换后界面的影响，而是会保留之前的状态（除非开发需要）。

标签栏的结构如图 18.2 所示。

18.2 标签栏控制器的创建

首先创建 4 个视图控制器，并修改各个视图控制器的背景颜色：
1. FirstViewController.swift

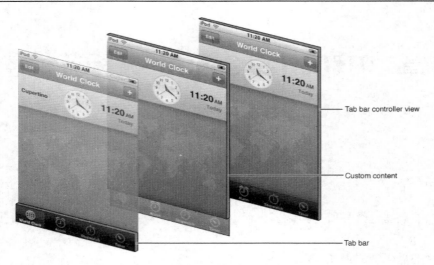

图 18.2　标签栏的结构

2．SecondViewController.swift
3．ThirdViewController.swift
4．ForthViewController.swift

标签栏控制器的创建和导航栏控制器的创建一样，都需要在 AppDelegate.swift 中实现：

```swift
class AppDelegate: UIResponder, UIApplicationDelegate {

    var window: UIWindow?

    func application(application: UIApplication, didFinishLaunchingWithOptions launchOptions: [NSObject: AnyObject]?) -> Bool {

        //声明并实例化一个标签栏控制器
        let tabbar = UITabBarController()
        //创建 4 个视图控制器
        let vc1 = FirstViewController()
        let vc2 = SecondViewController()
        let vc3 = ThirdViewController()
        let vc4 = ForthViewController()

        //设置 4 个元素的数组给标签栏控制器
        //这样标签栏控制器就能管理这 4 个视图控制器
        tabbar.viewControllers = [vc1,vc2,vc3,vc4];
        self.window?.rootViewController = tabbar

        self.window?.backgroundColor = UIColor.whiteColor()

        return true
    }
```

}

运行效果如图 18.3 所示。

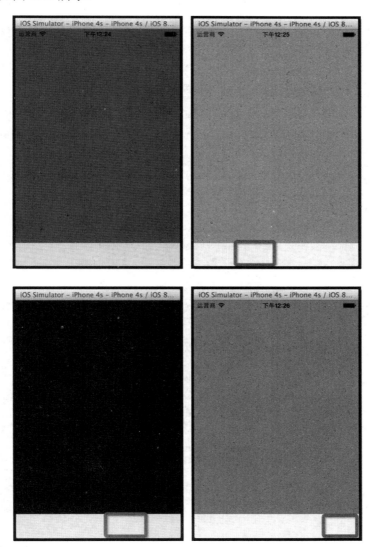

图 18.3 运行效果

在上面这段代码中，设置了包含这 4 个视图控制器对象的数组给标签栏控制器。

```
tabbar.viewControllers = [vc1,vc2,vc3,vc4];
```

这样，标签栏控制器就可以管理这 4 个视图控制器，而且在标签栏上创建 4 个标签，分别与这 4 个视图控制器相对应。

因为在创建的视图控制器中没有设置标题和图标，所以在下面的标签栏上看到的是空白的，但是单击对应的区域还是可以切换视图的。

18.3 标签的创建

在使用标签栏控制器的时候,必须要指定在各个标签上显示的图片和文字。设置标签和文字的方法有以下几种。

18.3.1 通过 tabBarItem 属性设置

直接通过视图控制器的 tabBarItem 属性进行设置,可以设置对应的标题的图标属性:

```
vc1.tabBarItem.image = UIImage(named: "jinjia")
vc1.tabBarItem.title = "首页"
```

运行效果如图 18.4 所示。

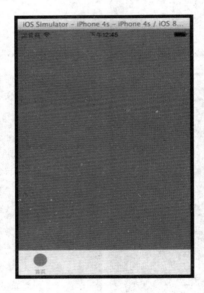

图 18.4 运行效果

从运行效果可以看到,图片的显示是被处理成了纯色,如果要使用原图,需要对图片进行处理:

```
var img = UIImage(named: "jinjia")
img = img!.imageWithRenderingMode(
        UIImageRenderingMode.AlwaysOriginal)
vc1.tabBarItem.image = img
vc1.tabBarItem.title = "首页"
```

运行效果如图 18.5 所示。

第 18 章 UITabBarController 标签栏控制器

图 18.5 运行效果

另外，可以分别设置选中和非选中状态的图片：

```
var img = UIImage(named: "jinjia")
img = img!.imageWithRenderingMode(
        UIImageRenderingMode.AlwaysOriginal)
var img2 = UIImage(named: "shanghu")
img2 = img2!.imageWithRenderingMode(
        UIImageRenderingMode.AlwaysOriginal)
vc1.tabBarItem.image = img
vc1.tabBarItem.selectedImage = img2;
vc1.tabBarItem.title = "首页"
```

运行效果如图 18.6 所示。

    选中状态   非选中状态

图 18.6 运行效果

18.3.2 自定义 UITabBarItem

除了使用自带的 tabBarItem 属性进行设置外，还可以创建 UITabBarItem 对象进行设置：

```
var img2 = UIImage(named: "shanghu")
img2 = img2!.imageWithRenderingMode(
        UIImageRenderingMode.AlwaysOriginal)
let tabbarItem = UITabBarItem(title: "界面二", image: img2, tag: 100)
vc2.tabBarItem = tabbarItem
```

运行效果如图 18.7 所示。

图 18.7　运行效果

从以上两个标签的运行效果来看，当选中一个标签时，选中的标签标题的颜色会发生变化，但是图片并没有发生变化，这是因为使用了原图的关系。如果要使图片有相应的变化或者区别，可以设置选中情况下的图片：

```
var img3 = UIImage(named: "tabbar")
img3 = img3!.imageWithRenderingMode(
        UIImageRenderingMode.AlwaysOriginal)

var img4 = UIImage(named: "tabbar_press")
img4 = img4!.imageWithRenderingMode(
        UIImageRenderingMode.AlwaysOriginal)
let tabbarItem3 = UITabBarItem(title: "界面三", image: img3, selectedImage: img4)
vc3.tabBarItem = tabbarItem3
```

运行效果如图 18.8 所示。

图 18.8　运行效果

从运行效果可以看出，在选中和非选中状态下显示的图片是不一样的。
另外，还可以使用系统自带的图标进行设置：

```
let tabbarItem4 = UITabBarItem(tabBarSystemItem: UITabBarSystemItem.
Bookmarks, tag: 200)
tabbarItem4.image = UIImage(named: "zixun")
tabbarItem4.title = "书签"
vc4.tabBarItem = tabbarItem4
```

运行效果如图 18.9 所示。

 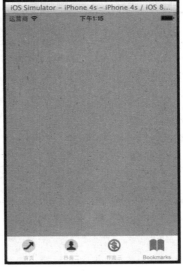

图 18.9　运行效果

从运行结果可以看出，如果使用系统自带的风格创建标签，那么标签的图片和文字都无法改变。

18.4 当创建的标签超过 5 个时的状态

当创建的标签超过 5 个时，从第 5 个开始，标签都会自动放到"更多"标签下。
代码如下：

```
class AppDelegate: UIResponder, UIApplicationDelegate {

    var window: UIWindow?

    func application(application: UIApplication, didFinishLaunchingWith
    Options launchOptions: [NSObject: AnyObject]?) -> Bool {

        //声明并实例化一个标签栏控制器
        let tabbar = UITabBarController()
        //创建 8 个视图控制器
        let vc1 = FirstViewController()

        var img = UIImage(named: "jinjia")
        img = img!.imageWithRenderingMode(
                UIImageRenderingMode.AlwaysOriginal)
        vc1.tabBarItem.image = img
        vc1.tabBarItem.title = "首页"

        let vc2 = SecondViewController()

        var img2 = UIImage(named: "shanghu")
        img2 = img2!.imageWithRenderingMode(
                UIImageRenderingMode.AlwaysOriginal)
        let tabbarItem = UITabBarItem(title: "界面二", image: img2, tag: 100)
        vc2.tabBarItem = tabbarItem

        let vc3 = ThirdViewController()

        var img3 = UIImage(named: "tabbar")
        img3 = img3!.imageWithRenderingMode(
                UIImageRenderingMode.AlwaysOriginal)
        var img4 = UIImage(named: "tabbar_press")
        img4 = img4!.imageWithRenderingMode(
                UIImageRenderingMode.AlwaysOriginal)
        let tabbarItem3 = UITabBarItem(title: "界面三", image: img3,
         selectedImage: img4)
        vc3.tabBarItem = tabbarItem3

        let vc4 = ForthViewController()
```

```
        let tabbarItem4 = UITabBarItem(tabBarSystemItem: UITabBarSystem
        Item.Bookmarks, tag: 200)
        tabbarItem4.image = UIImage(named: "zixun")
        tabbarItem4.title = "书签"
        vc4.tabBarItem = tabbarItem4


        let vc5 = FirstViewController()

        let tabbarItem5 = UITabBarItem(tabBarSystemItem: UITabBarSystem
        Item.Contacts, tag: 200)
        vc5.tabBarItem = tabbarItem5

        let vc6 = SecondViewController()

        let tabbarItem6=UITabBarItem(tabBarSystemItem: UITabBarSystemItem.
        Downloads, tag: 200)
        vc6.tabBarItem = tabbarItem6

        let vc7 = ThirdViewController()

        var img7 = UIImage(named: "tabbar")
        img7 = img7!.imageWithRenderingMode(
                UIImageRenderingMode.AlwaysOriginal)
        var img8 = UIImage(named: "tabbar_press")
        img8 = img8!.imageWithRenderingMode(
                UIImageRenderingMode.AlwaysOriginal)
        let tabbarItem7 = UITabBarItem(title: "界面七", image: img7,
        selectedImage: img8)
        vc7.tabBarItem = tabbarItem7

        let vc8 = ForthViewController()

        let tabbarItem8=UITabBarItem(tabBarSystemItem: UITabBarSystemItem.
        Bookmarks, tag: 200)
        vc8.tabBarItem = tabbarItem8

        tabbar.viewControllers = [vc1,vc2,vc3,vc4,vc5,vc6,vc7,vc8];
        self.window?.rootViewController = tabbar

        self.window?.backgroundColor = UIColor.whiteColor()

        return true
    }

}
```

运行效果如图 18.10 所示。

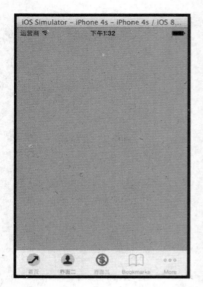

图 18.10　运行效果

18.5　标签栏控制器代理

18.5.1　捕捉编辑完成状态

在上一节的运行结果中，超过 5 个的标签都会放到 More 标签下，并且在 More 界面中，右上角有一个 Edit 按钮，点击这个按钮后会出现标签编辑界面，在该界面中，可拖动标签的位置来调整所有标签的排列顺序，如图 18.11 所示。

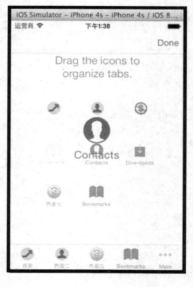

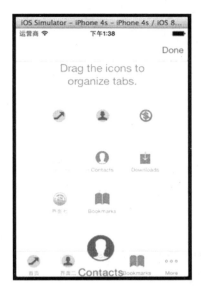

图 18.11　拖动位置

在编辑完所有标签的排列顺序后,单击右上角的 Done 按钮完成编辑,如图 18.12 所示。

图 18.12　编辑完成

虽然标签的顺序改变后,APP 能正常运行了,但是当程序退出再运行时,所有的标签的顺序还是会恢复到原始状态。

如果需要保存所有标签的排列顺序信息,需要使用到标签栏控制器的代理方法。
AppDelegate.swift 部分代码如下:

```
class AppDelegate: UIResponder, UIApplicationDelegate,
UITabBarControllerDelegate {

    var window: UIWindow?
```

```swift
func application(application: UIApplication, didFinishLaunchingWith
Options launchOptions: [NSObject: AnyObject]?) -> Bool {
    
    //声明并实例化一个标签栏控制器
    let tabbar = UITabBarController()
    tabbar.delegate = self
    
......
```

在设置完代理后,可以使用如下的代理方法进行动作的捕捉:

```swift
func tabBarController(tabBarController: UITabBarController, didEndCus
tomizingViewControllers viewControllers: [AnyObject], changed: Bool) {
    let vcs = tabBarController.viewControllers
    println(vcs)
}
```

此时,在编辑完成所有的标签顺序后,点击完成,会有如下输出:

```
/*
Optional([
<UITabBarController2.FirstViewController: 0x7ab9a4f0>,
<UITabBarController2.FirstViewController: 0x7d04af00>,
<UITabBarController2.SecondViewController: 0x7d03f6f0>,
<UITabBarController2.ForthViewController: 0x7d0481c0>,
<UITabBarController2.SecondViewController: 0x7d04b280>,
<UITabBarController2.ThirdViewController: 0x7d04b640>,
<UITabBarController2.ForthViewController: 0x7d04c0d0>,
<UITabBarController2.ThirdViewController: 0x7d042660>])
*/
```

输入的视图控制器数组,就是编辑标签顺序完成后,标签的顺序所对应的视图控制器数组。

在这个方法中,可以对标签的顺序进行保存,在再次启动程序时加载保存后的顺序。

18.5.2 捕捉标签选择的动作

当选择了某一个标签时,可以使用以下的代理方法进行捕获:

```swift
func tabBarController(tabBarController: UITabBarController, didSelect
ViewController viewController: UIViewController) {
    println(viewController)
}
```

运行程序,然后选择其他的标签,会有相应的输出:

```
<UITabBarController2.SecondViewController: 0x7e3dc8d0>
<UITabBarController2.ThirdViewController: 0x7e3df840>
<UITabBarController2.ForthViewController: 0x7e3e52a0>
```

18.6 标签栏控制器的其他属性设置

18.6.1 标签的徽标

可以通过以下代码设置标签的徽标：

```
vc1.tabBarItem.badgeValue = "99+"
```

运行效果如图 18.13 所示。

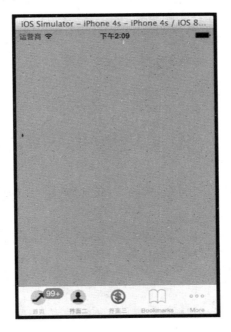

图 18.13　运行结果

18.6.2 手动选择标签

在程序开始运行时，或在程序运行的过程中，如果要手动改变标签栏控制器的显示界面，可通过如下代码修改：

```
tabbar.selectedIndex = 3;
```

程序启动后界面如图 18.14 所示。

图 18.14 运行结果

程序运行后，自动跳转到第 3 个界面。

18.7　NSUserDefault 本地化存储

在 iOS 中，可以实现本地持久化存储的方式有多种，而 NSUserDefault 是其中最方便的一种。

NSUserDefault 实际操作的是在工程编译完成后在沙盒中产生的 plist 文件，所以在使用 NSUserDefault 保存数据时，必须保存基本数据类型，如：String，Array，Dictionary，NSDate，Bool 等，其中数组和字典中的对象也必须是基本数据类型，也就是说不能存放自定义的类的对象。

NSUserDefault 适合用来存储数据量相对较小的数据，因为它实际操作的是 plist 文件，读写相对比较耗时。

NSUserDefault 写入值主要分为以下三步：

1．打开 NSUserDefault 的单例。
2．向 NSUserDefault 中写入值。
3．同步到 plist 文件。

代码如下：

```
let defaults = NSUserDefaults.standardUserDefaults()
defaults.setValue("opened", forKey: "firststart")
defaults.synchronize()
```

运行该段程序后，打开项目的沙盒，可以找到对应的 plist 文件，如图 18.15 所示。

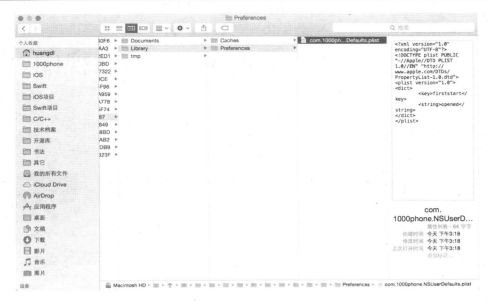

图 18.15　查找文件

plist 文件的目录是：
Library\Preferences\com.1000phone.NSUserDefaults.plist
打开这个文件，内容如图 18.16 所示。

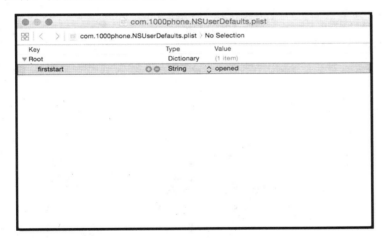

图 18.16　打开文件

从 NSUserDefault 取值的方式如下：

```
let defaults = NSUserDefaults.standardUserDefaults()
let str = defaults.valueForKey("firststart") as? String
println(str!)
```

在控件台的输出如下：

```
opened
```

第 19 章　UIScrollView 滚动视图

滚动视图是在浏览的内容较多，超过屏幕范围的时候首选的控件。

19.1　UIScrollView 的创建

创建滚动视图方式的代码如下：

```
class ViewController: UIViewController {

    override func viewDidLoad() {
        super.viewDidLoad()

        let scroll = UIScrollView(frame: CGRectMake(10, 40, 300, 300))
        scroll.backgroundColor = UIColor.grayColor()
        self.view.addSubview(scroll)

        let img = UIImage(named: "3.jpg")
        let imgv = UIImageView(image: img)
        scroll.addSubview(imgv)

    }

}
```

运行效果如图 19.1 左图所示，右图为图片的原图。

图 19.1　运行效果及原图

在以上的运行效果中,滚动视图的大小只能显示出图片的一部分,为了能够查看图片的所有范围,需要给滚动视图设置 contentSize 属性:

```
scroll.contentSize = img!.size
```

这行代码的意思是,将滚动视图的内容大小设置成图片的大小,也就是将滚动视图的滚动范围设置成图片的大小,如图 19.2 所示。

图 19.2　设置滚动范围

19.2　滚动条的设置

运行这个程序后,在拖动的过程中,可以看到在下侧和右侧会有滚动条,如图 19.3 所示。

图 19.3　出现滚动条

19.2.1 滚动条的样式

滚动条的样式有三种：

```
enum UIScrollViewIndicatorStyle : Int {
case Default
   case Black
   case White
}
```

可以通过如下代码修改滚动条的样式：

```
scroll.indicatorStyle = UIScrollViewIndicatorStyle.White
```

如图 19.4 所示的是三种样式分别运行的效果。

　　　　Default　　　　　　　　　　Black　　　　　　　　　　White

图 19.4　三种运行效果

从运行的结果可以看出如下细微的差别：

1．Default：滚动条是黑色的，在周围有一道白色的细边，用在各种图片背景上都可以分辨得开。

2．Black：整个滚动条只有一条黑色的线，适用于浅色背景的图片。

3．White：整个滚动条只有一条白色的线，适用于深色背景的图片。

19.2.2　滚动条的隐藏

如果不需要显示滚动条，可通过如下方式进行隐藏：

```
//隐藏下边的横向滚动条
```

```
scroll.showsHorizontalScrollIndicator = false
//隐藏右边的纵向滚动条
scroll.showsVerticalScrollIndicator = false
```

运行效果如图 19.5 所示。

图 19.5　隐藏滚动条

19.3　滚动边界反弹效果

在默认情况下，滚动视图都会有滚动边界的反弹效果，即在快速滑动图片的时候，边界会出现空白区域，然后图片再回到边界，如图 19.6 所示。

快速往左上方滑动　　　　　　　　回到边界

图 19.6　运动效果

可以通过如下代码去掉滚动视图的反弹效果。

```
scroll.bounces = false
```

再次运行后,反弹效果消失。

19.4 偏 移 量

可以通过如下方式设置滚动视图的偏移量:

```
scroll.contentOffset = CGPointMake(100, 100)
```

以下是运行效果和运行时显示的图片的范围,如图19.7所示。

图19.7 运行效果

当设置偏移量为CGPointMake(100, 100)时,实际显示的范围是图片中向右偏移100像素,向下偏移100像素。也就是说,在滚动视图中显示的图片的起始点是图片本身的(100, 100)位置。

19.5 滚动视图的代理方法

滚动视图提供了丰富的代理方法,可用来实时监测滚动视图的状态。
以下是设置代理的部分代码:

```
//需要遵守UIScrollViewDelegate协议
class ViewController: UIViewController,UIScrollViewDelegate {

    override func viewDidLoad() {
        super.viewDidLoad()
```

```
let scroll = UIScrollView(frame: CGRectMake(10, 40, 300, 300))
 //设置代理
scroll.delegate = self
```

19.5.1 缩放

要实现图片的缩放，需要设置滚动视图的 minimumZoomScale 属性和 maximumZoomScale 属性，同时需要实现滚动视图的代理方法：

```
func viewForZoomingInScrollView(scrollView: UIScrollView) -> UIView?{
}
```

设置 minimumZoomScale 属性，表示图片的最小缩放比例。
设置 maximumZoomScale 属性，表示图片的最大缩放比例。
设置代码如下：

```
scroll.minimumZoomScale = 0.5
scroll.maximumZoomScale = 2.0
```

以上代码表示，图片的最小缩放比例是原图的 0.5 倍，也就是一半。
最大缩放比例是原图的 2 倍。
实现代理方法如下：

```
func viewForZoomingInScrollView(scrollView: UIScrollView) -> UIView? {
    return scrollView.subviews[0] as? UIView
}
```

这个代理方法的返回值是表示在滚动视图上发生缩放手势的时候，哪一个视图被缩放。
运行效果如图 19.8 所示。

缩放图片　　　　　　　　松开手指后，恢复到 0.5 倍

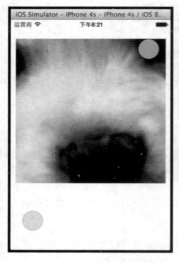

放大图片　　　　　　　松开手指后，恢复到 2.0 倍

图 19.8　缩放效果

19.5.2　监控滚动视图的滚动

可以使用滚动视图的代理方法监控滚动视图的所有动作：

```
func scrollViewDidEndDecelerating(scrollView: UIScrollView) {
    //动画停止的时候,调用这个方法
}

func scrollViewDidEndDragging(scrollView: UIScrollView, willDecelerate decelerate: Bool) {
    //手指停止拖动的时候,调用这个方法
}

func scrollViewDidScroll(scrollView: UIScrollView) {
    //在视图滚动的时候,调用这个方法
}
```

这几个方法的调用时机可以这样理解：

（1）当手指在滚动视图上拖动的时候，一直会调用 scrollViewDidScroll 方法。

（2）当手指带有一定的移动速度离开屏幕时，会调用 scrollViewDidEndDragging 方法，表示手指结束拖动。

（3）由于手指离开屏幕时有一定的速度，所以滚动视图会继续滚动，而不会停止滚动。当滚动的动画停止时，会调用 scrollViewDidEndDecelerating 方法。

注意：在整个动画产生的过程中一直会实时调用 scrollViewDidScroll 方法。

19.6 分屏滚动

可以设置 pagingEnabled 属性，设置滚动视图的分屏滚动模式：

```swift
class PageViewController: UIViewController {

    override func viewDidLoad() {
        super.viewDidLoad()

        let scroll = UIScrollView(frame: self.view.bounds);
        //设置分屏滚动模式
        scroll.pagingEnabled = true
        self.view.addSubview(scroll)

        for i in 0...3
        {
            let imgv = UIImageView(frame: CGRectMake( 320.0 * CGFloat(i), 0,
            320, self.view.bounds.size.height))
            let img = UIImage(named: "\(i+3).jpg")
            imgv.image = img
            scroll.addSubview(imgv)
        }

        scroll.contentSize = CGSizeMake(320.0 * 4, 0)
    }

}
```

由于加到滚动视图上的所有图片都是整屏的，所以需要在滚动的过程中整屏显示，即无论当前滑动图片到什么位置，在手指结束拖动的时候，都会自动滚动到整屏的位置。

运行效果如图 19.9 所示。

开始运行程序　　　　　　拖动图片　　　　　　结束拖动后自动滑动到整屏

图 19.9　运行效果

19.7 引导页的实现

引导页就是在 APP 第一次下载安装或者升级完成并运行的时候，出现的用来提示用户操作的一组图片，一般引导页都是使用滚动视图实现的。

PageViewController.swift 代码如下：

```swift
class PageViewController: UIViewController {

    var startClosure:(() -> Void)?
    override func viewDidLoad() {
        super.viewDidLoad()

        let scroll = UIScrollView(frame: self.view.bounds);

        scroll.pagingEnabled = true
        self.view.addSubview(scroll)

        for i in 0...3
        {
            let imgv = UIImageView(frame: CGRectMake( 320.0 * CGFloat(i), 0, 320, self.view.bounds.size.height))
            let img = UIImage(named: "\(i+3).jpg")
            imgv.image = img
            if i == 3
            {
                let btn = UIButton.buttonWithType(UIButtonType.System) as UIButton
                btn.frame = CGRectMake(10, 400, 300, 44)
                btn.setTitle("立即体验", forState: UIControlState.Normal)
                btn.backgroundColor = UIColor.lightGrayColor()
                btn.setTitleColor(UIColor.blackColor(), forState: UIControlState.Normal)
                btn.addTarget(self, action: "startAction", forControlEvents: UIControlEvents.TouchUpInside)
                imgv.addSubview(btn)
                imgv.userInteractionEnabled = true
            }
            scroll.addSubview(imgv)
        }

        scroll.contentSize = CGSizeMake(320.0 * 4, 0)
    }
```

```swift
    func startAction()
    {
        startClosure!()
    }
}
```

在 AppDelegate.swift 类中实现如下代码：

```swift
class AppDelegate: UIResponder, UIApplicationDelegate {

    var window: UIWindow?

    func application(application: UIApplication, didFinishLaunchingWith
    Options launchOptions: [NSObject: AnyObject]?) -> Bool {

        //从本地持久化存储的 plist 文件中找到键值为 started 的值
        var started = NSUserDefaults.standardUserDefaults().valueForKey
        ("started") as? String
        //如果找到的值为空,表示程序是第一次运行,进入引导页
        if started == nil
        {
            let vc = PageViewController()
            self.window?.rootViewController = vc
            //设置引导页完成时响应闭包
            vc.startClosure = {
                () -> Void in
                self.startApp()
                //引导浏览完成后,保存键值为 started 的值到本地持久化文件中
                NSUserDefaults.standardUserDefaults().setValue("start",
                forKey: "started")
                NSUserDefaults.standardUserDefaults().synchronize()
            }
        }
        //如果找到的值不为空,表示不是第一次运行程序,直接进入程序主界面
        else
        {
            startApp()
        }

        self.window?.backgroundColor = UIColor.whiteColor()
        return true
    }

    //启动程序
```

```
    func startApp()
    {
        let rootVC = ViewController()
        let navi = UINavigationController(rootViewController: rootVC)
        self.window?.rootViewController = navi
    }

}
```

运行结果如图 19.20 所示。

程序启动，进入引导页　　　　进入第 4 页并点击按钮　　　　进入程序首页

图 19.20　运行结果

重新运行程序，直接进入程序首页，如图 19.21 所示。

图 19.21　程序首页

19.8 UIPageControl 控件

19.8.1 创建方式

UIPageControl 是用来指示当前页数的控件，在引导页中很常用。
UIPageControl 的创建方式如下：

```
let pageControl = UIPageControl()
//设置 pageControl 总共有多少页
pageControl.numberOfPages = 4
//设置 pageControl 的位置
pageControl.center = CGPointMake(160, 360)
self.view.addSubview(pageControl)
```

运行效果如图 19.22 所示。

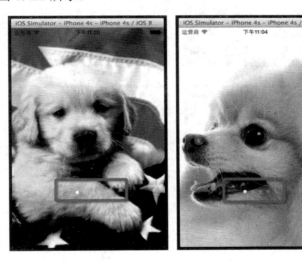

图 19.22　运行结果

19.8.2 随着滚动视图的滚动改变当前页

在创建出 pageControl 并运行之后发现，滚动图片后，pageControl 的指示并没有变化，要想让 pageControl 随着滚动视图的滚动而发生变化，需要设置 pageControl 的 currentPage 属性。

要实现这样的功能，需要在滚动视图的代理方法中添加处理方法：

```
func scrollViewDidEndDecelerating(scrollView: UIScrollView) {
    var index = scrollView.contentOffset.x / 320
```

```
        //设置pageControl的指示页
        pageControl_?.currentPage = Int(index)
    }
```

运行结果如图 19.23 所示。

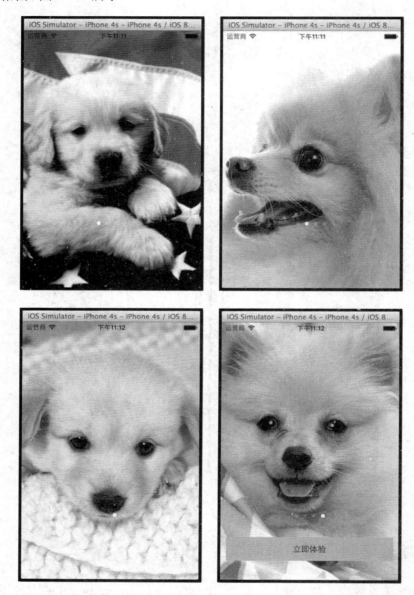

图 19.23 运行结果

19.8.3 设置显示效果

默认情况下,pageControl 表示当前页的点,显示的当前页是白色的,其他点是灰色透明的，可通过下面的代码进行修改：

```
//设置普通状态下的点的颜色
pageControl.pageIndicatorTintColor = UIColor.blueColor()
//设置当前页的点的颜色
pageControl.currentPageIndicatorTintColor =
              UIColor.yellowColor()
```

运行效果如图 19.24 所示。

图 19.24　运行效果

PageViewController.swift 类的完整代码如下：

```
class PageViewController: UIViewController ,UIScrollViewDelegate{

    var startClosure:(() -> Void)?
    var pageControl_:UIPageControl?

    override func viewDidLoad() {
        super.viewDidLoad()

        let scroll = UIScrollView(frame: self.view.bounds);
        scroll.delegate = self;
        scroll.pagingEnabled = true
        self.view.addSubview(scroll)

        for i in 0...3
        {
```

```swift
            let imgv = UIImageView(frame: CGRectMake( 320.0 * CGFloat(i), 0,
            320, self.view.bounds.size.height))
            let img = UIImage(named: "\(i+3).jpg")
            imgv.image = img
            if i == 3
            {
                let btn = UIButton.buttonWithType(UIButtonType.System) as
                UIButton
                btn.frame = CGRectMake(10, 400, 300, 44)
                btn.setTitle("立即体验", forState: UIControlState.Normal)
                btn.backgroundColor = UIColor.lightGrayColor()
                btn.setTitleColor(UIColor.blackColor(), forState: UIControl
                State.Normal)
                btn.addTarget(self, action: "startAction", forControlEvents:
                UIControlEvents.TouchUpInside)
                imgv.addSubview(btn)
                imgv.userInteractionEnabled = true
            }
            scroll.addSubview(imgv)
        }
        
        scroll.contentSize = CGSizeMake(320.0 * 4, 0)
        
        let pageControl = UIPageControl()
        //设置pageControl总共有多少页
        pageControl.numberOfPages = 4
        //设置pageControl的位置
        pageControl.center = CGPointMake(160, 360)
        self.view.addSubview(pageControl)
        pageControl_ = pageControl
        //设置普通状态下的点的颜色
        pageControl.pageIndicatorTintColor = UIColor.blueColor()
        //设置当前页的点的颜色
        pageControl.currentPageIndicatorTintColor = UIColor.yellowColor()
    }
    
    func scrollViewDidEndDecelerating(scrollView: UIScrollView) {
        var index = scrollView.contentOffset.x / 320
        //设置pageControl的指示页
        pageControl_?.currentPage = Int(index)
    }
    
    func startAction()
    {
        startClosure!()
    }

}
```

第 20 章 UITableView 表视图

在进行 iOS 开发的过程中,对 UITableView 的使用会很频繁,不管是哪种类型的应用都会大量使用这个控件,可以说 UITableView 已经成为 iOS 开发中不可或缺的控件。

本章将详细介绍 UITableView 的使用。

20.1 UITableView 概述

20.1.1 UITableView 的创建及显示

可通过以下方式创建并显示一个 tableView:

```swift
class ViewController: UIViewController {

    var _tableView:UITableView?

    override func viewDidLoad() {
        super.viewDidLoad()

        self.title = "tableView"
        _tableView = UITableView(frame: self.view.bounds, style: UITableViewStyle.Plain)
        self.view.addSubview(_tableView!)

    }

}
```

运行效果如图 20.1 所示。

图 20.1 运行结果

20.1.2 UITableView 的头视图

可以在 tableView 上添加头视图，用来展示重点信息或者广告等，实现方式是通过设置 tableView 的 tableHeaderView 属性，代码如下：

```swift
class HeaderViewController: UIViewController {

    override func viewDidLoad() {
        super.viewDidLoad()

        let tableView = UITableView(frame: self.view.bounds, style: UITableViewStyle.Plain)
        self.view.addSubview(tableView)

        let view = UIView(frame: CGRectMake(10, 10, 50, 100))
        view.backgroundColor = UIColor.blueColor()
        tableView.tableHeaderView = view

    }

}
```

运行效果如图 20.2 所示。

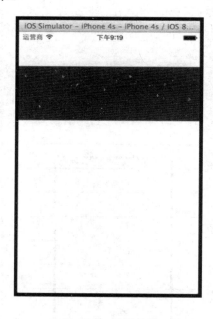

图 20.2　运行效果

从运行的效果可以看出，在设置头视图的时候，定义的头视图的位置和宽度都是无效的，默认的位置是(0，0)点，而宽度都是和 tableView 本身的宽度一致的。

20.1.3 UITableView 的脚视图

和头视图类似，可以通过 tableFooterView 属性来设置 tableView 的脚视图：

```
class HeaderViewController: UIViewController {

    override func viewDidLoad() {
        super.viewDidLoad()

        let tableView = UITableView(frame: self.view.bounds, style: UITable
        ViewStyle.Plain)
        self.view.addSubview(tableView)

        let view = UIView(frame: CGRectMake(100, 10, 50, 100))
        view.backgroundColor = UIColor.blueColor()
        tableView.tableFooterView = view

    }

}
```

运行效果如图 20.3 所示。

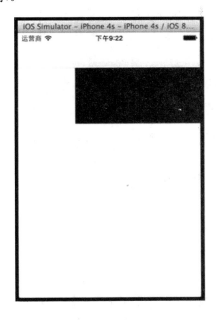

图 20.3　运行效果

从以上的运行效果可以看出，在设置脚视图的时候，X 坐标是可以起作用的。

另外,如果 tableView 中没有内容,普通状态下会显示空的行,而一旦设置了脚视图后,tableView 本身的单元格及单元格之间的分界线将不会显示出来。

20.1.4 UITableView 的数据源

要在 tableView 中显示相应的数据,需要设置相应的数据给 tableView。而 tableView 获取数据的方式是通过其数据源的代理方法来获取的,也就是说,在 tableView 显示的过程中,会一直调用它的数据源代理方法来获取分区数量、每个分区的单元格数量、每一个单元格的显示信息等。

为了在 tableView 中显示数据,需要设置数据源代理,同时需要实现两个基本的代理方法:

```swift
class ViewController: UIViewController,UITableViewDataSource {
    
    //定义一个 tableView
    var _tableView:UITableView?
    //定义一个数组作为 tableView 的数据源
    var _dataArray:[String]?
    
    override func viewDidLoad() {
        super.viewDidLoad()
        self.title = "tableView"
        
        //初始化数据源,在数据源中添加20条数据
        _dataArray = [String]()
        for i in 1...20
        {
            _dataArray?.append("行\(i)")
        }
        
        _tableView = UITableView(frame: self.view.bounds, style: UITableViewStyle.Plain)
        self.view.addSubview(_tableView!)
        
        //设置数据源
        _tableView?.dataSource = self;
        
    }
    
    //返回对应的行的 cell
    func tableView(tableView:UITableView, cellForRowAtIndexPath indexPath: NSIndexPath) -> UITableViewCell {
        var cellid = "cellid"
        //从 tableView 的可重用队列中获取一个 cell
```

```
    var cell = tableView.dequeueReusableCellWithIdentifier(cellid) as?
UITableViewCell
    if cell == nil
    {
        //如果在可重用队列中没有可使用的 cell,则创建一个新的
        cell = UITableViewCell(style: UITableViewCellStyle.Default,
        reuseIdentifier: cellid)
    }
    //在取到一个 cell 后,设置 cell 的显示内容
    cell!.textLabel.text = _dataArray![indexPath.row]
    return cell!
}

//返回 tableView 的行数
func tableView(tableView: UITableView, numberOfRowsInSection section:
Int) -> Int {
    return _dataArray!.count;
}
}
```

运行效果如图 20.4 所示。

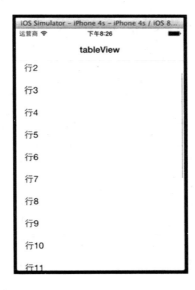

图 20.4　运行效果

20.1.5　UITableView 的分隔线

可以通过 separatorStyle 属性设置 tableView 的分隔线的样式:

//设置没有分隔线

```
_tableView?.separatorStyle = UITableViewCellSeparatorStyle.None
```

运行效果如图 20.5 所示。

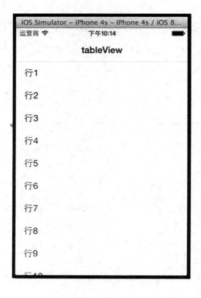

图 20.5　运行效果

另外，可以设置分隔线的颜色及分隔线的宽度：

```
_tableView?.separatorStyle = UITableViewCellSeparatorStyle.SingleLine
_tableView?.separatorColor = UIColor.blueColor()
_tableView?.separatorInset = UIEdgeInsetsMake(100, 100, 100, 50)
```

运行效果如图 20.6 所示。

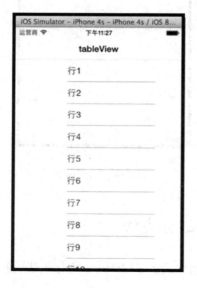

图 20.6　运行效果

从运行的效果可以看出，在设置的边界内距属性中，上边距和下边距是无效的，而左边距设置为 100 会使分隔线以左侧 100 像素作为起点，同时 cell 中设置的文字的左侧起点也变成 100。右边距设置为 50 会使分隔线的终点设置为右侧边界向左 50 像素。

20.1.6　UITableViewCell 单元格

1. UITableViewCell 的样式

tableViewCell 表示单元格，它是 tableView 的组成单元。UITableViewCell 有两种风格。
（1）普通风格：如上一节所使用的样式。
（2）带有副标题的风格。
设置方法如下：

```
func tableView(tableView:UITableView, cellForRowAtIndexPath indexPath:
NSIndexPath) -> UITableViewCell {
    var cellid = "cellid"
    var cell = tableView.dequeueReusableCellWithIdentifier(cellid) as?
    UITableViewCell
    if cell == nil
    {
        // Subtitle 表示设置副标题风格
        cell = UITableViewCell(style: UITableViewCellStyle.Subtitle,
        reuseIdentifier: cellid)
    }
    cell!.textLabel.text = _dataArray![indexPath.row]
    //设置副标题
    cell!.detailTextLabel?.text = "副标题"

    return cell!
}
```

运行效果如图 20.7 所示。

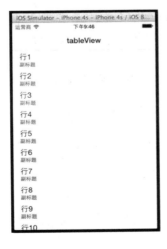

图 20.7　运行效果

2. UITableViewCell 的图标

使用系统自带的 UITableViewCell，可以使用以下方式设置 cell 左侧的图标：

```
//设置图标
cell!.imageView?.image = UIImage(named: "header")
```

运行效果如图 20.8 所示。

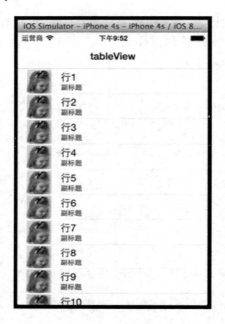

图 20.8 运行效果

3. UITableViewCell 的内容视图

UITableViewCell 是 UIView 的子类，在其上面有一个专门用来显示内容的视图 contentView，而系统自带的 cell 中的元素：textLabel、detailTextLabel、imageView，它们都是 contentView 上的元素。

可以通过设置 contentView 的背景来设置显示 tableView 的风格：

```
if indexPath.row % 2 == 0
{
   cell!.contentView.backgroundColor = UIColor.lightGrayColor()
}
else
{
   cell!.contentView.backgroundColor = UIColor.whiteColor()
}
```

运行效果如图 20.9 所示。

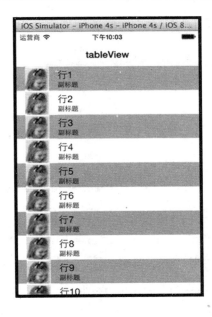

图 20.9 运行效果

4．UITableViewCell 右侧提示标签

可以通过以下方式设置 UITableViewCell 右侧的提示标签样式：

```
//设置 cell 的右侧标签
cell!.accessoryType = UITableViewCellAccessoryType.DetailButton
```

运行效果如图 20.10 所示。

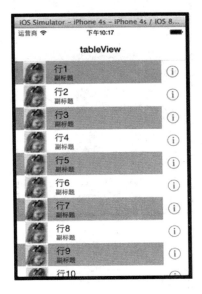

图 20.10 运行效果

可以设置的样式有如下几种：
（1）DisclosureIndicator
（2）DetailDisclosureButton
（3）Checkmark
（4）DetailButton

```
switch indexPath.row
    {
case 0:
    cell!.accessoryType = UITableViewCellAccessoryType.Disclosure
    Indicator
case 1:
    cell!.accessoryType = UITableViewCellAccessoryType.Detail
    DisclosureButton
case 2:
    cell!.accessoryType = UITableViewCellAccessoryType.Checkmark
case 3:
    cell!.accessoryType = UITableViewCellAccessoryType.DetailButton
default:
    cell!.accessoryType = UITableViewCellAccessoryType.None
}
```

运行效果如图 20.11 所示。

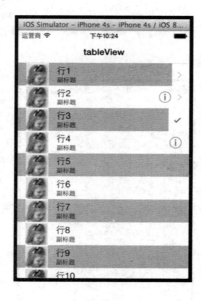

图 20.11　运行效果

5．UITableViewCell 高度的设置

可以通过如下的代理方法修改 tableViewCell 的高度：

```
func tableView(tableView: UITableView, heightForRowAtIndexPath
indexPath: NSIndexPath) -> CGFloat {
    if indexPath.row % 2 == 0
    {
        return 44
    }
    else
    {
        return 88
    }
}
```

运行效果如图 20.12 所示。

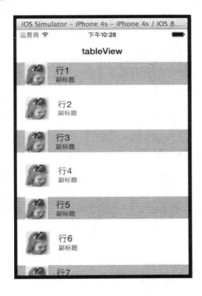

图 20.12　运行效果

20.1.7　UITableView 的代理

tableView 的数据源方法只向 tableView 提供数据，而对 tableView 的操作(比如点击某个 cell)的响应则需要 tableView 的代理方法来实现。

tableView 的代理和数据的完整实现方式如下：

```
//设置当前的视图控制器遵守tableView的数据源协议和代理协议
class ViewController: UIViewController,UITableViewDataSource,
UITableViewDelegate {

    var _tableView:UITableView?
    var _dataArray:[String]?
```

```swift
override func viewDidLoad() {
    super.viewDidLoad()
    self.title = "tableView"
    _dataArray = [String]()
    for i in 1...20
    {
        _dataArray?.append("行\(i)")
    }
    
    _tableView = UITableView(frame: self.view.bounds, style:
    UITableViewStyle.Plain)
    self.view.addSubview(_tableView!)
    
    //设置数据源
    _tableView?.dataSource = self;
    //设置代理
    _tableView?.delegate = self;
    
}

func tableView(tableView: UITableView,cellForRowAtIndexPath indexPath:
NSIndexPath) -> UITableViewCell {
    var cellid = "cellid"
    var cell = tableView.dequeueReusableCellWithIdentifier(cellid) as?
    UITableViewCell
    if cell == nil
    {
        cell = UITableViewCell(style: UITableViewCellStyle.Default,
            reuseIdentifier: cellid)
    }
    cell!.textLabel.text = _dataArray![indexPath.row]
    return cell!
}

func tableView(tableView: UITableView, numberOfRowsInSection section:
Int) -> Int {
    return _dataArray!.count;
}
//当点击某个cell的时候,会调用这个方法
func tableView(tableView: UITableView, didSelectRowAtIndexPath
indexPath: NSIndexPath) {
    println("\(_dataArray![indexPath.row])")
}
```

}

运行并点击 cell,效果如图 20.13 所示。

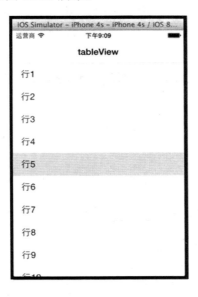

图 20.13 运行效果

点击 cell,在控制台会输出相应的信息:

行 8
行 9
行 2
行 1
行 5

20.1.8 UITableView 的复用机制

在上述代码的注释中可以看到,在 tableView 中存在一个可重用队列,这个可重用队列是 tableView 的高效率的保证,可重用队列的原理可以从以下几点来理解。

(1)当 tableView 开始显示的时候,创建的 cell 的个数是正好满屏的个数+1。

(2)当滑动 tableView 的时候,滑出 tableView 范围的 cell 会移动到 tableView 的可重用队列中。

(3)继续滑动 tableView,当要出现一个新的 cell 的时候,不是直接创建一个新的,而是会从 tableView 的可重用队列中找空闲的 cell,如果可重用队列中存在空闲的 cell,tableView 会加载这个 cell,并用来显示新的数据,并显示在 tableView 的新出来的 cell 的位置。

(4)新 cell 的创建不会只发生在 tableView 刚显示的时候,当 tableView 滑动的过程中,它的可重用队列中已经没有可用的 cell 时,也会创建新的,比如:在 tableView 的前 10 个 cell

的高度为 100 像素，而从第 11 个 cell 开始，cell 的高度为 30 像素，那么 tableView 显示后并滑动 tableView，在滑动到第 11 个 cell 之前，tableView 创建的 cell 个数最多为 6(5+1)个，从 11 个开始，在 tableView 的可重用队列中，实际需要创建的所有 cell 的个数应该是 11(10+1)个。

20.2 NSIndexPath

在 tableView 的代理方法中，有 indexPath: NSIndexPath 参数，这个参数是专门为 tableView 所作的扩展：

```
extension NSIndexPath {

    init(forRow row: Int, inSection section: Int) -> NSIndexPath

    var section: Int { get }
    var row: Int { get }
}
```

在 indexPath 中有如下两个属性。
（1）section：表示 cell 在 tableView 中所在的分区号。
（2）row：表示 cell 在 tableView 的 section 分区中的行号。

20.3 多分区 tableView

在 tableView 中经常要使用分区的模式，比如在通讯录中，每一个字母开头的姓名都会被放到一个分区中，这种形式就是多分区的形式。

要创建多分区的 tableView，需要有对应的多分区的数据源与之匹配，即在数据源中每一个元素都是一个数组，而每一个数组元素中保存的是对应的分区的数据。

另外，需要实现如下的代理方法，以返回相应的分区个数：

```
func numberOfSectionsInTableView(tableView: UITableView) -> Int {

}
```

20.3.1 多分区 tableView 的创建

具体可以通过以下代码实现：

```
class SectionViewController: UIViewController ,UITableViewDataSource,
UITableViewDelegate {
```

```swift
var _tableView:UITableView?
var _dataArray:[([String])]?

override func viewDidLoad() {
    super.viewDidLoad()
    
    self.title = "tableView"
    
    //创建一个数据源,数据源中包含10个数组
    //每个数组元素中包括5条数据
    _dataArray = [[String]]()
    for i in 1...10
    {
        var arr = [String]()
        for j in 1...5
        {
            arr.append("第\(i)分区,第\(j)行")
        }
        _dataArray?.append(arr)
    }
    
    _tableView = UITableView(frame: self.view.bounds, style: UITableViewStyle.Plain)
    self.view.addSubview(_tableView!)
    
    _tableView?.dataSource = self;
    _tableView?.delegate = self;
    
}

func tableView(tableView: UITableView,cellForRowAtIndexPath indexPath: NSIndexPath) -> UITableViewCell {
    var cellid = "cellid"
    var cell = tableView.dequeueReusableCellWithIdentifier(cellid) as? UITableViewCell
    if cell == nil
    {
        cell = UITableViewCell(style: UITableViewCellStyle.Default,
            reuseIdentifier: cellid)
    }
    //设置的内容应该是对应的分区,对应的单元格的数据
    //找到分区的数组
    let sectionArr = _dataArray![indexPath.section]
    //设置分区的数组中的具体字符串到cell
    cell!.textLabel.text = sectionArr[indexPath.row]
```

```
        return cell!
    }
    
    //返回每个分区对应的个数
    func tableView(tableView: UITableView, numberOfRowsInSection section: Int) -> Int {
        return _dataArray![section].count;
    }
    
    //返回分区的个数
    func numberOfSectionsInTableView(tableView: UITableView) -> Int {
        return _dataArray!.count;
    }
}
```

运行效果如图 20.14 所示。

图 20.14　运行效果

20.3.2　分区头标题

为了区分每个分区，可以设置分区的头标题：

```
//返回每个分区对应的分区头部标题
func tableView(tableView: UITableView, titleForHeaderInSection section: Int) -> String? {
```

```
    return "\(section)分区"
}
```

运行效果如图 20.15 所示。

图 20.15　运行效果

20.3.3　分区脚标题

同样，还可以为每一个分区设置脚标题：

```
func tableView(tableView: UITableView, titleForFooterInSection section:
Int) -> String? {
    return "\(section)分区脚标题"
}
```

运行效果如图 20.16 所示。

图 20.16　运行效果

20.3.4 分区头视图及头视图的高度

除了可以设置分区的头标题外，还可以自定义一个视图控件，作为分区的头视图，当设置了头视图后，头标题将被取代：

```
//设置分区的头视图
func tableView(tableView:UITableView, viewForHeaderInSection section: Int)
 -> UIView? {
    let view = UIView()
    view.backgroundColor = UIColor.blueColor()
    let btn = UIButton.buttonWithType(UIButtonType.System) as UIButton
    btn.backgroundColor = UIColor.grayColor()
    btn.setTitle("\(section)分区头按钮", forState: UIControlState.Normal)
    btn.setTitleColor(UIColor.whiteColor(), forState: UIControlState.
    Normal)
    btn.frame = CGRectMake(10, 10, 300, 44)
    view.addSubview(btn)
    return view
}

//返回分区的头视图高度
func tableView(tableView: UITableView, heightForHeaderInSection
 section: Int) -> CGFloat {
    return 64
}
```

运行效果如图 20.17 所示。

图 20.17　运行效果

从运行效果及代码可以看出，在设置返回的头视图时，不需要指定该视图的任何尺寸，它的大小取决于返回头视图高度的代理方法返回的值。

20.3.5 分区脚视图及脚视图的高度

同样，要设置分区的脚视图，也需要通过代理来实现：

```
//设置分区的脚视图
func tableView(tableView: UITableView,viewForFooterInSection section: Int)
-> UIView? {
    let view = UIView()
    view.backgroundColor = UIColor.yellowColor()
    let label = UILabel(frame: CGRectMake(10, 10, 300, 40))
    label.text = "\(section)分区脚视图"
    view.addSubview(label)
    return view
}

//返回分区的脚视图的高度
func tableView(tableView: UITableView, heightForFooterInSection section:
Int) -> CGFloat {
    return 60
}
```

运行效果如图 20.18 所示。

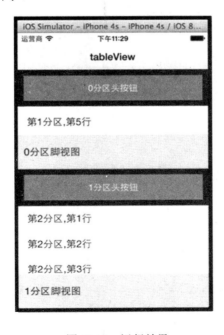

图 20.18　运行效果

20.4 UITableView 行编辑

20.4.1 设置 cell 为编辑状态

可以通过以下设置使 tableView 显示编辑功能:

```
_tableView?.setEditing(true, animated: true)
```

可以通过系统自带的编辑按钮,实现 tableView 的编辑状态和非编辑状态的切换。具体实现方法如下。

```swift
class EditViewController: UIViewController,UITableViewDelegate,
UITableViewDataSource {

    var _tableView:UITableView?
    var _dataArray:[String]?

    override func viewDidLoad() {
        super.viewDidLoad()

        //设置左侧编辑按钮为系统自带的专门实现编辑功能的按钮
        self.navigationItem.leftBarButtonItem = self.editButtonItem()

        _dataArray = [String]()
        for i in 1...30
        {
            _dataArray?.append("\(i)行")
        }

        _tableView = UITableView(frame: self.view.bounds, style: UITableViewStyle.Plain)
        _tableView?.delegate = self;
        _tableView?.dataSource = self;
        self.view.addSubview(_tableView!)

    }

    //当点击系统自带的编辑按钮时,会调用这个方法
    //参数 editing 为是否编辑
    //参数 animated 为是否显示动画
    override func setEditing(editing: Bool, animated: Bool) {
        super.setEditing(editing, animated: animated)
        _tableView?.setEditing(editing, animated: animated)
```

```
    _tableView?.setEditing(true, animated: true)
}

func tableView(tableView: UITableView,cellForRowAtIndexPath indexPath:
NSIndexPath) -> UITableViewCell {
    let cellid = "cellid"
    var cell = tableView.dequeueReusableCellWithIdentifier(cellid) as?
    UITableViewCell
    if cell == nil
    {
        cell = UITableViewCell(style: UITableViewCellStyle.Default,
            reuseIdentifier: cellid)
    }
    cell!.textLabel.text = _dataArray![indexPath.row]
    return cell!;
}

func tableView(tableView: UITableView, numberOfRowsInSection section:
Int) -> Int {
    return _dataArray!.count
}
```

运行效果如图 20.19 所示。

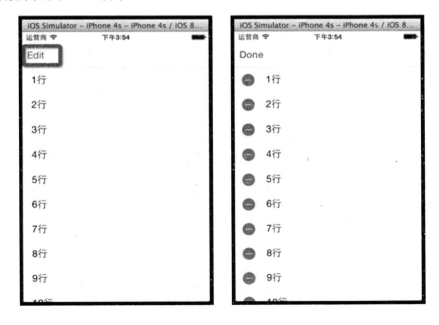

图 20.19　运行效果

在以上的程序中，当单击左上角的"Edit"按钮时，会使 tableView 的状态变成编辑状态，如图 20.19 的右图。在默认情况下，cell 的左侧会出现"⊖"号标识，表示删除该 cell。

20.4.2 修改 cell 的编辑状态

在上述的程序中，只设置了 cell 为编辑状态，另外可以通过如下代理方法修改具体的编辑状态。

```
func tableView(tableView: UITableView, editingStyleForRowAtIndexPath indexPath: NSIndexPath) -> UITableViewCellEditingStyle {
    return UITableViewCellEditingStyle.Insert;
}
```

运行效果如图 20.20 所示。

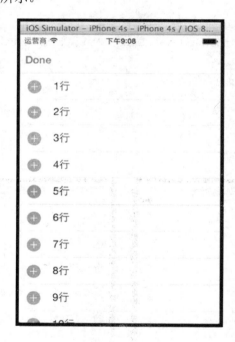

图 20.20　运行效果

在默认状态下，编辑状态是删除按钮，相当于使用编辑状态的 delete 状态：

```
func tableView(tableView: UITableView, editingStyleForRowAtIndexPath indexPath: NSIndexPath) -> UITableViewCellEditingStyle {
    return UITableViewCellEditingStyle.Delete;
}
```

运行效果如图 20.21 所示。

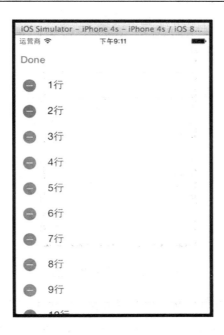

图 20.21 运行效果

20.4.3 cell 的响应编辑及左滑编辑功能

在 tableView 处于编辑状态时，如果单击相应的增加或者删除按钮，可以通过以下的代理方法响应：

```
func tableView(tableView: UITableView, commitEditingStyle editingStyle:
UITableViewCellEditingStyle, forRowAtIndexPath indexPath: NSIndexPath) {
    if editingStyle == UITableViewCellEditingStyle.Insert
    {
        //判断如果当前的编辑状态是新增,则在此完成相应的处理方法
        //一般需要同步数据源
    }
    else if editingStyle == UITableViewCellEditingStyle.Delete
    {
        //判断如果当前的编辑状态是删除,则在此完成相应的处理方法
        //一般需要同步数据源
    }
}
```

如果在视图控制器中实现了 tableView 的这个代理方法，同时在设置代理方式的代理方法中设置 tableView 的编辑模式为 Delete，则可以使用左滑编辑的功能。如图 20.22 所示。

图 20.22　左滑编辑功能

如果需要在左滑后，cell 的右侧出现多个按钮，可通过以下方式实现：

```
func tableView(tableView: UITableView, editActionsForRowAtIndexPath
indexPath: NSIndexPath) -> [AnyObject]? {
    let action1 = UITableViewRowAction(style: UITableViewRowActionStyle.
    Default, title: "删除") { (action, indexPath) -> Void in
        //点击删除按钮的时候,调用此方法
    }
    let action2 = UITableViewRowAction(style: UITableViewRowActionStyle.
    Normal, title: "关注") { (action, indexPath) -> Void in
        //点击关注按钮的时候,调用此方法
    }
    return [action1,action2]
}
```

运行效果如图 20.23 所示。

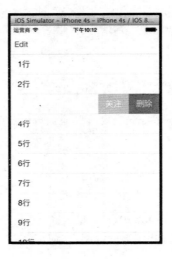

图 20.23　运行效果

当然，也可以通过添加多个 UITableViewRowAction 来添加左滑按钮。

20.4.4　cell 的删除

```
func tableView(tableView: UITableView, editActionsForRowAtIndexPath
indexPath: NSIndexPath) -> [AnyObject]? {
    let action1 = UITableViewRowAction(style: UITableViewRowActionStyle.
    Default, title: "删除") {
 (action, index) -> Void in
//当移除 cell 的时候,需要同步地删除数据源中的数据
//在进行 tableView 更新时,需要保持 cell 数量和 dataArray 的数量一致
        self._dataArray!.removeAtIndex(indexPath.row)
        tableView.deleteRowsAtIndexPaths([indexPath], withRowAnimation:
        UITableViewRowAnimation.Fade)
    }
    let action2 = UITableViewRowAction(style: UITableViewRowActionStyle.
    Normal, title: "关注") { (action, indexPath) -> Void in
    
    }
    return [action1,action2]
}
```

运行效果如图 20.24 所示。

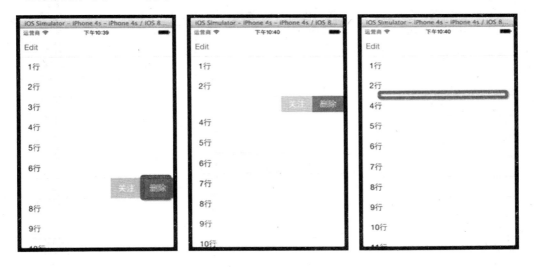

图 20.24　运行效果

实际上，在删除 cell 的时候，可以同时删除多个 cell，只要传递一个包含多个 NSIndexPath 元素的数组即可。

20.4.5　cell 的增加

可以通过以下代码给 tableView 添加一行或多行 cell：

```
_tableView?.insertRowsAtIndexPaths([indexPath], withRowAnimation:
UITableViewRowAnimation.Fade)
```

需要注意的是,在添加 cell 的同时,也需要同步地往数据源中添加对应的数据。

20.5　UITableView 索引

如果要实现类似于通讯录中的索引功能,可以通过以下的代理方法实现:

```
class ViewController: UIViewController ,UITableViewDataSource,
UITableViewDelegate {

    var _tableView:UITableView?
    var _dataArray:[([String])]?

    override func viewDidLoad() {
        super.viewDidLoad()

        self.title = "tableView"

        //创建一个数据源,数据源中包含 10 个数组
        //每个数组元素中包括 5 条数据
        _dataArray = [[String]]()
        for i in 0...25
        {
            var arr = [String]()
            for j in 1...5
            {
                var ch = String(format: "%c", i + 65)
                arr.append("第\(ch)分区,第\(j)行")
            }
            _dataArray!.append(arr)

        }

        _tableView = UITableView(frame: self.view.bounds, style:
        UITableViewStyle.Plain)
        self.view.addSubview(_tableView!)

        _tableView?.dataSource = self;
        _tableView?.delegate = self;

    }
```

```swift
func tableView(tableView: UITableView,cellForRowAtIndexPath indexPath:
NSIndexPath) -> UITableViewCell {
    var cellid = "cellid"
    var cell = tableView.dequeueReusableCellWithIdentifier(cellid) as?
    UITableViewCell
    if cell == nil
    {
        cell = UITableViewCell(style: UITableViewCellStyle.Default,
            reuseIdentifier: cellid)
    }
    cell!.textLabel.text = _dataArray![indexPath.section][indexPath.
    row]
    return cell!
}

func tableView(tableView: UITableView, numberOfRowsInSection section:
Int) -> Int {
    return _dataArray![section].count
}

func numberOfSectionsInTableView(tableView: UITableView) -> Int {
    return _dataArray!.count;
}

func tableView(tableView: UITableView,titleForHeaderInSection section:
Int) -> String? {
    var ch = NSString(format: "%c" , section + 65)
    return "\(ch)分区"
}

//返回数组是显示在右侧的索引
func sectionIndexTitlesForTableView(tableView: UITableView) ->
[AnyObject]! {
    var indexes = [String]()
    for i in 0...25
    {
        var ch = String(format: "%c", i + 65)
        indexes.append(ch)
    }
    return indexes
}
```

运行效果如图 20.25 所示。

图 20.25　运行效果

当建立索引完成以后，需要通过以下的代理方法建立索引项和分区之间的联系：

```
func tableView(tableView: UITableView, sectionForSectionIndexTitle title:
String, atIndex index: Int) -> Int {
    return index;
}
```

这个代理方法中的 index 参数表示点击的索引项的序号。

返回值 n 表示当点击某个序号的索引项后，tableView 跳转到序号为 n 的分区。

运行效果如图 20.26 所示。

图 20.26　运行效果

从运行效果中可以看出，当点击 L 时，tableView 会对应地跳转到 L 分区。

20.6 UITableView 搜索

20.6.1 搜索框

要实现 tableView 的搜索，需要有一个搜索框 UISearchBar：

```
var searchBar = UISearchBar(frame: CGRectMake(0, 0, 0, 44))
_tableView?.tableHeaderView = searchBar
```

在设置 tableView 表头视图的时候，视图的 frame 参数中只有高度有效。

运行效果如图 20.27 所示。

图 20.27 运行效果

20.6.2 搜索显示控制器

要显示搜索结果，需要添加一个搜索显示控制器：UISearchDisplayController。
首先定义一个全局变量：

```
var searchDisplay:UISearchDisplayController?
```

创建实例的代码如下：

```
searchDisplay = UISearchDisplayController(searchBar: searchBar,
contentsController: self)
searchDisplay!.searchResultsDataSource = self;
searchDisplay!.searchResultsDelegate = self;
```

UISearchDisplayController 的内部有一个 tableView，而在这里面所设置的两个代理方法分别对应的是 tableView.delegate 和 tableView.dataSource。

在创建搜索显示控制器时，需要传入两个参数：

（1）搜索框，表示当点击该搜索框时，会触发相应的方法。

（2）self，表示当点击搜索框时，承载搜索结果的视图控制器为当前的界面。

搜索显示控制器的作用是建立搜索框和当前的视图控制器之间的联系。

运行代码并点击搜索框，如图 20.28 所示。

图 20.28　运行效果

如图 20.28 右图显示，当在搜索框中输入任意字符时，都会出现如图的界面，这是因为在搜索显示控制器中自带的 tableView 的代理和数据源都指向了 self，而这个 tableView 和当前的视图控制器中自定义的 tableView 共用同一套代理处理方法：

```
func tableView(tableView: UITableView,cellForRowAtIndexPath indexPath:
NSIndexPath) -> UITableViewCell {
    var cellid = "cellid"
    var cell = tableView.dequeueReusableCellWithIdentifier(cellid) as?
    UITableViewCell
    if cell == nil
    {
        cell = UITableViewCell(style: UITableViewCellStyle.Default,
        reuseIdentifier: cellid)
    }
    cell!.textLabel.text = _dataArray![indexPath.section][indexPath.
    row]
    return cell!
}

func tableView(tableView: UITableView, numberOfRowsInSection section:
```

```
    Int) -> Int {
        return _dataArray![section].count
    }

    func numberOfSectionsInTableView(tableView: UITableView) -> Int {
        return _dataArray!.count;
    }

    func tableView(tableView: UITableView,titleForHeaderInSection section:
    Int) -> String? {
        var ch = NSString(format: "%c" , section + 65)
        return "\(ch)分区"
    }

    //返回数组是显示在右侧的索引
    func sectionIndexTitlesForTableView(tableView: UITableView) ->
    [AnyObject]! {
        var indexes = [String]()
        for i in 0...25
        {
            var ch = String(format: "%c", i + 65)
            indexes.append(ch)
        }
        return indexes
    }

    func tableView(tableView: UITableView, sectionForSectionIndexTitle
    title: String, atIndex index: Int) -> Int {
        return index;
    }
```

正因如此，在搜索显示控制器中显示的数据和当前的视图控制器中的 tableView 显示的数据是一致的，这显然是不符合需求的。

为了显示正确的结果，需要搜集正确的结果，并保存到搜索显示控制器对应的数据源里。需要设置如下的代理：

```
searchDisplay?.delegate = self;
```

并让当前的视图控制器遵守协议 UISearchDisplayDelegate。

这时，可以使用搜索显示控制器中的如下代理方法进行收集搜索结果：

```
//当搜索框中的字符串发生变化时,调用这个方法
func searchDisplayController(controller: UISearchDisplayController,
shouldReloadTableForSearchString searchString: String!) -> Bool {
    //搜索 searchString
    //在此处收集搜索结果
```

```
    println("swift")
    return true
}
```

运行结果如图20.29所示。

图20.29 运行效果

在搜索框中输入字符时，在控制台会输出：

```
swift
swift
swift
swift
```

这就说明当搜索框中的字符串发生变化时，会调用这个方法。

另外，为了区分视图控制器中的 tableView 和搜索显示控制器中的 tableView，需要在 UITableView 的所有代理方法中进行分别处理，完整的代码如下：

```swift
class ViewController: UIViewController ,UITableViewDataSource,
UITableViewDelegate,UISearchDisplayDelegate {

    var _tableView:UITableView?
    var _dataArray:[([String])]?
    var searchDisplay:UISearchDisplayController?
    var _searchDataArray:[String]?

    override func viewDidLoad() {
        super.viewDidLoad()

        self.title = "tableView"
```

```
//创建一个数据源,数据源中包含10个数组
//每个数组元素中包括5条数据
_dataArray = [[String]]()
_searchDataArray = [String]()
for i in 0...25
{
    var arr = [String]()
    for j in 1...5
    {
        var ch = String(format: "%c", i + 65)
        arr.append("第\(ch)分区,第\(j)行")
    }
    _dataArray!.append(arr)

}

_tableView = UITableView(frame: self.view.bounds, style:
UITableViewStyle.Plain)
self.view.addSubview(_tableView!)

_tableView?.dataSource = self;
_tableView?.delegate = self;

var searchBar = UISearchBar(frame: CGRectMake(0, 0, 0, 44))
_tableView?.tableHeaderView = searchBar

searchDisplay = UISearchDisplayController(searchBar: searchBar,
contentsController: self)
searchDisplay!.searchResultsDataSource = self;
searchDisplay!.searchResultsDelegate = self;
searchDisplay?.delegate = self;
}

func tableView(tableView: UITableView,cellForRowAtIndexPath indexPath:
NSIndexPath) -> UITableViewCell {
    var cellid = "cellid"
    var cell = tableView.dequeueReusableCellWithIdentifier(cellid) as?
    UITableViewCell
    if cell == nil
    {
        cell = UITableViewCell(style: UITableViewCellStyle.Default,
        reuseIdentifier: cellid)
    }
    //如果当前的tableView是搜索显示控制器中的tableView
```

```swift
        if tableView != _tableView
        {
            cell!.textLabel.text = _searchDataArray![indexPath.row]
        }
        else
        {
            cell!.textLabel.text=_dataArray![indexPath.section][indexPath.row]
        }
        return cell!
    }

    func tableView(tableView: UITableView, numberOfRowsInSection section: Int) -> Int {
        //如果当前的tableView是搜索显示控制器中的tableView
        if tableView != _tableView
        {
            return _searchDataArray!.count;
        }
        return _dataArray![section].count
    }

    func numberOfSectionsInTableView(tableView: UITableView) -> Int {
        //如果当前的tableView是搜索显示控制器中的tableView
        if tableView != _tableView
        {
            return 1;
        }
        return _dataArray!.count;
    }

    func tableView(tableView: UITableView,titleForHeaderInSection section: Int) -> String? {
        //如果当前的tableView是搜索显示控制器中的tableView
        if tableView != _tableView
        {
            return "搜索结果";
        }
        var ch = NSString(format: "%c" , section + 65)
        return "\(ch)分区"
    }

    //返回数组是显示在右侧的索引
    func sectionIndexTitlesForTableView(tableView: UITableView) -> [AnyObject]! {
```

```
    //如果当前的 tableView 是搜索显示控制器中的 tableView
    if tableView != _tableView
    {
        return nil;
    }
    var indexes = [String]()
    for i in 0...25
    {
        var ch = String(format: "%c", i + 65)
        indexes.append(ch)
    }
    return indexes
}

func tableView(tableView: UITableView, sectionForSectionIndexTitle
title: String, atIndex index: Int) -> Int {
    return index;
}

//当搜索框中的字符串发生变化时,调用这个方法
func searchDisplayController(controller: UISearchDisplayController,
shouldReloadTableForSearchString searchString: String!) -> Bool {
    //搜索 searchString
    //在此处收集搜索结果
    //每次搜索之前,先清空结果集
    _searchDataArray?.removeAll(keepCapacity: true)
    for arr in _dataArray!
    {
        for str in arr
        {
            if (str.rangeOfString(searchString, options: nil, range: nil,
            locale: nil) != nil)
            {
                _searchDataArray!.append(str)
            }
        }
    }
    
    return true
}
```

运行效果如图 20.30 所示。

图 20.30　运行效果

20.7　UITableViewCell 的定制

在很多情况下，系统自带的 cell 的风格是不能满足需求的，这时候，需要开发者定制 cell。这一节将通过两种方式进行 cell 的定制，实现如图 20.31 所示的效果。

图 20.31　运行效果

为了方便完成此效果，首先需要导入一个保存了所有书箱信息的 plist 文件到工程中。

bookData.plist 文件的内容如下：

```xml
<?xml version="1.0" encoding="UTF-8"?>
<!DOCTYPE plist PUBLIC "-//Apple//DTD PLIST 1.0//EN" "http://www.apple.com/DTDs/PropertyList-1.0.dtd">
<plist version="1.0">
<array>
    <dict>
        <key>title</key>
        <string>iPhone 开发秘籍</string>
        <key>detail</key>
        <string>一本全方位介绍 iPhone 开发的书籍</string>
        <key>icon</key>
        <string>0.png</string>
        <key>price</key>
        <string>85 元</string>
    </dict>
    <dict>
        <key>title</key>
        <string>iPhone 开发基础教程</string>
        <key>detail</key>
        <string>一本 iPhone 开发的入门书籍</string>
        <key>icon</key>
        <string>1.png</string>
        <key>price</key>
        <string>35 元</string>
    </dict>
    <dict>
        <key>title</key>
        <string>headerFirst 设计模式</string>
        <key>detail</key>
        <string>一本权威的介绍设计模式的书籍</string>
        <key>icon</key>
        <string>2.png</string>
        <key>price</key>
        <string>69 元</string>
    </dict>
    <dict>
        <key>title</key>
        <string>javaScript 权威指南</string>
        <key>detail</key>
        <string>一本 js 开发的百科全书</string>
        <key>icon</key>
        <string>3.png</string>
        <key>price</key>
```

```
            <string>120元</string>
        </dict>
</array>
</plist>
```

一般 tableView 中的每一单元格的数据都需要对应一个数据模型，所以需要创建一个数据模型类：

BookModel.swift

```
class BookModel: NSObject {
    var bookImage:UIImage?
    var bookName:String?
    var bookDesc:String?
    var bookPrice:String?
}
```

20.7.1 纯代码实现

为了实现这个程序，首先需要创建一个自定义的 cell。

BookCell.swift 代码如下：

```
import UIKit

class BookCell: UITableViewCell {
    
    //定义当前的 cell 对应的 model
    var model:BookModel?
    //定义四个控件
    var bookImage:UIImageView?
    var bookName:UILabel?
    var bookPrice:UILabel?
    var bookDesc:UILabel?
    
    override init(style: UITableViewCellStyle, reuseIdentifier: String?) {
        super.init(style: style, reuseIdentifier: reuseIdentifier)
        //初始化所有控件
        bookImage = UIImageView(frame: CGRectMake(10, 10, 60, 60))
        bookName = UILabel(frame: CGRectMake(80, 10, 200, 15))
        bookPrice = UILabel(frame: CGRectMake(80, 30, 200, 15))
        bookDesc = UILabel(frame: CGRectMake(80, 50, 200, 15))
        
        self.contentView.addSubview(bookImage!)
        self.contentView.addSubview(bookName!)
        self.contentView.addSubview(bookPrice!)
        self.contentView.addSubview(bookDesc!)
```

```
        bookPrice?.font = UIFont.systemFontOfSize(12)
        bookPrice?.textColor = UIColor.lightGrayColor()
        
        bookDesc?.font = UIFont.systemFontOfSize(13)
        bookDesc?.numberOfLines = 0;
        bookDesc?.textColor = UIColor.darkGrayColor()
        
    }
    
    //填充数据到 cell 的控件中
    func fillData()
    {
        bookImage?.image = model?.bookImage
        bookName?.text = model?.bookName
        bookPrice?.text = model?.bookPrice
        bookDesc?.text = model?.bookDesc
    }
    
    
    required init(coder aDecoder: NSCoder) {
        fatalError("init(coder:) has not been implemented")
    }
    
}
```

在上述的 BookCell.swift 文件中，构造方法用来初始化 cell 中的控件，而 fillData()方法用来填充数据，之所以这样设计，是为了避免在 cell 复用过程中可能产生的错误。

在该示例的实现过程中，需要首先进行数据的解析。

视图控制器 CustomCellViewController.swift 的实现代码如下：

```
class CustomCellViewController: UIViewController,UITableViewDelegate,
UITableViewDataSource {
    
    var _tableView:UITableView?
    var _dataArray:[BookModel]?
    
    override func viewDidLoad() {
        super.viewDidLoad()
        self.title = "书籍列表"
        
        _dataArray = [BookModel]()
        
        let path =NSBundle.mainBundle().pathForResource("bookData",ofType:
        "plist")
        let dataArray = NSArray(contentsOfFile: path!)
        
        for bookData in dataArray!
        {
            println(bookData)
```

```swift
        let book = BookModel()
        book.bookName = bookData["title"] as? String
        book.bookImage = UIImage(named: bookData["icon"] as String)
        book.bookPrice = bookData["price"] as? String
        book.bookDesc = bookData["detail"] as? String
        _dataArray?.append(book)
    }
    
    _tableView = UITableView(frame: self.view.bounds, style:
    UITableViewStyle.Plain)
    _tableView?.delegate = self;
    _tableView?.dataSource = self;
    self.view.addSubview(_tableView!)
    
    //分隔线效果
    _tableView?.separatorInset = UIEdgeInsets(top: 0, left: 80, bottom:
    0, right: 0)
    _tableView?.separatorColor = UIColor.blueColor()
}

func tableView(tableView: UITableView, heightForRowAtIndexPath
indexPath: NSIndexPath) -> CGFloat {
    return 80
}

func tableView(tableView: UITableView,cellForRowAtIndexPath indexPath:
NSIndexPath) -> UITableViewCell {
    let cellid = "cellid"
    var cell = tableView.dequeueReusableCellWithIdentifier(cellid) as?
    BookCell
    if cell == nil
    {
        cell = BookCell(style: UITableViewCellStyle.Default,
        reuseIdentifier: cellid)
    }
    cell!.model = _dataArray![indexPath.row]
    cell!.fillData()
    return cell!;
}

func tableView(tableView: UITableView, numberOfRowsInSection section:
Int) -> Int {
    return _dataArray!.count
}
}
```

在进行数据的解析时，需要将书籍的数组放到数据源中，然后将书籍信息对应到 cell 中，再调用 cell 的 fillData()方法实现数据的刷新。

运行效果如图 20.32 所示。

第 20 章 UITableView 表视图

图 20.32 运行效果

20.7.2 xib 实现定制

使用 xib 进行 cell 的定制分为如下几个步骤。

1．创建 xib 文件

创建 cell 并勾选 Also create XIB file 复选框，如图 20.33 所示。

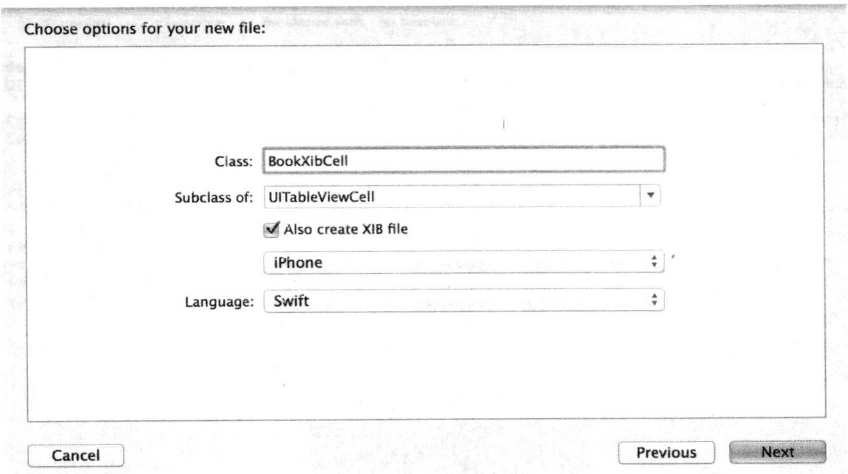

图 20.33 创建 cell

打开创建的 xib 文件，如图 20.34 所示。
按照图示位置设置 cell 的高度为 80。

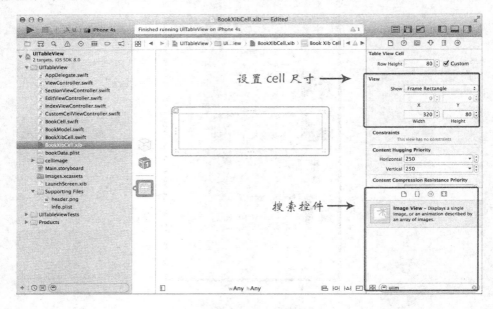

图 20.34　设置 cell 的高度

2. 选择控件并设置控件属性

在选择控件窗口下侧输入控件名如 label 或者 image，并拖曳搜索出来的控件到 cell 区域，如图 20.35 所示。

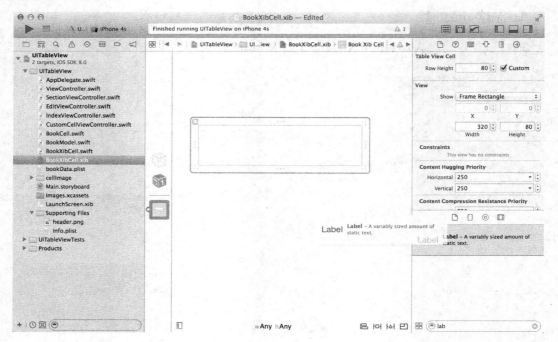

图 20.35　设置控件属性

拖动三个 UILabel 控件到 cell 区域，如图 20.36 所示。

第 20 章　UITableView 表视图

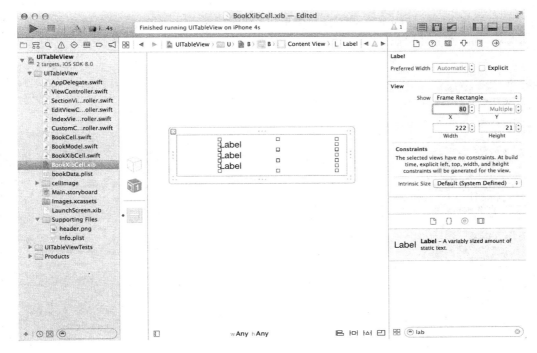

图 20.36　拖动控件

另外，选择 UIImageView 控件，拖动到 cell 区域的左侧，并调整该控件的位置(10，10)和大小(60，60)，如图 20.37 所示。

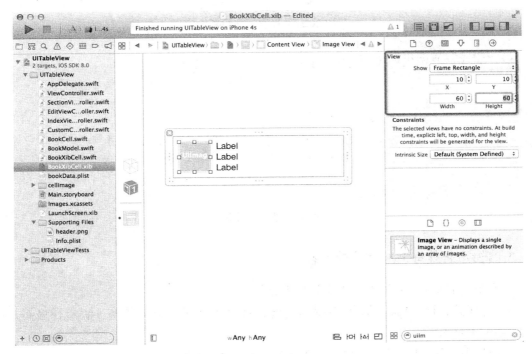

图 20.37　设置控件的位置和大小

在设置完控件后，可对控件的详细信息进行设置，比如三个 label，字体和颜色都需要重新设置，如图 20.38 所示。

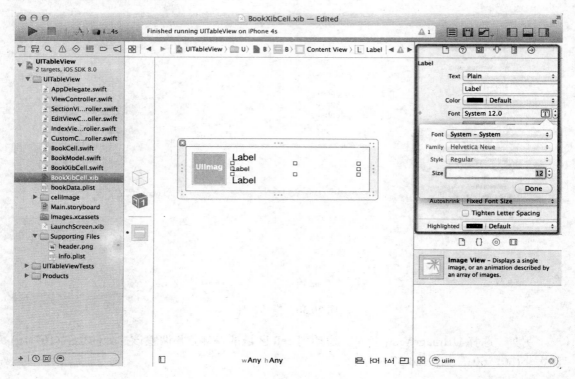

图 20.38　设置字体和颜色

设置完成后的结果如图 20.39 所示。

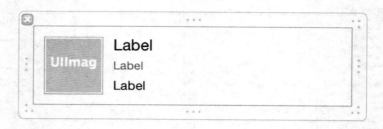

图 20.39　设置完成的结果

3．将 xib 控件与 swift 类文件关联

在图 20.40 所示的对话框中单击辅助编辑按钮。

单击辅助编辑按钮后，整个代码编辑窗口会被分成两部分，左侧为 xib 设计界面，右侧是 swift 代码编辑界面。

选择与当前的 xib 文件对应的 swift 文件，如图 20.41 所示。

第 20 章 UITableView 表视图

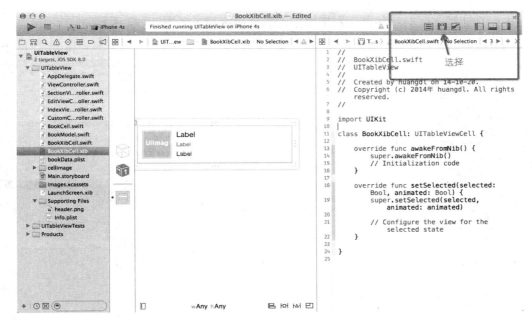

图 20.40　设置对话框

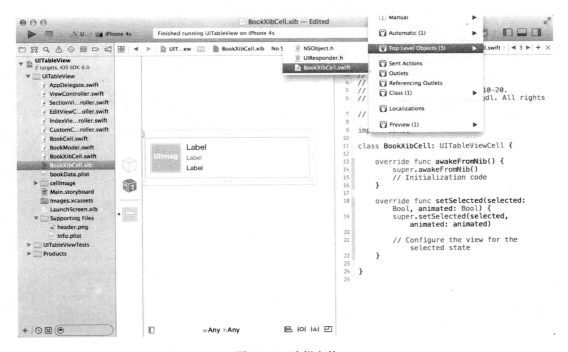

图 20.41　选择文件

选择好文件后，建立 xib 控件与代码的关联。

（1）点击控件，如 UIImageView。

（2）按住 Ctrl 键，同时按住鼠标左键并拖动到代码区域。

（3）松开鼠标，在弹出的窗口中输入控件在代码中的命名。

按住 Ctrl 键，同时按住鼠标左键并拖动到代码区域，如图 20.42 所示。

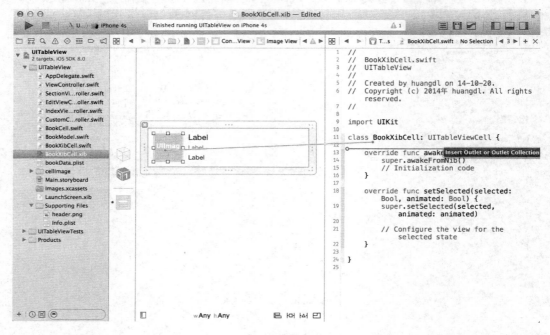

图 20.42　拖动控件

松开鼠标后的效果如图 20.43 所示。

图 20.43　松开鼠标后的效果

在弹出的窗口中输入控件在代码中的命名，如图 20.44 所示。

第 20 章　UITableView 表视图

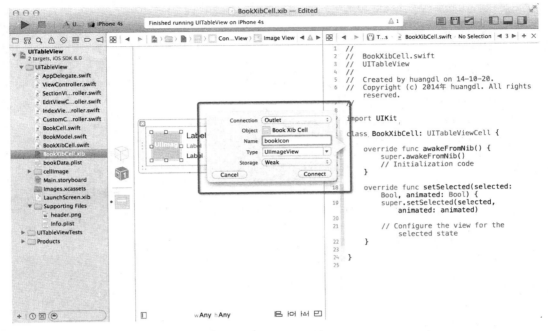

图 20.44　给控件命名

按下回车键后，如图 20.45 所示。

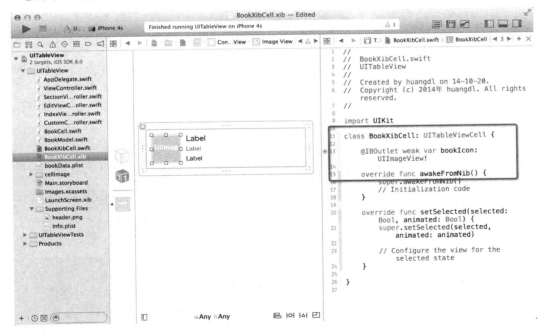

图 20.45　运行效果

重复以上操作，将四个控件都对应到 swift 代码中，生成的 cell 类代码如下：

```
class BookXibCell: UITableViewCell {
```

```
    @IBOutlet weak var bookIcon: UIImageView!
    @IBOutlet weak var bookName: UILabel!
    @IBOutlet weak var bookPrice: UILabel!
    @IBOutlet weak var bookDesc: UILabel!
    override func awakeFromNib() {
        super.awakeFromNib()
        // Initialization code
    }

    override func setSelected(selected: Bool, animated: Bool) {
        super.setSelected(selected, animated: animated)

        // Configure the view for the selected state
    }

}
```

4．使用 xib 文件

给 cell 类添加刷新界面的方法：

```
func fillData(book:BookModel)
{
    bookIcon.image = book.bookImage
    bookName.text = book.bookName
    bookPrice.text = book.bookPrice
    bookDesc.text = book.bookDesc
}
```

在视图控制器中使用 xib 文件：

```
func tableView(tableView: UITableView, cellForRowAtIndexPath indexPath:
NSIndexPath) -> UITableViewCell {
    let cellid = "cellid"
    var cell = tableView.dequeueReusableCellWithIdentifier(cellid) as?
    BookXibCell
    if cell == nil
    {
        cell=NSBundle.mainBundle().loadNibNamed("BookXibCell", owner: nil,
            options: nil).first as? BookXibCell
    }
    cell?.fillData(_dataArray![indexPath.row])
    return cell!;
}
```

运行程序，效果如图 20.46 所示。

图 20.46　运行效果